各国水概况

（亚洲卷）

水利部国际合作与科技司
水利部发展研究中心　编著
长江国际工程设计有限公司

www.waterpub.com.cn
·北京·

内 容 提 要

本书介绍了亚洲39个国家的自然与经济概况、水资源及其开发利用与保护状况、水法和水管理机构现状等内容，可以帮助读者了解亚洲各个国家水资源开发利用及管理情况，借鉴其发展经验。

本书可供广大水利工作者及相关行业人员参阅。

图书在版编目（CIP）数据

各国水概况. 亚洲卷 / 水利部国际合作与科技司，水利部发展研究中心，长江国际工程设计有限公司编著. -- 北京 : 中国水利水电出版社，2021.1
ISBN 978-7-5170-9401-2

Ⅰ. ①各… Ⅱ. ①水… ②水… ③长… Ⅲ. ①水资源管理—概况—亚洲 Ⅳ. ①TV213.4

中国版本图书馆CIP数据核字(2021)第023851号

书　　名	**各国水概况（亚洲卷）** GE GUO SHUI GAIKUANG（YAZHOU JUAN）
作　　者	水利部国际合作与科技司 水利部发展研究中心　编著 长江国际工程设计有限公司
出版发行	中国水利水电出版社 （北京市海淀区玉渊潭南路1号D座　100038） 网址：www.waterpub.com.cn E-mail：sales@waterpub.com.cn 电话：（010）68367658（营销中心）
经　　售	北京科水图书销售中心（零售） 电话：（010）88383994、63202643、68545874 全国各地新华书店和相关出版物销售网点
排　　版	中国水利水电出版社微机排版中心
印　　刷	清淞永业（天津）印刷有限公司
规　　格	140mm×203mm　32开本　13.5印张　387千字
版　　次	2021年1月第1版　2021年1月第1次印刷
印　　数	0001—1000册
定　　价	**88.00**元

《各国水概况（亚洲卷）》编委会

主　　审　刘志广

主　　编　李　戈

副 主 编　吴浓娣　郝　钊　庞靖鹏　张志坚

主要编写人员（按姓氏笔画排序）

万　军　王　杰　王洪明　方　浩
王海锋　任金政　代婉黎　池欣阳
李　佼　严婷婷　范卓玮　杨　宇
罗　琳　唐忠辉　郭姝姝　徐　静
樊　霖　魏赵越

统　　稿　罗　琳　范卓玮

前　言

20世纪80年代末，为方便我国水利行业及其相关部门的领导、管理和科研人员了解各国水利水电建设及管理情况，借鉴其有益经验，水利部原科技教育司曾主持编写了《各国水概况》一书（1989年12月正式出版），内容涉及世界各大洲107个国家（地区）的自然与经济概况、水资源及其开发利用与保护、水法和水管理机构等。该书受到有关领导、广大同行及社会各界的普遍好评，被认为是系统了解国外水利和借鉴其经验的非常有益的参考书。

20世纪90年代以后，信息技术和现代科学技术的进步，大大促进了各国水利水电的发展，水资源综合管理和可持续发展原则在理论和实践上不断丰富，世界水利有了更多的发展和变化。为了更好地了解和借鉴国外水利发展的经验，促进我国水利改革发展，水利部国际合作与科技司、水利部发展研究中心共同开展《各国水概况》重新编撰出版工作。其中，《各国水概况（欧洲卷）》于2007年7月出版发行，《各国水概况（美洲、大洋洲卷）》于2009年8月出版发行，获得业内广泛好评。

为深入贯彻习近平总书记“节水优先、空间均衡、系统治理、两手发力”的治水思路，积极践行水利改革发展总基调，进一步加强与世界各国（地区）的水利交流与合作，在全面收集、翻译、整理有关资料，并吸收欧洲卷和美洲、大洋洲卷编辑出版经验的基础上，我们编撰完成了《各国水概况（亚洲卷）》，共收录了39个国家作为编写对象，国家顺序按拼音字母顺序排列。

本书主要内容包括：自然地理，经济概况，水资源状况，水资源开发利用与保护，水资源管理与可持续发展，水政策与法规，水利国际合作等。

各个国家编写体例力求统一，但受可获得资料的限制，部分国家的编写内容有所调整。

各国国内生产总值构成和水资源相关数据主要依据联合国粮农组织统计数据，部分国家数据汇总有一定误差，因无更权威的资料可供替代和修正，故仍采用其资料原文。

受可获得资料及编写水平的限制，本书难免存在诸多不足，敬请广大读者批评指正。

编　者

2020年12月

目　录

阿 富 汗

一、自然经济概况

（一）自然地理

阿富汗全称阿富汗伊斯兰共和国，是亚洲中西部内陆国家，位于中亚、西亚和南亚交汇处。南部和东部与巴基斯坦接壤，西邻伊朗，北有土库曼斯坦、塔吉克斯坦、乌兹别克斯坦，与中国通过瓦罕走廊相连。国土面积 64.75 万 km^2。

阿富汗境内大部分地区属伊朗高原，平均海拔约为 1000m。地势自东北向西南倾斜，山地和高原占全国面积的 4/5，北部和西南部多为平原，西南部有沙漠。全国最大的兴都库什山脉自东北斜贯西南，最高峰诺夏克峰海拔 7485m。河流主要有阿姆河、赫尔曼德河、哈里河和喀布尔河。

阿富汗全国划分为 34 个省，省下设县、区、乡、村。首都喀布尔（Kabul）。

2018 年阿富汗全国人口约 3637 万人，其中普什图族约占 40%，塔吉克族占 25%，此外还有乌兹别克族、哈扎拉族、土库曼族、俾路支族和努里斯坦族等二十几个少数民族。全国人口中有城市人口 927 万人，占 25.5%；农村人口 2710 万人，占 74.5%。阿富汗官方语言为普什图语和达里语（即波斯语），其他地方语言有乌兹别克语、俾路支语、土耳其语等。

阿富汗虽位于亚热带气候区，但因远离海洋，海拔高，属大陆性气候，干燥少雨，冬季严寒，夏季酷热。夏季最热的贾拉拉巴德气温可达 49℃。冬季在阿富汗北部和东北部地区的最低气温可到－30℃。首都喀布尔气候同北京相差不多，四季分明，气候温和，但冬季并不十分寒冷，夏季白天气温较高，晚上较为凉

爽，全年平均气温为13℃左右。

据联合国粮食及农业组织（FAO）统计结果，阿富汗2017年土地使用情况为：可耕地面积769.9万hm^2，永久作物面积21.1万hm^2，两者合计791万hm^2，耕地面积约占全国面积的12%。永久草地和牧场面积为3000万hm^2，森林面积为135万hm^2。由于阿富汗连年战乱且政府没有对耕地进行有效保护，1990—2017年的耕地面积有所减少，2017年农业用地面积比1990年减少了1300km^2。

（二）经济

阿富汗历经30多年战乱，交通、通信、工业、教育和农业基础设施遭到严重破坏，曾有600多万人沦为难民。国际社会积极支持阿富汗和平重建与发展，向阿富汗提供了近千亿美元的援助。2017年，阿富汗GDP为202.4亿美元，人均GDP为557美元。

农牧业是阿富汗国民经济的主要支柱，对GDP的贡献达40%以上，农牧业人口占全国总人口的80%。主要农作物包括小麦、棉花、甜菜、干果及各种水果，主要畜牧产品是肥尾羊、牛、山羊等。由于多年战乱，阿富汗工业基础十分薄弱，以轻工业和手工业为主，主要有纺织、化肥、水泥、皮革、地毯、电力、制糖和农产品加工等。近年来，由于喀布尔等大城市建筑业的繁荣，带动了制砖、木材加工等建材业相对发展。此外，面粉加工、手织地毯业等也有所发展。阿富汗同60多个国家和地区有贸易往来，主要出口商品有天然气、地毯、干鲜果品、羊毛、棉花等，主要进口商品有食品、机动车辆、石油产品和纺织品等。2009—2010财年出口5.47亿美元，进口53.00亿美元。

二、水资源状况

（一）降水量

阿富汗虽位于亚热带气候区，但因远离海洋，干燥少雨，全国多年平均年降雨量为327mm，折合水量2135亿m^3，其中50%以上国土面积的年降雨量小于300mm。受季风气候影响，

东部边境地区约有50%的降雨发生在冬季（1—3月）且大都以降雪的形式出现，另有30%的降雨量发生在4—6月。阿富汗的河水主要来源于冰雪的融化，阿富汗有句民谚："不怕无黄金，唯恐无白雪"。

（二）水资源量

根据FAO的资料，阿富汗境内地表水资源量为375亿m^3，境内地下水资源量106.5亿m^3，扣除重复计算的水量后，境内水资源总量为471.5亿m^3。考虑境外流入的水资源，实际水资源总量为738.5亿m^3。人均境内实际水资源量为1457.1m^3，人均实际水资源量2282.3m^3（表1）。

表1　　阿富汗水资源量统计简表

序号	项　目	单位	数量	备注
①	境内地表水资源量	亿m^3	375	
②	境内地下水资源量	亿m^3	106.5	
③	境内水资源总量	亿m^3	471.5	③=①+②
④	境外流入的实际水资源量	亿m^3	267	
⑤	实际水资源总量	亿m^3	738.5	⑤=③+④
⑥	2011年人口	万人	3235.8	
⑦	人均境内水资源量	m^3/人	1457.1	⑦=③÷⑥
⑧	人均实际水资源量	m^3/人	2282.3	⑧=⑤÷⑥

资料来源：FAO《2012年世界各国水资源评论》。备注列中的数字表示序号，下同。

（三）河流

内陆河流是阿富汗水资源的重要组成部分。根据水文地理系统，阿富汗可以分4个流域：约占国土面积24%的北部流域，其中阿姆河（Amu Darya）约占14%，另有10%的内陆河；约占国土面积12%的西部流域，主要包括哈里（Hari）河（约占6%）和穆尔加布（Murgab）河（约占6%）；约占国十面积52%的西南部流域，主要由赫尔曼德（Helmand）河构成；约占国土面积12%的东部的喀布尔（Kabul）河流域。阿富汗主要河

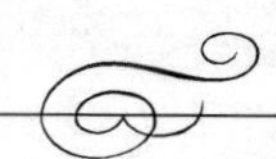

流的水文参数见表2。

表 2　　阿富汗主要河流的水文参数

区域	河名	长度 /km	流域面积 /万 km^2	年平均流量 /(m^3/s)	年平均径流量 /亿 m^3
北部	阿姆（Amu Darya）	2540	46.50	—	—
西部	哈里（Hari）	1150	>7.00	31	—
	穆尔加布（Murgab）	970	—	—	—
西南部	赫尔曼德（Helmand）	1100	38.60	—	120
东部	喀布尔（Kabul）	700	—	—	—

资料来源：FAO《2012年世界各国水资源评论》。

阿姆河发源于帕米尔高原海拔约4900m的山岳冰川，西流汇合帕米尔河后称喷赤（Pyandzh）河，再曲折西流，汇合瓦赫什河后称阿姆河，向西北流入咸海。流经塔吉克斯坦、阿富汗、乌兹别克斯坦、土库曼斯坦4个国家，是阿富汗同塔吉克斯坦、乌兹别克斯坦的界河。阿姆河全长为2540km，流域南北宽为960km，东西长为1400km，面积为46.5万km^2。阿姆河主要靠高山冰川和融雪补给，每年有春、夏两次汛期；河水灌溉着阿富汗东北部昆都士、马扎里沙里夫直到赫拉特一带的土地；水力资源丰富，建有多处水电站和水库；从河口到查尔朱可通航。

哈里河又名捷詹河（土库曼斯坦境内），发源于科巴巴山脉，然后一直往西流，从阿富汗中部山区流入土库曼斯坦，消失于卡拉库姆（Kara Kum）沙漠中，全长约为1150km（土库曼斯坦境内约300km），流量为31m^3/s，集水面积约为7万km^2。

穆尔加布河发源于阿富汗西北部盆地，西流后北折，穿巴拉摩尔加布（Bala Morghab）城后成为阿富汗和土库曼斯坦的界河（16km），于塔什克普里（Tashkepri）接纳唯一重要支流库什克（Kushk）河，在马雷（Mary）以北流入卡拉库姆沙漠后消失，全长约为970km。

赫尔曼德河是一条内陆河流，发源于阿富汗首都喀布尔市以西约40km处的塞尔塞勒库巴巴山，河流由东向西南方向流动，

在查哈布贾克附近转向北流，到米拉巴德以北约 50km 处流入伊朗境内。在边境附近，赫尔曼德河分成许多分叉，汇入塞伊斯坦沼泽地萨比里（Saberi）湖。河流全长约为 1110km，其中在阿富汗境内约为 1050km，在伊朗境内为 60km。流域面积为 38.6 万 km^2，其中 30 万 km^2 在阿富汗境内。赫尔曼德河流域年降雨量为 125～500mm，平均为 250mm，上游多、下游少，由东向西递减；降雨 90%以上发生在 12 月至次年 5 月；年径流量约为 120 亿 m^3。赫尔曼德河主要支流有瓦尔汉（Varhan）河、穆萨堡（Musa Qal'eh）河、卡达奈（Kadaney）河、哈什（Khash）河、法拉（Farah）河以及哈鲁特（Harut）河等。其中卡达奈河是其最大支流，该河发源于巴基斯坦与阿富汗交界处，河流由东向西流，先后接纳洛拉（Lurah）河、塔尔纳克（Tarnak）河以及阿尔甘达卜（Arghandab）河等支流后，在坎大哈以西 120km 处汇入赫尔曼德河。

喀布尔河是阿富汗东部、巴基斯坦西北部河流，发源于喀布尔以西 72km 的桑格拉赫（Sanglakh）山脉，东流经喀布尔、贾拉拉巴德（Jalalabad），在开伯尔山口以北流入巴基斯坦，在伊斯兰马巴德附近与印度河汇合。喀布尔河全长约为 700km，其中约 560km 在阿富汗境内。河水在贾拉拉巴德与白沙瓦等地用于灌溉，河谷为重要通道，上游河段落差大，且多急流和险滩，富有水力。中下游可通平底木船和木筏。主要支流有劳加尔、潘吉舍尔河等。

（四）湖泊

阿富汗的湖泊比较少，其中比较大的湖泊是萨比里湖。该湖位于阿富汗同伊朗交界处，它与伊朗境内的赫尔曼德湖、阿富汗境内的普扎克湖一同分布于锡斯坦低地的底部，三湖水源主要依靠阿富汗的赫尔曼德河、法拉河等河流。湖区每年春季涨水，3 个湖泊连成一片，5 月水面最大，达 5000km^2，并通过沙拉克河向阿富汗境内的济里盐沼排水。5 月以后水位下降，3 个湖泊逐渐分离，向盐沼的排水也逐渐终止，向盐沼的短期排水使 3 个湖泊都保持为淡水湖。

（五）水能资源

根据美国国际开发署数据，阿富汗理论水能资源蕴藏量约2500万kW。

三、水资源开发利用

（一）水利发展历程

阿富汗政府很早就开始关注水资源的利用和水能资源的开发。早在19世纪，当地居民就开始了自发的水利灌溉设施建设，而大规模的水利设施建设始于20世纪40年代。在国际资金的援助下，阿富汗开始开发水资源相对丰富的赫尔曼德流域。赫尔曼德河谷曾经是中亚的兴旺农业中心，但由于土壤侵蚀和盐碱化，现大部分已成为荒漠。1947年相关机构开始对赫尔斯曼德水系进行水文研究，1949年11月成立了赫尔曼德流域管理局，综合开发赫尔曼德河流域经济。此后，通过国际社会援助和阿富汗自己的努力，阿富汗内战前已建成一系列水利综合设施，包括帕尔旺水利综合设施（中国援助）、楠格哈尔水利综合设施（苏联援助）、昆都士水利综合设施、塔哈尔水利综合设施和巴尔赫水利综合设施等。这些水利设施总灌溉面积达到3500km^2，成为当时最富裕的主要农业区。然而，经过20多年战乱后，阿富汗水利系统遭到严重破坏，给人民生活、生产带来巨大困难。由于灌溉系统瘫痪，大部分地区人民基本生活用水得不到保障。阿富汗内战后仅有24%的人口基本生活用水得到满足，5%左右的土地可以长年灌溉。

（二）开发利用与供用水情况

1. 坝和水库

阿富汗主要兴建的水利水电工程有：

(1) 卡贾卡伊（Kajakai）坝，位于格里什克城以北75km的干流上。大坝为堆石坝，坝高为98m，水库库容为26.8亿m^3，水电站一期装机4万kW。

(2) 达伦塔（Darunta）大坝，是喀布尔河上的水力发电大坝，位于喀布尔以西约7km处的贾拉拉巴德，由苏联的公司于

1960 年代初期建造。最初，大坝可提供 4 万～4.5 万 kW 的电力，但在阿富汗内战期间，该系统的淤塞和损坏使该系统的发电量降至 1.15 万 kW。

(3) 达拉（Dahla）水坝，位于坎大哈市以北 40km 的阿尔甘达卜河上，为阿富汗第二大水坝。水坝建于 1950—1952 年，当时由美国援建。大坝之前的库容量为 5 亿 m^3，灌溉了坎大哈省多个地区的农田。由于淤塞的缘故，2015 年水坝库容量已经减少到 3 亿 m^3，对该省农业生产造成严重影响，于 2015 年开展重建，水坝增高 8m，另外新增加 6 个附坝。

(4) 纳格卢（Naghlu）大坝，位于喀布尔河，设计容量为 10 万 kW，该电站于 1968 年投入使用。2001 年，由于战乱导致只有两台发电机投入运行。2006 年 8 月，阿富汗能源部和一家俄罗斯公司修复了两个无法使用的发电设施并更换了变压器，修复后的两台发电设施分别于 2010 年 9 月和 2012 年年底投入使用。

(5) 萨尔玛（Salma）水坝，初建于 1976 年，在内战初期，哈里罗德河河段大坝遭到破坏。由印度资助阿富汗重建的萨尔玛水坝于 2016 年竣工，水坝库容为 6.4 亿 m^3，可灌溉 800km^2 农田。

(6) 博加拉（Boghara）引水坝，位于格里什克城上游 8km 的干流上。大坝的右岸渠长为 58km，左岸渠长为 97km，最终灌溉面积可达 1050km^2，干渠上建有 2400kW 的小型水电站。

(7) 阿甘达布（Arghandab）坝，位于坎大哈东北 33km 的支流上。大坝为土坝，坝高为 63m，库容为 4.6 亿 m^3，可灌溉 400km^2 农田。

(8) 其他几座水坝，如苏鲁比（Surubi）大坝——位于喀布尔省喀布尔河上的一座水力发电大坝、加兹尼省加德兹河上的萨尔德（Sardeh）大坝、巴米扬省巴尔赫河上的班达米尔（Band-e-Amir）水坝、瓦尔达克省洛加尔河上的瓦尔达克（Chak E Wardak）水坝、喀布尔省的卡尔加（Qargha）大坝。

2. 供用水情况

根据 FAO 网站的统计资料，阿富汗 2000 年全国年用水量

约 232.6 亿 m^3，其中农业用水 228.4 亿 m^3（比 1987 年的 258.5 亿 m^3 减少 30 亿 m^3），占全部用水的 98.2%；城市用水 4.2 亿 m^3（比 1987 年的 2.61 亿 m^3 增加 1.6 亿 m^3），占 1.8%。2000 年人均年用水量为 923m^3。

由于缺乏维修，再加上连年战争破坏，2006 年，阿富汗 34 个省中只有 7 个省的供水系统尚能基本保证正常工作，6 个省的供水系统只能保证 50%～75%的正常工作，18 个省没有供水系统。农业人口主要依靠泉水和渠水提供生活和灌溉用水。城市人口主要依靠超负荷的供水系统以及大量受污染的浅井，难民大量返回加剧了城市用水矛盾。持续干旱及过量开采已造成地表水位下降，严重影响水资源供应。

3. 洪水管理

阿富汗虽然是一个降水量较小的国家，但在多雨的春季仍有洪水灾害发生，再加上连年战争导致的各类基础设施和建筑物破败不堪，普通居民大多居住在土坯房内，洪水灾害发生后的损失较大。其中，西部地区的赫拉特、古尔和巴德吉斯等省份容易遭受洪水灾害的袭击。

由于战争的影响，阿富汗国内应对洪水灾害的工程措施和技术方法非常落后。阿富汗水灾害防治工程主要有 3 个：①世界卫生组织 2009 年援助建设的喷赤河流域防洪工程；②2016 年 12 月开始实施的查尔阿旺河堤岸保护工程；③卡马汉卡洪水控制和水电工程。洪水灾害发生后，阿富汗除了国内的灾害管理当局（内政部和能源与水利部）紧急应对之外，还会从国际援助机构如联合国人道主义救援办公室、国际红十字会等机构得到救援。

4. 水力发电

（1）水电利用程度。阿富汗能源极度缺乏。历经多年战乱后，原来薄弱的电力系统又遭到了严重破坏。随着阿富汗重建工作进一步深入，全国范围内电力需求将大幅增加，电力问题也会更加严峻。水力发电是阿富汗主要的电力来源，根据阿富汗官方数据，2013 年阿富汗总发电量为 11.20 亿 kWh，其中水电 9.61 亿 kWh、火电 0.22 亿 kWh 及柴油发电 1.37 亿 kWh。

（2）各类水电站建设概况。阿富汗在国际机构的援助下，于20世纪50—70年代建设了一些水电站，这些水电站仍是目前阿富汗境内电能的主要来源，然而由于常年战乱，水电设施损毁严重，导致国内电力缺口较大。除大中型水电站外，还有160多个微型水电站。2009年开始，阿富汗能源与水利部着手部署修缮大中型水电设施，并在重点流域上拟建设一批具有发电、灌溉功能的大坝。同时，阿富汗农村复兴与发展部、能源与水利部采取多项措施推动农村地区小水电的发展。这些开发措施颇具成效，据阿富汗能源与水利部2013年统计，2012年全国用电量为3.65万亿kWh，其中国内供电量较之前增长一倍，但仍有79.2%的电量需从邻国进口。2002年阿富汗境内主要水电站及发电情况见表3。

表3　　2002年阿富汗境内主要水电站及发电情况

电站名称	装机容量/MW	年发电量/万kWh
纳格卢（Naghlu）	100	21120
玛海帕（Mahipar）	66	—
索罗比（Sorobe）	22	14644
普里胡米（Pule-Khumre）	—	2889
卡加克（Kajaki）	150	11654
楠格哈尔（Nangarhar）	—	4992
恰里卡尔（Charekar）	24	63
加布萨拉（Jabul Saraj）	25	169
古尔邦德（Ghorband）	3	21
库纳尔（Kunar）	—	49

资料来源：中国驻阿富汗使馆经商处，2005年。

5. **灌溉**

由于战乱致使灌溉设施受损等原因，阿富汗灌溉面积大幅减小。阿富汗84.6%的灌溉面积通过传统地表水（主要是河水）灌溉，7.9%通过现代大型喷灌灌溉系统灌溉，7%通过坎儿井灌溉，0.5%通过人工运输灌溉。

阿富汗的灌溉系统可以分为四种不同的类型：

（1）坎儿井系统。据估计，最近的有记载的1967年约有6470个坎儿井灌溉着1677.5km^{2}耕地。而且，坎儿井也经常作为家庭饮用水来源。

（2）小规模的传统地表水系统。这些传统的灌溉系统有的已经长达几个世纪。过去，这些系统的维修和重建经常由所在村落完成，其水权也由村所有，所需的技术和运行机制也依赖于传统的村落结构。

（3）大型的传统地表水系统。这些系统大都位于平原或者山谷。虽然是传统非正式的灌溉系统，但是它们的运营和维护却是有组织的。维修和维护工作能够调动大量劳动力并工作较长时间，所在区域的农民也必须贡献自己的劳动、资金等资源。不过，有相当一部分灌溉系统由于土地绝收或者盐碱化而被废弃，尤其是在哈利河谷、赫尔曼德河谷等区域。

（4）现代化的灌溉项目。正式的有组织的大型灌溉系统是灌溉改革项目，20世纪70年代末期已经修建了赫尔曼德河、帕尔旺、昆都士水利综合设施等。不过，到了1993年，土地所有权的重新登记使得这些设施中大部分不能正常运行。

阿富汗的主要灌溉工程有：

（1）赫尔曼德河（Helmand）水利综合设施。主要有位于格里什克城上游8km干流上的博加拉（Boghara）引水坝，设计灌溉面积为10.50万hm^2；位于坎大哈东北33km支流上的阿甘达布（Arghandab）坝，库容为4.6亿m^3，可灌溉4万hm^{2}农田。

（2）帕尔旺（Parwan）水利综合设施。由中国政府于20世纪60—70年代援建，工程原设计灌溉面积2.48万hm^2，同时供应本地区人畜饮水和生活用水。由于自然老化、年久失修和战争毁坏，整个工程遭到严重破坏，水渠无法正常供水。中国政府于2003年5月与阿富汗达成协议帮助阿富汗政府对该水利工程进行修复。

（3）楠格哈尔（Nangarhar）水利综合设施。由苏联援助建设，工程原设计灌溉3.9万hm^{2}农田。

(4) 昆都士（Kunduz）水利综合设施，塔哈尔（Takhar）水利综合设施和巴尔赫（Balkh）水利综合设施。这些设施主要由阿富汗自己建设，其中昆都士的灌溉工程可灌溉 3 万 hm^2 农田、塔哈尔的灌溉工程可灌溉 4 万 hm^2 农田、巴尔赫的灌溉工程可灌溉 5 万 hm^2 农田。

四、水资源与水生态环境保护

阿富汗原本就是一个水资源相对匮乏的内陆山地国家，再加上长达 10 多年的内战使得阿富汗的水资源和水生态严重破坏。

目前，阿富汗境内原有的 3%的森林覆盖率已经降到 2%以内，森林资源的急剧减少加剧了土地的荒漠化及水土流失，土地荒漠化的速度已明显加快。由于战乱，大约有 5 万多个村落遭受破坏，人民饱受疾苦而无法涵养水源，不少良田变为荒地。只有 18%的居民能够喝到自来水，1/4 的人从有可能被污染的浅水井中取水，由于没有公共排污系统，2/3 的人使用简陋的地沟排水。

严重的水资源和水生态环境破坏也引起了阿富汗政府和国际组织的关注。为了保护水资源，阿富汗政府通过设立临时国家公园的形式来保护位于巴米扬省的班达米尔（Band－e－Amir）高山湖泊。联合国环境规划署也不时地向阿富汗提供资金援助，用于帮助阿富汗恢复环境和绿色发展，资金的具体运用由阿富汗政府环境部负责。

五、水资源管理

（一）水管理体制

阿富汗的水资源管理体制属于中央和地方相结合的管理模式。中央政府制定水资源的开发利用保护政策，对重要河流进行宏观管理，能源与水利部作为水行政主管部门，行使主要水管理职能，其他有关部门参与相关管理。地方水管理，由各省的水利部门行使水管理职能。

（二）管理机构及其职能

阿富汗能源与水利部行使主要水资源管理职能，城市发展

部、农村复兴与发展部、农业部、公共卫生部和矿业部等参与相关管理。由于阿富汗90%以上的水源用于灌溉，因此水资源管理中的灌溉用水管理非常重要。

中央政府的水管理部门是能源与水利部，是1988年由原来的灌溉与水资源部和能源部合并而成的。该部门主要负责水文观测网络、水资源发展、水能资源、大型和现代灌溉系统以及引水建筑物的管理。能源与水利部下属的水管理局在大部分省份负责所在区域的业务。

用水和排污方面的管理由不同的部门来实施。在城市，水与排污中心负责城市供水与卫生设施；在农村，供水由农村复兴与发展部负责。

农业部主管农业生产，因此与农业生产相关的基础设施和水管理也是农业部门的主要职责。

灌溉方面。农村复兴与发展部下属的灌溉局负责小型灌溉系统和引水建筑物及灌溉系统最下游的管理。在有些区域，灌溉开发局仍在运行，他们主要负责大型灌溉系统的开发、运营和维修。涉及政府部门的灌溉系统设计、开发和咨询机构有：赫尔曼德建筑公司、四平哈建筑公司和阿富汗水利能源工程公司。

六、水法规与国际合作

（一）水法规

阿富汗曾在1981年、1991年和2009年分别颁布三个版本的水法。1981年的水法是在苏联的框架下搭建的，但基本没有得到应用；1991年的水法是塔利班政权时制定的，也没有得到真正应用；以前两部法律为参考，21世纪初阿富汗政府曾经制定了多种版本的水法，其中2008年7月的水法草案在2009年获得阿富汗国家议会的通过。新水法的核心是实现水资源的综合管理，在水权、水电、水管理等方面做出了法律规定。

（二）参与国际水事活动的情况

阿富汗是联合国成员国，参与联合国环境计划署、教科文组织、粮农组织、世界银行等机构的有关水环境活动。由于战争等

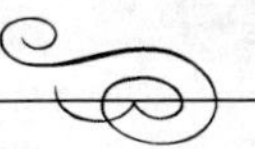

原因，阿富汗不能向原先参与的水利协会等相关组织提供相关数据。

（三）与水有关的国际协议

阿富汗的国际河流主要有赫尔曼德河、喀布尔河和阿姆河等，其中签署的主要协议有：1950 年 9 月 7 日，阿富汗和伊朗就赫尔曼德河的使用问题签署双边协议；20 世纪苏联时期，有关国家曾签署了一系列阿姆河水资源共享协议，并根据协议成立了一个国际委员会负责边界水资源使用和质量检测，1991 年苏联解体后，该国际委员会的职责交由塔吉克斯坦、土库曼斯坦、乌兹别克斯坦三国承担；喀布尔河主要涉及阿富汗和巴基斯坦之间的纠纷，目前仍无协议签署。

（四）接受援助情况

受战争的影响，阿富汗经常接受来自主要国际组织和部分国家的援助，如联合国发展计划署、世界卫生组织、世界银行、亚洲开发银行和美国、中国、印度及欧洲一些国家等。援助资金主要用于灌溉系统的修复、水电项目的修复和重建、水电项目的开发等。

（万军，任金政）

阿　曼

一、自然经济概况

（一）自然地理

阿曼全称阿曼苏丹国，面积为 30.95 万 km^2，位于阿拉伯半岛东南部，西北接阿拉伯联合酋长国，西连沙特阿拉伯，西南邻也门共和国。东北与东南濒临阿曼湾和阿拉伯海。海岸线长 1700km。境内大部分是海拔 200～500m 的高原，东北部为哈贾尔山脉，其主峰沙姆山海拔 3352m，为全国最高峰。中部是平原，多沙漠。西南部为佐法尔高原。

受热带大陆气团影响，阿曼除东北部山地外，均属热带沙漠气候。全年分两季，5—10 月为热季，气温高达 40℃以上；11 月至次年 4 月为凉季，气温约为 24℃，年平均降水量 130mm。

2017 年，阿曼人口为 466.59 万人，人口密度为 15.1 人/km^2，城市人口占 83.6%。

2017 年，阿曼可耕地面积为 6.9 万 hm^2，永久农作物面积 3.2 万 hm^2，永久草地和牧场面积 135.1 万 hm^2，森林面积 0.2 万 hm^2。

（二）经济

石油、天然气产业是阿曼的支柱产业，油气收入占国家财政收入的 75%，占 GDP 的 41%。工业以石油开采为主，近年来开始重视天然气工业。阿曼通过实行自由和开放的经济政策，利用石油大力发展国民经济，努力吸引外资，引进技术，鼓励私人投资。为逐步改变国民经济对石油的依赖，实现财政收入来源多样化和经济可持续发展，政府大力推动产业多元化、就业本土化和经济私有化，增加对基础设施建设的投入，扩大私营资本的参与

程度。农业不发达，粮食主要依赖进口，2017 年，阿曼谷物产量为 6 万 t，人均 14kg。渔业资源丰富，是阿曼的传统产业，除满足国内需求外，还有部分可出口，是阿曼非石油产品出口收入的主要来源之一。

2000 年 11 月 9 日，阿曼正式加入世界贸易组织，成为其第 139 名成员。

2017 年，阿曼 GDP 为 706 亿美元，人均 GDP 为 15131 美元。GDP 构成中，农业占 2.1%，采矿、制造和公用事业占 46.1%，建筑业占 6.2%，交通运输业占 5.3%，批发、零售和旅馆业占 8.1%，其他占 32.2%。

二、水资源状况

阿曼属于干旱地区，主要水资源来自雨水和地下水，水资源紧缺。年均降水量约为 130mm，其中 80%蒸发，5%流向大海，剩余 15%渗入地下。阿曼水资源统计简表见表 1。

表 1　　阿曼水资源量统计简表

序号	项　目	单位	数量	备注
①	境内地表水资源量	亿 m^3	10.5	
②	境内地下水资源量	亿 m^3	13	
③	重复计算水资源量	亿 m^3	9.5	
④	境内水资源总量	亿 m^3	14	④=①+②-③
⑤	境外流入的实际水资源量	亿 m^3	0	
⑥	实际水资源总量	亿 m^3	14	⑥=④+⑤
⑦	2005 年人口	万人	256.7	
⑧	人均境内实际水资源量	m^3/人	545.4	⑧=④÷⑦
⑨	人均实际水资源量	m^3/人	545.4	⑨=⑥÷⑦

资料来源：FAO《2008 年世界各国水资源评论》。

泉水也是阿曼的重要水源之一，全国共有 68 处泉眼，其中 23 处温泉，大部分泉水可饮用。阿曼的温泉和冷泉非常有名，其中以鲁斯塔格（Rudtaq）温泉和纳克尔（Nakhl）温泉最为

著名。

三、水资源开发利用

（一）水利发展历程

阿曼是个水资源匮乏的国家，非常重视对水资源的开发利用和保护。早在1500年前，阿曼国内修建的法拉吉灌溉系统（一种自高而低的人工水渠，利用地势的落差，把水从山区引送到村庄，它有的部分藏于地下，以免水被蒸发；有的部分露出地面，便于人们使用），到目前为止还在运行。雨水对阿曼人意义重大，水坝对于储存雨水和补充地下水有着非常重要的作用。2001年阿曼全国共有水坝57座，有17座用于补充地下水，40座用于储存地表水。

阿曼于1978年成立水利部，1989年又单独成立了水资源部，并制订实施了一系列的水利开发计划。

（二）开发利用与水资源配置

阿曼干旱少雨，对生活生产用水非常重视。阿曼重视水资源的开发利用和保护，阿曼在水利建设方面也取得了一定的成就。

1. 坝和水库

为了防止雨水的流失和洪水破坏，阿曼兴建了许多大坝。2006年大坝库容为8840万m^3，到2009年年底，32座地下水补给大坝共拦截了10.64亿m^3雨水，另外还有11座地下水补给大坝处在建设中。位于山区的地表水储存大坝共有90座。瓦迪戴卡（Wadi Dayqah）大坝是阿曼最大的大坝，它的建成为首都马斯喀特（Muscat）提供了丰富的水源。

2. 供用水情况

2017年，阿曼用水总量为18.72亿m^3，其中灌溉及农业生活用水占85.9%，工业用水占7.2%，城市用水占6.9%。人均年用水量为401m^3。全国各地的饮用水从佐法尔省（Dhofar）和巴提纳区（Batinah）的苏哈尔州（Sohar）输送。饮用水水源主要是地下水，在没有地下水或地下水不足的情况下采取海水淡化措施，以确保阿曼居民的用水安全。政府按照居民用水量多少，

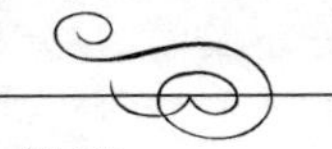

在全国各地建立中、小型海水淡化水站，全国的海水淡化水使用范围迅速扩大。

2005年巴提纳区供水管网建设全面展开。从苏哈尔向北、西、南铺设三条主要供水管，总投资1.47亿美元，供水管网总长280km。供水网在该区的苏韦格、卡博拉、撒哈姆、里瓦和希纳斯5个州进行建设。2006年年底，供水管网竣工后，苏哈尔发电站和海水淡化厂提供的饮用水可以满足5个州30万人民的生活需求，到2030年可为当地50万人提供生活和饮用水。

尔卡水厂于2018年投产，日产水量为28.1万m^3，供应达西里亚（Al Dakhiliyah）和锡卜（Seeb）地区；苏哈尔第三水厂供应中北省、中南省、布莱米省、达希莱省用水。苏哈尔供水管网项目建设正在进行中，从苏哈尔向北、西、南铺设三条主要供水管，总投资为1.47亿美元，供水管网总长为280km。

3. **海水淡化**

为了增加水供应，从1976年起，阿曼便进行海水淡化的尝试。2008年阿曼淡化水实际总产达1.14亿m^3。截至2009年，阿曼建成4家发电与海水淡化厂，产能达54.3万m^3/天。

4. **灌溉排水与水土保持**

阿曼农业严重依赖水利灌溉。其传统农业主要依赖于法拉吉灌溉系统。每个法拉吉服务的最小的服务面积只覆盖2万m^2，最大则为12.27km^2，所有法拉吉服务的土地为265km^2。近年来阿曼修建了一些灌溉用大坝或水坝对雨水进行拦截，通过储存雨水来为农业提供灌溉水源。阿曼政府在第三个五年计划（1986—1990年）中提出：提高农牧渔业生产技术水平，开垦更多的荒地，开发新水源，修复法拉吉灌溉系统。为保护耕地和水资源，政府实施了许多相关工程，如引进现代化灌溉系统以改善农业生产，这一措施已在350多个农场实施，大约2313个农场的11948费丹（1费丹等于0.42 hm^2）农田使用了现代化的灌溉技术，相对于传统的阿拉伯法拉古灌溉系统，这种灌溉方式不仅节约了80%的用水，而且可为不断扩大的种植面积提供可靠的水源。另外，政府还在巴哈拉（Bahla）的凯德（Kaid）地区和伊

卜里的艾尔马沙里布（Almasharib）地区兴建一些防洪水坝，用来保护农田不受季节性洪水的破坏。

四、水资源保护与可持续发展状况

（一）水体污染情况

在阿曼，水污染表现这三个方面：①居民生活废水排放；②由于地下水过度抽取引起海水倒灌沿海含水层问题，这在阿曼的一些沿海城市已经相当严重；③企业废水的排放，尤其是石油开采产生的废水。

（二）水质评价与监测

阿曼有超过4000个监测点来监测气候、降雨量、季节性河流流量、法拉吉、地下水位和地下水质量。全国的监测网络广泛采用了世界气象组织标准。通过两个大型项目的实施为现存的泉井和法拉吉建立完备的数据库。其中，全国井泉普查项目开始于1992年，该项目通过对全国的167000座泉井进行登记和现场检验，全面搜集有关水位、水质、水泵类型、水利用和灌溉区域数据集；全国法拉吉普查项目在1997年进行，通过该项目收集了4112处法拉吉信息，其中3108座处于运行状态。另外，阿曼政府还通过大坝对水位进行监测或通过水文调查来获取地表水和地下水的情况。

（三）水资源及水生态可持续状况

在阿曼，大部分居民生活和工商业用水最终以废水的形式渗入土壤。目前废水再利用，主要集中在一些城市（比如马斯喀特）的绿化上，绿化方面废水再利用量大约有1200万m^3/年。在马斯喀特，废水回收利用率可达到25%。另外一些主要城市，如鲁赛勒（Rusayl）、苏哈尔（Sohar）和莱苏特（Raysut）工业区建有污水处理厂。其中马斯喀特污水处理厂2006年废水日处理量为7万m^3/天。塞拉莱污水处理厂（一期）日处理量为2万m^3，年处理量达730万m^3，经处理后的废水将被直接注入岩缝或沙土，达到补给水层，防止海水倒灌。

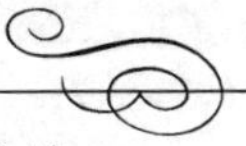

阿曼也通过立法来保护水资源。其中对固体废物和污水的处置做了相应的规定。政府也推行了一些水资源保护鼓励政策，包括改进灌溉技术和控制污水泄漏。

五、水资源管理

在阿曼，主要有如下部门负责水资源的开发与利用。

(1) 自治区域和水资源部，在阿曼各个涉水部门中处于核心协调位置，对水资源整体负责。它的职责是“管理和评估水资源，包括维护法拉吉、开挖辅助井、建造水坝、监测水资源的状态、实施非传统水资源利用项目、普及和提高公民水资源的保护意识”。阿曼于 2001 年 5 月撤销了原来的水资源部，其原有职权由自治区域和水资源部来行使。

(2) 农业部，在没有把与法拉吉和灌溉系统有关的职权分配给自治区域与水资源部时，这些职权属于农业部。农业部在帮助农民选择先进灌溉技术和决定作物种植方面发挥重要作用，在新的作物品种和种植方法如何最有效地利用水资源的研究过程中也扮演了重要角色。

(3) 环境和气候事务部，该部门成立于 2008 年，主要管理自治区域和水资源部的大多数环境项目，鉴于这种角色，其与自治区域和水资源部有较为密切的合作关系。并与自治区域和水资源部共同开展一些水质有关的工作，因为后者负责水政策的制定。该部门还负责水质、水污染和污水处理以及阿曼水道的水质量调控。

(4) 水务管理局，由三家水务单位负责指定地区的饮用水供应、污水处理服务。其中，阿曼水务管理局负责饮用水政策制定、输配和供应（除佐法尔省的饮用水输配外）；阿曼国有电力控股集团下属的阿曼水电采购公司负责采购由水务管理局提出需求并经双方评估的水务项目；阿曼污水处理公司负责监督各地污水处理事务。

(5) 国家经济部，其主要与水务管理局以及自治区域和水资源部合作，通过水资源开发来促进经济增长。

六、水法规与水政策

在阿曼，水资源属于国家所有。目前的涉水法律法规以及相关文件大致有：《水资源开发法》《饮用水污染防治法》《环境保护与污染防治法》《管制和私有化的电力和涉水行业法》《水财富保护法》《关于达希拉地区供水的地下水源地保护区的决定》《废水再利用与排放规定》《现有水井和新水井登记规定》等法规以及政府决定。

七、国际合作情况

各国与阿曼的合作主要在于石油领域。在水资源领域，主要着眼于阿曼的市政水网建设等水利项目，其吸引了许多国家来进行投资与合作，比如中国、法国和印度等。

（唐忠辉，王杰）

阿塞拜疆

一、自然经济概况

（一）自然地理

阿塞拜疆全称阿塞拜疆共和国。阿塞拜疆坐落于高加索山脉以南，地处连接东欧和西亚的十字路口，东临里海，南接伊朗，西边与亚美尼亚、土耳其和格鲁吉亚为邻，北界俄罗斯，国土面积为 8.66 万 km^2。境内约半数土地为山地，超过 43%国土面积海拔在 1000m 以上；最高峰为巴萨杜兹峰，海拔 4740m。阿塞拜疆拥有丰富的石油和天然气资源，主要分布在阿普歇伦半岛和里海大陆架。此外，境内还有铁、钼、铜、黄金等金属矿藏，以及丰富的非金属和矿泉水资源。

阿塞拜疆气候呈多样化特征，中部和东部为干燥型气候，东南部降雨较为充沛。首都巴库紧邻里海，冬季温暖，1 月平均气温为 4℃，7 月为 27.3℃。北部与西部山区气温较低，夏季平均气温为 12℃，冬季为－9℃。境内大部分地区全年降水量为 447mm 左右，但少数地区，如高加索山脉的高海拔区，以及东南部的连科兰平原全年降雨量可达 1000mm 左右。大部分地区夏天为旱季，干燥少雨；秋末至次年春季为雨季，部分地区有降雪。

截至 2019 年，阿塞拜疆总人口约 1000 万人。共有 43 个民族，其中阿塞拜疆族占 91.6%，列兹根族占 2.0%，俄罗斯族占 1.3%，亚美尼亚族占 1.3%，塔雷什族占 1.3%。官方语言为阿塞拜疆语，属突厥语系，居民多通晓俄语，主要信奉伊斯兰教。

2017 年，阿塞拜疆可耕地面积为 209.5 万 hm^2，永久农作物面积 24.7 万 hm^2，永久草地和牧场面积 243.6 万 hm^2，森林面积 116.56 万 hm^2。

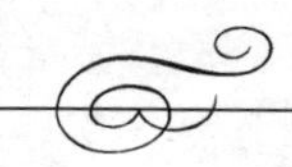

（二）经济

阿塞拜疆经济以石油天然气工业为主，其首都巴库到格鲁吉亚首都第比利斯和土耳其杰伊汉港口建有输油管线。2014 年 12 月 26 日，总统阿利耶夫批准《阿塞拜疆共和国 2015—2020 年工业发展纲要》，阿塞拜疆工业化进程进入全新发展阶段。该纲要明确了阿塞拜疆 5 年内经济发展的五大目标：实现工业现代化并完善工业结构；提高非油气工业出口潜力；合理利用能源，扩大创造高附加值、高竞争力的工业生产；扩大高科技含量、创新型生产；为新生产领域培训高素质人才。

2017 年国内生产总值约为 412.56 亿美元，同比增长 0.1%，通货膨胀率为 12.9%。2018 年国内生产总值约为 469.40 亿美元，同比增长 1.4%。阿塞拜疆主要出口伙伴有土耳其（17.4%）、意大利（15.5%）、俄罗斯（8.7%）、伊朗（7.2%）等。与大型外国公司就石油和天然气领域达成的生产分成协议促使这些工业迅速发展。由于 1995—2013 年广泛的工业发展，农业的份额从 20 世纪 90 年代的 39%下降到 2013 年的 6%。主要的农作物有小麦、棉花、土豆、蔬菜、烟草、瓜、甜菜、向日葵等。

阿塞拜疆现为欧洲委员会、欧洲安全与合作组织、北约和平伙伴关系计划的成员国，以及不结盟运动的成员国，也是世界贸易组织观察员国身份和国际电信联盟的成员国。

二、水资源状况

（一）水资源

阿塞拜疆多年平均年降水量为 447mm，折合水量为 387.1 亿 m^3，蒸发量约为 308mm，人均取水总量为 1300m^3/年。根据联合国粮农组织资料，阿塞拜疆多年平均水资源量约为 346.7 亿 m^3，分为国内产流量和跨境河流水资源量：①国内产流量约 81.2 亿 m^3，包含 59.6 亿 m^3 河川径流和 65.1 亿 m^3 地下水产流（贡献了 43.5 亿 m^3 的河川径流基流）。②跨境河流水量约 265.6 亿 m^3，其中，119.1 亿 m^3 来自格鲁吉亚，75.0 亿 m^3 来自伊朗，59.7 亿 m^3 来自亚美尼亚；另外，阿塞拜疆和俄罗斯之间的

界河苏马（Sumar）河多年平均水量为 23.6 亿 m^3，折算水量为 11.8 亿 m^3（界河水量按 1/2 折算）。

（二）水资源分布

阿塞拜疆境内共有 8359 条河流，其中，库拉（Kura）河与阿拉斯（Araks）河长度在 500km 以上，是该国境内最大的流域。这两条河流都是跨境河流，流入阿塞拜疆的多年平均总水量达 253.8 亿 m^3。

库拉河发源于土耳其东北部卡尔斯省境内安拉许埃克贝尔山西北坡，流经格鲁吉亚，从西北部流入阿塞拜疆。该河全长为 1515km，其中 900km 在阿塞拜疆境内，多年平均入境水量高达 119.1 亿 m^3。

阿拉斯河发源于土耳其东北部，其先后构成了土耳其-亚美尼亚、土耳其-阿塞拜疆、伊朗-阿塞拜疆、伊朗-亚美尼亚之间的界河，然后从东部流入阿塞拜疆。阿拉斯河多年平均入境水量达 134.7 亿 m^3。流入阿塞拜疆后，阿拉斯河与库拉河汇合后，注入里海。

除了阿拉斯河与库拉河，阿塞拜疆境内重要的河流还包括：苏马河，该河是阿塞拜疆与俄罗斯之间的界河，多年平均水量为 23.6 亿 m^3，其中，一半的水量归阿塞拜疆所有。苏马河与库拉河之间有诸多的小河流注入里海，库拉河南部连科兰（Lankaran）地区也有诸多的小河流注入里海。

三、水资源开发利用

（一）水利发展历程

阿塞拜疆曾是苏联的加盟共和国，其水利设施与苏联密切相关。目前，该国境内水库总库容高达 215.4 亿 m^3，其中大多数库容（210.4 亿 m^3）属于库容 1 亿 m^3 以上的大型水库。

（二）开发利用与水资源配置

阿塞拜疆境内水资源开发利用以大型水库为主。根据联合国粮农组织数据，阿塞拜疆总用水量约为 127.8 亿 m^3，其中，农业用水量 92.7 亿 m^3，工业用水量 30.62 亿 m^3，生活用水量 4.5 亿 m^3。

阿塞拜疆境内最大的四座水库为：

(1) 库拉河上的明盖恰乌尔（Mingacevir）水库，库容为157.3亿m^3，坝高为80m，建成于1953年。

(2) 库拉河上的沙姆克（Shamkir）水库，库容为26.77亿m^3，坝高为70m，建成于1983年。

(3) 阿拉斯河上的阿拉斯水库，库容为13.5亿m^3，坝高为40m，建成于1971年。

(4) 泰尔（Tartar）河上的萨尔桑（Sarsang）水库，库容为5.65亿m^3，坝高为125m，建成于1976年。

(三) 洪水管理

阿塞拜疆洪水管理包含工程与非工程措施。其中，工程措施包括大坝工程水位监测、洪水监测与预报、洪泛区及蓄滞洪区规划、水库防洪调度等；非工程措施包括公众宣传、国家灾害信息网络、防洪救灾法律法规等。

(四) 水力发电

2011年，阿塞拜疆全国电力生产量约194.4亿kWh，电力消费约135.7亿kWh。其中，80%来源于火电，剩下的主要来源于5大水电站，分别是：

(1) 明盖恰乌尔水电站，装机容量为40.2万kW。

(2) 沙姆克水电站，装机容量为38万kW。

(3) 耶尼肯德（Yenikend）水电站，装机容量为15万kW。

(4) 埃尼肯德（Enikend）水电站，装机容量为11.2万kW。

(5) 萨尔桑水电站，装机容量为5万kW。

近年来，阿塞拜疆工业与能源部制定规划，计划在全国范围内修建34座小型水电站，总装机容量为23.99万kW。

(五) 灌溉与水土保持

1. 灌溉

阿塞拜疆灌溉潜力估计为320万hm^2，2017年，灌溉面积约为142.99万hm^2，占灌溉潜力的45%。2017年，阿塞拜疆谷物产量为282万t，人均为287kg。

阿塞拜疆已经建立了收集和使用水费以及将责任转移给用水者的体制机制。据估计，灌溉基础设施的40%～45%需要翻新。据欧洲经济委员会2004年统计，影响着灌溉基础设施的主要问题有：①由于维护不足，基础设施和抽水设备恶化；②严重依赖抽水灌溉，如果按实际成本对能源进行估值，在许多情况下，这将使农业不经济；③用水户对运营和维护费用的贡献很小；④水资源配置和使用效率低下。

2. 水土保持

水土流失是阿塞拜疆水资源管理的一个主要问题，根据生态委员会的统计，水土流失影响了阿塞拜疆近43%的人口。防治水土流失的有效措施是建立一条保护农田的林带，以及大河、运河和水库两岸的林带。

四、水资源保护与可持续发展状况

为了促进水资源管理与水生态环境保护，阿塞拜疆制定了国家水监测项目：

(1) 2018年，建成地表水、地下水监测网络。

(2) 2024年，进行水生物、水环境和水化学监测，构成国家水信息系统。

(3) 2030年，将水监测标准升级，与欧盟水监测标准接轨。

五、水资源管理

阿塞拜疆政府部门在该国的水利建设与管理中起着主导作用。全国的水利工作由国家水经济委员会牵头，协调涉水的相关政府部门（表1）。

表1　阿塞拜疆涉水相关部门及其职能分工

职能	水资源	供水	灌溉
管理	环境部门，卫生部门	环境部门，卫生部门，建设部门，阿普歇伦（Apsheron）地区水公司	环境部门，农业部门，能源部门

续表

职能	水资源	供水	灌溉
监测与信息搜集	环境部门，卫生部门	建设部门，阿普歇伦地区水公司，环境部门，卫生部门	环境部门，农业部门
调度与研究	环境部门，阿普歇伦地区水公司，建设部门，能源部门	建设部门，阿普歇伦地区水公司	能源部门，农业部门

六、水法规与水政策

阿塞拜疆国内水资源管理类的法律包括：1996 年制定的《灌溉与土地开发法》；1996 年制定的《农业用水费用征收条例》；1999 年制定的《水法》和《环境保护法》；以及 2000 年指定的《供水与污水处理法》。

其中，《水法》是阿塞拜疆水管理的基础，并规定了以下主要使用和保护原则：①经济发展与环境保护相协调；②为人民提供优质的水；③水管理应与流域综合管理协调；④缺水保护功能应与用水和水的工业功能分开。

七、国际合作情况

阿塞拜疆与邻国签署了 3 份水国际协议，分别是：与伊朗就阿拉斯河的协议、与格鲁吉亚就盖达尔（Gandar）湖的协议、与俄罗斯就苏马河的协议。

值得指出的是，尽管库拉河是该国境内非常重要的一条国际河流，阿塞拜疆并未与邻国就该河达成任何协议。

（罗琳，王杰）

巴基斯坦

一、自然经济概况

（一）自然地理

巴基斯坦全称巴基斯坦伊斯兰共和国，面积为 796095km^2（不包括巴控克什米尔地区），其人口为 2.08 亿人。巴基斯坦位于南亚次大陆西北部，东接印度，东北与中国毗邻，西北与阿富汗交界，西邻伊朗，南濒阿拉伯海。海岸线长 980km。除南部属热带气候外，其余属亚热带气候。南部湿热，受季风影响，雨季较长；北部地区干燥寒冷，有的地方终年积雪。年平均气温为 27℃。巴基斯坦地势由西北向东南倾斜，全境 3/5 为山地和高原，北有喜马拉雅山脉，西北有兴都库什山脉，中东部为印度河中下游冲积平原，东南为塔尔沙漠的一部分。

（二）经济

巴基斯坦是一个发展中国家，属于不发达的资本主义市场经济体。2017 年，巴基斯坦 GDP 为 3045.7 亿美元，人均 GDP 为 1465 美元。巴基斯坦经济以农业为主，农业人口占总人口的 66.5%，产值为国内生产总值的 24%，主要作物有棉花、小麦、大米、甘蔗等，其中棉花是巴基斯坦的主要经济作物，其产量占世界总产量的 5%，排世界第五大产棉国。被誉为粮仓的印度河平原和北部山谷建有庞大的灌溉系统，为粮食和经济作物的生长提供了良好的水利条件。粮食基本自给自足，大米、棉花还有出口。由于地处亚热带，水果资源非常丰富，平原洼地盛产香蕉、橘子、芒果、番石榴和各种瓜类，山地高原则盛产桃子、葡萄、柿子等。

巴基斯坦工业基础薄弱，体现为总体规模、行业规模和企业规模不大，门类不够齐全。2017 年，农业占 24.3%，采矿、制

造和公用事业占 GDP 的 16.8%，建筑业占 2.3%，交通运输业占 12.9%，批发、零售和旅馆业占 19.3%，其他占 24.4%。

巴基斯坦已探明的主要矿藏储备有：天然气 4920 亿 m^3、石油 1.84 亿桶、煤 1850 亿 t、铁 4.3 亿 t、铝土 7400 万 t，还有大量的铬矿、大理石和宝石。森林覆盖率为 4.8%。

根据巴基斯坦央行公布数据，以 2005—2006 财年为基期进行不变价测算，2017—2018 财年巴基斯坦 GDP 增速创下 13 年新高，达到 5.8%，比上财年提高 0.4 个百分点。

二、水资源状况

（一）降水

巴基斯坦地处内陆，海拔为 503～610m，属亚热带季风气候，旱季和雨季分明，年均降水量为 1143mm，最高气温为 47℃，最低气温为 0℃。

（二）水资源量

巴基斯坦是世界上最干燥的国家之一，年均降水量仅为 240mm（对比之下，在面积相似的国家里，尼日利亚年平均降水量超过 1500mm，委内瑞拉超过 900 mm，土耳其将近 700mm）。根据联合国粮农组织资料，巴基斯坦境内多年平均可再生地表水资源量为 474 亿 m^3，境内多年平均可再生水资源量为 55 亿 m^3。

（三）河湖

巴基斯坦 77%的人口居住在印度河流域。印度河系包括印度（Indus）河、杰赫勒姆（Jhelum）河、杰纳布（Chenab）河和喀布尔（Kabul）河以及拉维（Ravi）河、萨特莱杰（Satlej）河和比亚斯（Beas）河。每年注入印度河系约 1900 亿 m^3 的水主要来源于喜马拉雅山的融雪。

三、水资源开发利用

（一）开发利用与供水情况

1. 西水东调工程

西水东调工程是巴基斯坦境内的跨流域调水工程。经过谈

判，巴印两国于1960年签订了《印巴印度河用水条约》。该条约规定西部印度河干流和支流杰赫勒姆河、杰纳布河来水由巴基斯坦使用，东部支流拉维（Ravi）河、比亚斯河和萨特莱杰河来水由印度使用。巴基斯坦原来靠东部3条河供水灌溉的153万hm^2耕地改由西部河流供水，为此制定了由西部3条河下游地区调水的西水东调工程规划。

巴基斯坦西水东调工程规划要点是在西部一些河流上游兴建大型水库，调蓄径流，同时开发水能资源；利用由北向南倾斜的地势条件，开挖几条渠道自流引水至东部灌区。工程主要枢纽建筑物为：

（1）大型水库。在印度河干流和支流杰赫勒姆河上分别兴建了塔贝拉（Tarbela）水库和曼格拉（Mangala）水库。塔贝拉主坝和两座副坝分别为土石坝和土坝，主坝高为143m，坝长为2743m；总库容为137亿m^3，有效库容为115亿m^3；水电站最终装机12台，总容量为2100MW。曼格拉主坝和两座副坝均为土坝，主坝高为138.4m，长为3353m，总库容为72.5亿m^3，有效库容为65.9亿m^3；水电站最终装机10台，总容量为1000MW。

（2）控制枢纽。在各引水渠首和引水渠穿越河道处，共建设6座控制枢纽。它们是：印度河上的杰什马（Chashma），杰赫勒姆河上的拉苏尔（Rasul），杰纳布河上的马拉拉（Marala）和加迪拉巴德（Qadirabad），拉维河上的锡特奈（Sidh-nai）及萨特莱杰河上的迈尔西（Mailsi）。这些枢纽除迈尔西采用倒虹吸工程与河道立交外，其余均与河道平交；每座枢纽由拦河闸和进水闸组成，拦河闸设计泄洪流量都较大，最大的马拉拉闸泄洪流量达31130m^3/s，最小的锡特奈闸泄洪流量也达4245m^3/s。各枢纽都有冲沙或排沙设施。有些拦河闸有相当调蓄能力，如杰什马在正常蓄水位以上库容有10亿m^3。

（3）连接渠。西水东调工程有3处引水口，在印度河塔贝拉水库下游有杰什马（Chashma）和当萨（Taunsa）两处，其设计引水流量分别为614m^3/s和340m^3/s；在杰赫勒姆河曼格拉水

库下游拉苏尔（Rasul）有一处，其设计引水流量为 538m^3/s，3 处引水口引水流量共 1492m^3/s，年引水量为 160 亿 m^3。由于沿途通过几条河流，从 3 处引水口延伸出来的 3 条引水线路被分割为 8 条连接渠，总长为 593km，沿途汇入河流后，引水流量共计 2959m^3/s，土方工程量为 25100 万 m^3。

连接渠利用地面坡降向下游自流引水，平均坡降约为 1/10000。有些连接渠水面低于地下水水位，有利于当地排水；有些连接渠水面高于地下水水位，渠道进行了局部衬砌，并沿渠打井抽水，以消除或减轻对地下水水位抬高的不利影响。连接渠与许多排水沟交叉，多采用立交工程；也有些采用平交和立交相结合的办法，即在连接渠输水水位高于渠外地面时利用立交涵洞排水，在连接渠停水或水位较低时利用平交闸排水入渠。各连接渠没有修建船闸，只按渠道条件，分段通航。

巴基斯坦西水东调主要工程，从 1960 年起开工，除塔贝拉水库因施工中发生事故延至 1974 年拦洪蓄水、1977 年发电外，大部分工程已在 1971 年前陆续完成，实现了调水任务。这项工程保证了巴基斯坦东部 3 条河水灌溉农田的水源，改善了印度河流域的灌溉体系，为城乡提供了大量廉价的电力，效益十分显著。

2. **供用水量**

巴基斯坦人的主要饮用水源是地下水。根据巴基斯坦政府公布，地下水已经被过度开采，目前迫切需要制定政策和方法，使地下水保持平衡。90%农业灌溉需求依赖于印度河系统（IRS），巴基斯坦人均水资源占有量为 2750m^3，灌溉用水比例为 75%，工业及生活用水为 25%。2008 年，巴基斯坦用水总量为 1835 亿 m^3，其中农业用水量占 94%，工业用水量占 1%，城市用水量占 5%。人均年用水量为 1031m^3。

3. **洪水管理**

（1）洪灾损失。有的洪水管理战略包括水库、堰坝、洪水调控预测、预警、疏散、保护重要的基础设施等。尽管如此，洪水还是会给巴基斯坦带来惨重的损失，详见表 1。

表 1　　巴基斯坦的洪灾造成损失

年份	直接经济损失/百万美元	死亡人数/人	受影响村庄/个	受灾面积/km^2
1950	488.05	2190	10000	17920
1955	378.40	679	6945	20480
1956	318.20	160	11609	74406
1957	301.00	83	4498	16003
1959	234.35	88	3902	10424
1973	5134.20	474	9719	41472
1975	683.70	126	8628	34931
1976	3485.15	425	18390	81920
1977	337.55	848	2185	4657
1978	2227.40	393	9199	30597
1981	298.85	82	2071	4191
1983	135.45	39	643	1882
1984	75.25	42	251	1093
1988	857.85	508	100	6144
1992	3010.00	1008	13208	38758
1994	842.80	431	1622	5568
1995	376.25	591	6852	16686
2010	10000.00	1985	17553	160000
总计	29184.45	10152	127375	567132

资料来源：Hashim et al.，2012。

（2）防洪工程。巴基斯坦现有的河堤见表 2。防洪投资概况见表 3。

表 2　　巴基斯坦现有河堤

省名称	旁遮普	信德省	开伯尔-普赫图赫瓦	俾路支省	总计
河堤/km	3332	2422	352	697	6803

资料来源：Hashim et al.，2012。

表3　巴基斯坦防洪投资概况（1978年至2010年6月）

洪水计划/方案	位　置	支出/百万卢比
天然林保护工程-Ⅰ（1978—1988年）	全国各地	1729
天然林保护工程-Ⅱ（1988—1998年）		
应急防洪计划	全国各地	805
首先防洪部门项目（FPSP-Ⅰ）	四省（旁遮普省，信德省，KP，俾路支省）	4860
1988年洪涝灾害恢复工程	四省（旁遮普省，信德省，KP，俾路支省）	1874
1992年洪涝灾害恢复工程	全国各地	6659
1994至1996年流域管理计划	旁遮普省和信德省	613
天然林保护工程-Ⅲ（1998—2008年）		
正常/应急防洪计划	全国各地	4192
第二防洪部门项目；的FPSP-Ⅱ（1998—2007年）	四省（旁遮普省，信德省，KP，俾路支省）	4165
日本格兰特（赖渠的洪水预报和警告系统）	区拉瓦尔品第（旁遮普省）	348
2008—2010年紧急防汛工程	全国各地	893
	小　计	26138

资料来源：Hashim et al.，2012。

（二）水力发电

1. 水电开发程度

2005年，巴基斯坦总库容为233.6亿m^3，目前，有3座大型水电大坝和50座小型水坝（高度不超过15m）。印度河流域三个大型水电大坝（塔贝拉、曼格拉、杰什马）的设计蓄水量为

229.8 亿 m^3。据世界银行 2005 年数据，这三个大型水电站目前的有效库容为 178.9 亿 m^3，总库容损失为 22%。

巴基斯坦政府已经把优先发展水电作为未来经济发展的一个重要因素。发展水电对改善贫困指数有着重大的影响，它不仅可以为电力、工业和农业部门带来更多的就业机会，而且可以通过增加每年的灌溉量和对农村地区的电力供给来改善农村经济，从而改善农作物的种植模式、地方工业和生活质量。改善农村经济，从而改善农作物的种植模式、地方工业和生活质量。

2. **水电站建设**

巴基斯坦政府为减轻贫困而制定的远景规划中包括水电发展计划。在水利与电力发展管理局制定的远景工作计划中，政府关于开发水资源的目标是：在 2025 年以前增加 790 亿 m^3 的库容和大约 27000MW 的电力（主要是水电）。计划总额估计为 254000 亿卢比，其中：

（1）4255 亿卢比用于水资源开发项目，包括增加库容和灌溉用水，以及排水系统建设。

（2）686 亿卢比用于供水和下水道设施建设。

（3）100 亿卢比用于减轻旱灾。

（4）约 4840 亿卢比用于水电工程建设。

（5）约 136.6 亿卢比用于改善环境。

此外，远景规划中，计划对丰富的水资源进行合理开发利用，以满足灌溉、电力需求，因此修建更多的蓄水设施和水电工程。远景规划分为 3 个阶段。第 1 阶段由 8 个优先发展的水电工程组成，装机容量约为 715MW，虽然是径流式电站，这些工程仍被期望能为经济发展和减轻贫困提供经济的电力。第 2 阶段和第 3 阶段分别有 9 个和 13 个工程项目，总装机容量分别约为 3000MW 和 12500MW。

（三）灌溉与水土保持

1. **灌溉**

巴基斯坦于 1970 年完成了据称是世界上最大的连接灌溉系统，位于国家东部的旁遮普平原。2/3 的水来自喜马拉雅山的雪

和冰川融水，其余来自季节降雨。在耕种的8000万hm^2土地中，80%为灌溉土地。

2. 水土保持

巴基斯坦受到沙化的影响，面临着环境退化、土壤肥力损失、生物多样性损失和土地生产力下降的问题，这些问题加重了地方社区的贫困。在印度河流域之外，无地下水回补的水开采已导致像俾路支斯坦（Balochistan）这样的地区的水位急剧下降。草原的过度开发和误用正严重地制约着畜牧生产。在淡水减少、污水及工业污染和其他自然资源过度开发造成的日益加重的环境压力之下，沙漠和沿海地区等脆弱生态系统土地退化率加速。

（四）水资源与水生态保护

2000年，巴基斯坦产生的废水量约为123.3亿m^3，经处理的废水为1.45亿m^3。巴基斯坦环境保护管理部门为环境部。环境部根据巴基斯坦环境保护法制定相关环境保护政策。环境部下设环境保护局，环境保护局与各省环境部门具体负责环境保护法规的实施，并为环境部法规制定提供技术支持。水体保护措施包括增加供水和水处理装置；建立水质监控体系；提升城乡雨水利用的科技水平；鼓励干旱、半干旱地区重填地下水；完善用水计量制，避免工业用水和城市用水混杂；监控流入海洋的淡水；建立地表水体划分标准；实施水体清洁水质升级阶段性计划；加快水体保持法立法和有关标准制定工作。

四、水资源管理

（一）水政策

1. 水价制度

巴基斯坦水价低廉，尤其是农民使用水资源的价格极度低廉。水资源管理制度也很不完善，导致了水资源的浪费。合理的工业、农业水价制度亟待建立。水资源同其他商品一样都具有自身的经济价值。巴基斯坦政府在水权和水资源管理方面扮演了积极的角色。

2. 水权与印巴纠纷

印巴两国曾就印度河的用水权发生严重分歧。20 世纪 50 年代（1952—1960）两国在世界银行官员的主持下就印度河河水的分配问题进行了谈判，最终于 1960 年签署《印度河用水条约》（简称《条约》）。《条约》将印度河流域的水网进行划分，确定了印巴两国在印度河流域的用水范围，即东部三条河流即萨特累季（Sutlei）河、比斯河和拉维（Ravi）河划归印度使用；西部三条河流，即印度河干流和杰赫勒姆河、杰纳布河划归巴基斯坦使用。《条约》规定印度作为上游国家，可有权使用西部三河进行发电、灌溉和其他特定用途，并满足附近居民生活用水需要，但不得蓄水和分流导致下游流量减少。《条约》还规定两国政府要互相合作。其一，双方可应任何一方的请求，根据协议开展水资源开发合作。无论何种情况，双方均应就正式的安排达成一致。其二，双方要交换相关数据。每月交换一次数据，包括河流日流量数据和排放数据、从水库抽取或放出的水量数据、从运河中抽取或流出的水量数据等。其三，双方工程建设告知和合作。任何一方计划建设新的工程，应把其计划告知对方并提供所能获得的有关工程的数据，以便使对方知晓该工程的性质、规模和影响。《条约》还对双方分歧和争议的解决作出了规定，印度河水永久委员会，为双方交换排水的数据提供服务，并进一步监督《条约》的实施，负责处理争议事项。另外，世界银行作为《条约》的担保者，一旦出现双边解决不了的争端，任何一方都可以请求世界银行进行干预，世界银行的裁决对双方具有约束力。

《条约》为印巴两国共同分享印度河水资源奠定了基础，但《条约》并没有完全解决印巴双方所有水争端，两国关于印度河水的开发利用依然存在分歧。例如，多年来，印巴两国围绕印度的大坝建设和其他截留工程的建设发生了一系列争端，包括图布尔航运工程（Tulbul Navigation）、乌拉尔大坝（Wullar Barrage）、巴格里哈大坝（Baglihar）、基中甘加大坝（Kishenganga），以及印度在拉维河、比斯河及萨特累季河建立拦水工程等。在巴基斯坦看来，印度的这些水利工程违反了双方《条约》，

使得原本该流向巴基斯坦境内的水流减少。印度官员则坚称印度没有违背《条约》，并指责称巴基斯坦目前的水匮乏现象是由巴基斯坦管理不善和各省份之间用水分配不均所致。近年来，双方就印度在杰纳布河上游修建的巴格里哈大坝的争端最为激烈。杰纳布河源于印控克什米尔，但主要流经巴基斯坦，1999 年印度投资 10 亿美元在该河流上修建了用于水力发电的巴格里哈大坝，并于 2005 年 4 月完工。巴基斯坦认为该水电站建成后会给处在杰纳布河下游的巴基斯坦农田灌溉造成负面影响，坚决反对修建该大坝和水电站。巴基斯坦认为印度此举不仅违反了《条约》第一条第 11 款，根据该款规定，禁止任何一方在印度河上进行可能"改变河水流量"的人工工程；同时也违反了《条约》第三条第 4 款，即印度不可以存储河水或修建任何储水工程。2002 年印度开始建坝，两国各个层面的磋商毫无结果。2005 年 1 月，巴基斯坦按《条约》规定的纠纷解决程序，正式请求世界银行指派一名中立专家进行仲裁。尽管世界银行专家于 2007 年 2 月正式提交了针对这一纠纷的仲裁报告，但并没有完全解决双方的分歧和矛盾。2008 年夏天开始，巴基斯坦腹地的农业大省旁遮普省农民发现，地表水位和地下水位都在明显下沉。为此，巴基斯坦指责印度有意截流数千万立方米的印控克什米尔地区上游水源，并将其蓄入巴格里哈大坝，用于印控克什米尔地区的水力发电。除巴格里哈大坝的争端外，目前印度和巴基斯坦之间还频频出现新的用水争端，例如两国围绕吉萨冈戈（Kishanganga）水电站的纷争。在巴基斯坦看来，印度在尼勒姆河上游建造的吉萨冈戈水电站，不仅影响巴基斯坦在下游建设的尼勒姆-杰勒姆水电站的蓄水，而且也对巴基斯坦境内的尼勒姆河谷生态环境造成严重破坏，因此要求印度停止该水电站建设。双方就此问题曾通过印度河水永久委员会进行多次磋商，但一直未达成一致。除此之外，目前印度和巴基斯坦双方围绕水资源问题的媒体战也越演越烈。

3. **水权**

较正规的水市场必须规定在某一时段或者是需要永久出售的

水量和股权份额，而非正式的市场通常是在某一时段从灌区出售没有完全计量的地表水或者是在若干小时内出售井水。两种市场的主要差异是交易方式的差异。目前在北美和南美主要是正规的市场，在南亚则主要流行非正规的水权交易。

巴基斯坦大约21%的打井户出售水。在那些依靠降水来补充地下水的地区，购买或出售井水的直接效益使农民的收入和产量都得到提高。地下水市场的经济回报反映出改善泵站管理带来的效益，减少了输水和田间损失，防止超采。由于地下水的抽取和出售处于近乎失控的状态，所以在一些资源有限、需求很大的地方会出现超采。农民不会顾及地下水的稀缺程度和股权价值，他们会无度地抽取地下水直至抽取成本与市场水价持平。最终，抽水成本和水价升高，而地下水位下降。这个案例说明非正规市场加剧了问题的严重性，但正规市场的运作也不一定良好，除非水权能以严格的数量形式得到确立并实施。问题的本身不在于水市场，而在于对开采地下水没有明确的产权观念和规定。要确立这样的产权，打井的数目和抽取的水量必须有所规定。水市场应当反映水资源的稀缺程度并为遏制超采起到杠杆作用。

面对巴基斯坦严重的地下水超采，有专家指出，成千上万的自打水井单靠政府管制、单靠法规或准法规性的制约，很难控制局面，除非辅以其他措施。在巴基斯坦，水市场对地下水超采所能起的任何影响莫过于对电价补贴的影响。抽取地下水的零或近似零的成本无形中助长了农民用自打井来满负荷抽水，过低的电价助长了超采。

对于长期或永久性的调水或者是不同行业、不同辖区之间的调水，必须有正规的市场，因为非农业用水的需求持续增长，在不同辖区需要解决的永久性交易行为会变得日益重要。

4. 节约用水

巴基斯坦政府已经决定制定《地下水管理框架》，帮助各省改善地下水灌溉和避免地下水的过度开采。这是巴基斯坦起草的国家水政策的一部分。《地下水管理法》将禁止过度开采地下水，并且帮助一些地区改善地下水质。巴基斯坦将不按水分区，但经

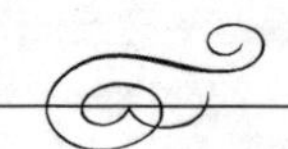

济发展和生产活动的规划必须考虑到水资源的限制。巴基斯坦政府已经决定在全国实施水量量测以控制城市用水的浪费，并开始对农民用水收费，但分步骤实施。根据国家水政策，政府也将引入符合实际的水价体制，不仅要考虑成本回收，还将考虑到支付能力。

（二）水法规

巴基斯坦水权发展经历了很长的历史，是结合过去正规和非正规的种种法规的产物。其中绝大多数法规是在英国殖民时期建立的，也有部分是仿照意大利、法国和西班牙的法规。巴基斯坦于 2017 年召开的共同利益委员会会议上讨论了《国家水资源政策》。

（三）水资源管理

水资源管理变革始于灌溉行业，重点放在水管理的自然和社会经济问题方面。“农场水管理项目”在提高灌溉效率（减少水损失）方面取得了初步成功，平原区的灌溉管理研究从改善水道扩大到公平、环境质量、经济效益及机构和政策改革等方面。虽然变革中伴随着创新政策试验并加深了政府认识，但水管理并没有从官僚管理向参与性管理方面发生重大转变。

20 世纪 80 年代，巴基斯坦出台了有关规定建议让私有部门进行地下水开发，促进了从大型公共管井向私营管井的重大转变。在主要大坝和灌渠建成后，水涝、盐碱化和排水成为工程和规划优先考虑的问题。《国家排水规划》的制定可对区域地下水和排水项目进行协调。

洪水常常造成重大损失，这一认识促使了第一次全国性洪水调查。在独立之前，防洪是各省自负其责。在 1973 年之后，联邦政府成立了中央防洪委员会及后来的联邦防洪委员会，负责协调省级和国家级防洪工作。与灌溉和排水不同的是，防洪规划一直是以工程防洪措施为主。在北部山区，防洪计划改善了印度河和杰赫勒姆河流域融雪径流监测和冰坝溃决预报条件，但总的来说，忽视了地方防洪和减灾工作。

尽管实施了《国际饮用水供给与卫生十年计划》，但国内供水与卫生的改善很缓慢。这些计划鼓励采用适当的技术，参与地方筹资、运行和维护。北部地区改善农村供水和卫生的努力没有受到足够重视，并且协调不够，其结果与预定目标相去甚远。城市化供水及其质量问题也非常突出，尤其是在大都市如卡拉奇、伊斯兰堡、拉合尔市地区更是如此。卡拉奇在20世纪80年代实施了由世界银行贷款的大量供水与卫生项目。卡拉奇地区还成功地实施了社区卫生改进项目。随着农村向都市化进程的加快，城市及附近区域的供水与环境问题有可能进一步恶化。

水资源管理中的环境问题越来越受到政府和非政府组织的关注。《巴基斯坦国家保护战略》就包括了水资源的章节。世界保护联合会在印度河三角洲实施了水资源与环境保护工程。为灌溉水部门分析而研制的印度河流域模型，适用于评价地下水管理的环境问题及全球气候改变对印度河潜在影响。

在巴基斯坦，将水和环境管理结合起来进行综合管理还处于起步阶段。将两者结合起来面临的最大挑战是对水系的管理。虽然在规定文件中一直在强调农场主的参与及分散管理权限，但在实际管理中这些方法只不过是纸上谈兵。省级灌溉管理部门继续管理着大型灌溉系统，并总是倾向于采用工程解决方案。

（王海锋，李佼）

不 丹

一、自然经济概况

（一）自然地理

不丹全称不丹王国，位于亚洲南部，是喜马拉雅山东段南坡的内陆国家。西北部、北部与中国西藏接壤，西部、南部和东部分别与印度锡金邦、西孟加拉邦、中国西藏交界。国土面积为 3.839 万 km^2。

不丹地处亚热带，各地气候相差较大。根据不丹的地形特点，全国大致可分三个气候区：北部高寒气候区，大部分降水为雪；中部温带气候区，海拔为 2000～3000m，气候温和宜人，春夏多雷暴，秋季多雨，四季多南风；南部亚热带气候区，海拔在 1500m 以下，气候炎热，空气潮湿，季风常伴着大雨，雨量充沛。不丹多年平均降水量为 2200mm，折合水量为 844.6 亿 m^3。降雨量区域分布不均衡，北部高寒气候区的年降雨量为 300～500mm，南部亚热带气候区的年降水量则达到了 2000～5000mm。

全国划分为 4 个行政区 20 个宗（县），首都廷布（Thimphu）。

2017 年，不丹人口为 74.56 万人，人口密度为 19.5 人/km^2，城市化率 40.2%。不丹族约占总人口的 50%，尼泊尔族约占 35%。不丹语“宗卡”为官方语言。藏传佛教噶举派为国教，尼泊尔族居民信奉印度教。

2017 年，不丹可耕地面积为 10 万 hm^2，永久农作物面积 0.6 万 hm^2，永久草地和牧场面积 41.3 万 hm^2，森林面积 276.49 万 hm^2。

（二）经济

不丹是世界上经济最不发达的国家之一。2016 年，在联合

国发展署发布的全球人类发展报告中，不丹排名第134位。农业是不丹的支柱产业。农作物主要有玉米、稻子、小麦、大麦、荞麦、马铃薯和小豆蔻。畜牧养殖较普遍。盛产水果，苹果、柑橘等大量向印度和孟加拉国出口。树种主要有婆罗双树、橡树、松树、冷杉、云杉、桦树等，以丰富的名木花草闻名遐迩。森林覆盖率约为70%，自然保护区面积占国土面积的51%。物种丰富，每万平方千米上有植物3281种。不丹第三产业发展最快，其次分别为制造业、电力和建筑业。水电资源丰富并向印度出口，近年来电力出口带动水电站建设，水电及相关建筑业已成为拉动经济增长的主要因素。

2017年，不丹GDP为23.6亿美元，人均GDP为3165美元。GDP构成中，农业占18%，采矿、制造和公用事业占26%，建筑业占17%，交通运输业占10%，批发、零售和旅馆业占11%，其他占18%。

2017年，不丹谷物产量为19万t。

二、水资源状况

（一）水资源

1. 水资源量

不丹的人均水资源丰富。据FAO统计，不丹境内地下水资源量和地表水资源量分别达到了81亿m^3和780亿m^3，扣除重复计算的水资源量81亿m^3，境内水资源总量达到了780亿m^3，详见表1。2017年不丹人均实际水资源量为96582m^3。

表1　不丹水资源量统计简表

序号	项　目	单位	数量	备注
①	境内地表水资源量	亿m^3	780	
②	境内地下水资源量	亿m^3	81	
③	重复计算的水资源量	亿m^3	81	
④	境内水资源总量	亿m^3	780	④=①+②−③
⑤	境外流入的实际水资源量	亿m^3	0	
⑥	实际水资源总量	亿m^3	780	⑥=⑤+④

续表

序号	项　目	单位	数量	备注
⑦	人均境内水资源量	m^3/人	96582	
⑧	人均实际水资源量	m^3/人	96582	

资料来源：FAO 统计数据库，http：//www.fao.org/nr/water/aquastat/data/query/index.html。

2. 河流

不丹全境主要有 4 大水系（表 2）：马纳斯河、普纳昌河、旺河、阿莫河。四大水系流域面积分别是 $18375km^2$、$10725km^2$、$3600km^2$ 及 $1400km^2$，境内长度为 150km、220km、368km 及 70km，主要集中在不丹西部。

表 2　　不丹境内四大水系概况

名　称	地域	流域面积 /km^2	境内长度 /km
马纳斯（Manas）河	不丹东部	18375	150
普纳昌（Punatsang）河	不丹西部	10725	220
旺（Wang）河	不丹西部	3600	368
阿莫（Amo）河	不丹西部	1400	70

资料来源：FAO《2011 年世界各国水资源评论》。

（二）水能资源

根据《2013 年世界能源调查》的统计数据，不丹全国理论水能资源蕴藏量为 263 亿 kWh/年，技术可开发量超过 99 亿 kWh/年。

三、水资源开发利用

（一）开发利用与水资源配置

1. 大坝和水库

据 FAO 资料统计，不丹主要有 6 座大坝（表 3）。其分别是巴索楚Ⅱ大坝、普纳昌河大坝（坝高 141m）、楚卡大坝（坝高 40m）、巴索楚Ⅰ大坝、古里楚大坝（坝高 33m）、塔拉大坝（坝高 91m）。这 6 座大坝均用于水力发电。

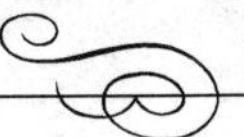

表 3　　不丹主要大坝概况

序号	大坝名称	完成（运营）年份	坝高/m
1	巴索楚Ⅱ（Basochu Ⅱ）	—	—
2	普纳昌（Punatsangchu）	—	141
3	楚卡（Chhukha）	1998	40
4	巴索楚Ⅰ（Basochu Ⅰ）	2001	—
5	古里楚（Kurichhu）	2002	33
6	塔拉（Tala）	2006	91

资料来源：FAO《2011 年世界各国水资源评论》。

2. 供用水情况

联合国粮农组织统计资料报告，2008 年不丹全国总取水量为 3.38 亿 m^3，其中农业取水 3.18 亿 m^3，工业取水 0.03 亿 m^3，居民生活取水 0.17 亿 m^3。2015 年不丹饮水安全人口为 100%。

(二) 水力发电

1. 水电开发程度

不丹拥有巨大的水电开发潜力，目前仅约 5%得到开发利用。莫楚、旺楚、普纳昌楚、曼戈德楚和德郎米楚等 5 大流域水电蕴藏量分别为 20.6 万 kW/年、274 万 kW/年、809.9 万 kW/年、388.9 万 kW/年和 669.2 万 kW/年。

2. 水电装机及发电量情况

2012 年不丹所有电站装机容量为 150 万 kW。2017 年不丹全国发电量为 77.3 亿 kWh，出口 57 亿 kWh，水力发电占总发电量的 99%以上。

3. 水电站建设概况

1998 年投入运行的楚卡水电站，装机容量为 33.6 万 kW；2001 年投入运行的古里楚水电站，装机容量为 6 万 kW；2002 年投入运行的巴索楚梯级电站，装机容量为 2.4 万 kW，2007 年投入运行的塔拉电站，装机容量为 102 万 kW。这些电站生产的多余电量可出口，其中楚卡电站和古里楚电站所发 70%以上的

电力出口到印度。

4. 小水电站

不丹共有 23 个小型水电站，总装机容量为 8660kW。

（三）灌溉情况

不丹有效灌溉面积逐渐增加，从 1995 年的 2.702 万 hm^2 增加到 2007 年的 2.768 万 hm^2 再到 2010 年的 3.191 万 hm^2。灌溉主要依靠江河、溪流和春季雨水等自流引水灌溉和在不能应用自流引水系统的地区利用水池或水库提水灌溉。主要灌溉水稻、土豆、小麦、油料作物和蔬菜及玉米等农作物。

根据 FAO 统计资料报告，不丹有 1500～1800 个灌区。其中，由政府修建的两个大型灌区有效灌溉面积分别是约 1350hm^2 和 800hm^2。由于地形地理因素，没有修建大型灌区。

2009 年，联合国粮农组织对不丹南部地区增强有效灌溉的援助和支持，旨在通过扩大耕地规模和种两季作物来提高不丹粮食自给率。援助内容具体包括：①对南部地区的灌溉发展和潜力综合研究；②研究一个开采地下水计划去替代过度使用的地表水。

四、水资源管理体制、机构及其职能

不丹尚未设立专门的水资源开发部门或组织，用水管理分属不同机构，主要有：

（1）农业林业部。负责灌溉开发管理。主要负责水资源分配、协调各个部门关于水资源问题、制定有关灌溉政策等工作。

（2）国家环境委员会。负责工业用水管理。负责水资源国家开发计划、制定水政策和水法规、评价水质和洪涝灾害管理。

（3）经济事务部。其下属水力发电和电力系统负责水电开发管理。

五、水政策

2003 年，不丹出台了水政策。其强调水是对经济社会发展及环境保护起着关键作用的重要资源，不能以牺牲环境代价去利

用水资源。另外，政策要求综合管理冰河、河流、小溪、泉水、湿地、土壤和地下水等各种与水资源有关的资源。同时，对用水利益和优先顺序、水资源发展和管理原则、国际水资源管理和水资源机构的构建和完善等方面进行了规定。

水政策具体包括两个部分。第一部分内容关注水资源分配、生活用水、农业生产用水、水电开发用水、工业用水及用水利益冲突等问题。第二部分是采用现代技术和先进管理，确保水资源可持续利用、水资源环境预防和可控、洪涝灾害有效防范。

六、水利国际合作

从1961年以来，不丹一直与印度开展水电合作。1961年，双方签订了贾尔达克哈（Jaldakha）水电工程建设协议。1975年9月，双方合作修建楚卡水电站。此后，双方合作修建塔拉水电站。2006年，不丹与印度先后运行了普纳昌河一期和二期水电合作规划项目协议。2017年，不丹与印度共同开发完工了普纳特桑楚（Punatsangchhu）Ⅰ期、普纳特桑楚Ⅱ期及芒德楚（Mangdechhu）水电项目工程。此外，不丹也接受了奥地利和日本等国家关于水电建设的援助。

（严婷婷，王杰）

朝　鲜

一、自然经济概况

（一）自然地理

朝鲜全称朝鲜民主主义人民共和国。位于亚洲东部，朝鲜半岛北半部。北部与中国为邻，东北与俄罗斯接壤，南部以军事分界线三八线与韩国相邻。朝鲜半岛三面环海，东为日本海（包括东朝鲜湾），西南为黄海（包括西朝鲜湾）。国土面积为 12.3 万 km^2，其中山地约占国土面积的 80%。半岛海岸线全长约 1.73 万 km（包括岛屿海岸线）。全国划分为 1 个直辖市、2 个特别市和 9 个道，首都为平壤。2019 年朝鲜人口约为 2500 万人，单一民族为朝鲜族，通用朝鲜语。

朝鲜属于温带的东亚季风气候。夏季温热多雨，冬季寒冷干燥，年平均气温为 8～12℃，年平均降水量为 1000～1200mm，6—9 月的降雨量为全年的 70%，降水量由南向北逐步减少。冬季平均气温为零度以下。夏季 8 月最热，气温为 25℃。3—4 月和夏初时易受台风侵袭。有结冰期。

2017 年，朝鲜可耕地面积为 235 万 hm^2，永久农作物面积 23 万 hm^2，永久草地和牧场面积 5 万 hm^2，森林面积 490.4 万 hm^2。2017 年，朝鲜谷物产量为 484 万 t，人均 190kg。

（二）经济

朝鲜经济体制是高度集中的计划经济，国有工业占有绝对控制地位，政府大力发展重工业以及国防工业，同时发展农业和轻工业。自 2002 年 7 月起，朝鲜实行了一系列经济调整措施，并提出用现代技术革新经济，按照新环境、新气候的要求改善经济管理体制。2014 年朝鲜决定在平壤、南浦、平安南道、平安北

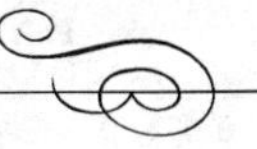

道等地新设多个经济开发区。

朝鲜重视发展冶金、电力、煤炭、铁路运输四大先行产业和采矿、机械、化工、轻工业，努力实现生产正常化、现代化。集中力量发展粮食生产，继续推行种子改良和二熟制，扩大土豆、大豆种植。粮食生产以水稻和玉米为主。2018年朝鲜GDP约为172.87亿美元，人均GDP约为700美元。

二、水资源状况

（一）水资源

朝鲜河流大部分源短流急，河网稠密，拥有6610条长度超过5km的江。流域面积2000km^{2}以上的河流有29条，中、小河流有3700多条。界河鸭绿江全长为821km，图们江长为520km。这两条河都发源于长白山，前者流入西朝鲜湾，后者注入日本海。大同江全长为439km，流域面积为1.7万km^2，发源于小白山南麓，注入黄海。虚川江和长律江为鸭绿江的大支流。汉江全长超过410km，流域面积为3.4万km^2，通航里程为330km；洛东江全长为525km，流域面积约为2.4万km^2，通航里程为344km，为朝鲜半岛南部的交通动脉，洪水期经常泛滥成灾。朝鲜人口总量少，人均水资源量大。森林面积广大，水力资源丰富，据估计约有1000万kW以上，在鸭绿江及其支流虚川江、长津江以及汉江都建有相当规模的水电站。由于三面环海，沿海有大面积渔场，水产资源丰富。

（二）灌溉排水

从20世纪60年代开始，朝鲜大力发展水利，已建成1700多座水库，总库容为30多亿m^3。抽水站有2.5万余座，排涝站1600余座，灌排动力150多万kW，喷灌机1.7万多台，渠道总长4万余km。

三、水资源开发利用

2005年，朝鲜用水总量为87亿m^3，其中农业用水量占76%，工业用水量占13%，城市用水量占10%。人均年用水量为358m^3。

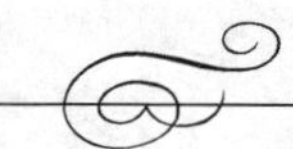

（一）水利发展历程

朝鲜本来是电力资源丰富的国家，水力发电和火力发电各占一半，20 世纪 90 年代之前电力供应不成问题，但由于设备老化、生产技术落后、煤炭等原料供应不足等多种原因，21 世纪初出现电力供应呈现严重不足状况。此外输配电网也没有更新。20 世纪 50—60 年代建设的电网，年久失修，输电过程中的损耗率高。水力发电不稳。虽然朝鲜水利资源丰富，但持续几年的干旱，各电站坝内水位下降，比如 2000 年渭原电站蓄水比正常水位下降 4m，大同江水电站水位下降 10m，使水力发电开工不足。朝鲜电力紧张的状况，不但给国民生活造成了困难，也严重影响了国民经济的发展，一些企业被迫停产或半停产。解决电力不足的问题，成了朝鲜国家生活中的重要课题。朝鲜政府在解决电力问题方面实行了“两条腿走路”的方针：大型水电站由国家建设，中小型水电站由地方建设。朝鲜政府加大对电力的投资，如 2000 年比 1999 年增加了 15.4%。集中资金进行了安边水电站、泰川 3 号发电站、南江发电站大坝扩建工程、金野江水电站、宁远电站等十多项大型水电工程建设。1995—2000 年，朝鲜新建大型发电站 9 座。其中安边水电站规模最大，投资额为 80 亿美元，是西海水闸的 2 倍。慈江道水利资源丰富，慈江道人民群众因地制宜、自力更生修建的长江 1 号发电站、长江 2 号发电站、将子山发电站、北川江 3 号发电站等，解决电力问题。

朝鲜大力建设中小型水电站，黄海南道苔滩郡大进里（Taetan - gun，Hwanghaenam - do）有一条落差只有 1m 的小溪，在这条小溪上也出现了装机容量为 100 多 kW 的“大进里式”低落差水电站。截至 1999 年 6 月，朝鲜全国竣工投产中小型发电站 5000 余座。2010 年前后，朝鲜建设熙川、金野江等一系列装机容量 6 万～30 万 kW 的水电站。这些中小型发电站满足了地方用电需要。

（二）重大水利工程

1. 大同（Taedong）江闸坝工程

在大同江上，从上而下已建成顺川、成川、烽火、美林和西

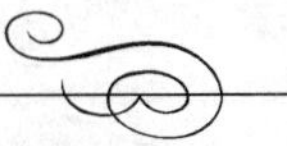

海（又名南浦）5座水闸，取得了防洪、灌溉、航运、供水、发电等综合效益。美林闸库容为1亿m^3，水库周围建有59座扬水站。位于大同江口的西海闸，总库容为27亿m^3，挡水前缘总长为8km，枢纽建筑物包括土坝4.6km、混凝土坝2.4km、31孔水闸（每孔净宽16m）、副坝过水坝段，以及2万t、5万t、2000t级船闸各一座。工程于1981年5月开工，1986年6月竣工，可灌溉面积为2000km^2。西海闸坝枢纽能够对大同江136亿m^3的年径流量进行有效调节，并配合其上游的美林闸、烽火闸联合运行，给相关灌溉系统补充水量。规划中，上游还将建设12座水闸。

2. 大溪（Dash）岛海涂开发工程

大溪岛海涂开发工程位于平安北道，据鸭绿江口约20km。该工程使多狮岛、甲车岛、小茑岛、大溪岛和小溪岛与大陆相连，围海总面积88km^2，于1982年开工。围垦区除利用垦区内的东江、全长川、海盐川、殷山川的淡水洗盐、灌溉外，还可以从鸭绿江新安抽水站补充淡水。

3. 歧阳（Chiyang）灌区工程

该工程通过两级提水站，从大同江取水，流量为23m^3/s，扬程为60m，蓄入太城水库（库容为1.2亿m^3），再通过1600km的渠道、400多处抽水站以及灌区内20座中小型水库调蓄，把水分送到109个合作农场，灌溉6400km^2的农田。灌区北部与平南灌区连通。

（三）水力发电

朝鲜能源行业由不同的部委领导，包括电力工业部、原子能部和煤矿工业部。主要依赖煤和水电两种能源，以及进口少量石油。

该国发电容量约为950万kW，其中，水电站容量478万kW，发电量约为228亿kWh/年。由于缺少燃料和运煤困难，火电站运行不足。在20世纪90年代的大多数年份，总发电量下降，但1999—2000年，发电量增长9%。2000年的总发电量约为340亿kWh。

2012年4月，位于慈江道清川（Cheongcheon）江的熙川水电站建成。工程的建成有利于解决首都平壤的电力问题，保护清川江地区的耕地和居民区免遭水灾，保障熙川和南兴地区的工业和农业用水。熙川水电站现有1号、2号两座发电站，总装机容量为30万kW，设计年发电量为9.8亿kW，于2009年3月投建，2012年4月起开始向平壤供电。

另外一处较为著名的水电站为水丰（Water－rich）电站，为鸭绿江上的第一座水电站，位于中国与朝鲜界河鸭绿江干流下游、中国辽宁省宽甸县和朝鲜平安北道朔州郡境内，是中朝共建的一座水电站，为中朝两国共有，由朝鲜负责运行管理，电量由两国各半分配。2018年1月，水丰电站入选中国工业遗产保护名录（第一批）名单。大坝为混凝土重力坝，库容为146亿m^3，坝高为106.6m，坝顶高程为126.4m，防浪墙高为4.6m，坝顶长为900m。水电站于1937年5月1日开工建设，1943年6月1日竣工，原设计电站装机63万kW，多年平均年发电量36.8亿kWh。1971年，中朝决定建设长甸水电站［水丰电站右岸（中方侧）的扩建工程］，装机容量15万kW，1989年10月9日机组正式并网运行。

四、水资源管理

朝鲜实行水资源国家所有制度，水资源由中央和地方政府共同管理，下设建设部、水资源开发公司、农业开发公司、国家农业合作社和农林开发公司等机构。

五、水法规

朝鲜与水有关的基本法规包括1997年颁布的《水资源法》和《海洋污染防治法》，1986年颁布的《环境保护法》，1998年出台的《公共卫生法》，2002年11月通过的《河川法》。

《水资源法》由朝鲜最高人民会议主席团于1999年进行了修订。全法共5章37条，规定了有关机关、企事业单位应当在中央土地及环保部门的监督下保护土地、有计划地勘探和开发水资

源，必要时应当建立流域保护森林、水库、人工湖泊、水井、游泳池和其他取水设施等方式充分利用水资源，不得随意浪费。

《环境保护法》共 5 章 52 条，着眼于环境和自然资源的保护、节约、恢复和可持续管理，该法的第三章对水污染的处理与排放进行了相关的规定。

（罗琳，王洪明）

菲律宾

一、自然经济概况

（一）自然地理

菲律宾全称菲律宾共和国，位于亚洲东南部。北隔巴士海峡与中国台湾省遥遥相对，南和西南隔苏拉威西海、巴拉巴克海峡与印度尼西亚、马来西亚相望，西濒南中国海，东临太平洋。菲律宾属季风型热带雨林气候，高温多雨，湿度大，台风多。年均气温为27℃，年降水量为2000～3000mm。

菲律宾国土面积为29.97万km^2，共有大小岛屿7000多个，其中吕宋岛、棉兰老岛、萨马岛等11个主要岛屿占全国总面积的96%。海岸线长约为18533km。菲律宾群岛地形多以山地为主，占总面积3/4以上；有200多座火山，其中活火山有21座。除少数岛屿有较宽广的内陆平原外，大多数岛屿仅沿海有零星分布的狭窄平原。

菲律宾海水资源丰富，境内河流均较短小，吕宋岛最大河流卡加延河，长为350km；棉兰老岛以棉兰老河和阿古桑河较大。其淡水资源主要来自降水，即每年10月和11月的两次热带风暴所带来的大量雨水，成为水库蓄水的有力补充，以满足数月的农业和生活用水。

菲律宾矿藏主要有铜、金、银、铁、铬、镍等20余种。铜蕴藏量约为48亿t、镍为10.9亿t、金为1.36亿t。地热资源丰富，预计有20.9亿桶原油标准能源。巴拉望岛西北部海域有石油储量约3.5亿桶。

2017年，菲律宾人口约1.02亿人。马来族人口占全国人口的85%以上，其他还包括他加禄人、伊洛戈人、邦班牙人、维萨亚

人和比科尔人等；少数民族及外来后裔有华人、阿拉伯人、印度人、西班牙人和美国人；还有为数不多的原住民。有70多种语言。国语是以他加禄语为基础的菲律宾语，英语为官方语言。国民约85%信奉天主教，4.9%信奉伊斯兰教，少数人信奉独立教和基督教新教，华人多信奉佛教，原住民多信奉原始宗教。

（二）经济

菲律宾经济为出口导向型经济。第三产业在国民经济中地位突出，农业和制造业也占相当比重。20世纪60年代后期采取开放政策，积极吸引外资，经济发展取得显著成效。80年代后，受西方经济衰退和自身政局动荡影响，经济发展明显放缓。90年代初，拉莫斯政府采取一系列振兴经济措施，经济开始全面复苏，并保持较高增长速度。1997年爆发的亚洲金融危机对菲律宾冲击不大，但其经济增速再度放缓。2017年国内生产总值3890亿美元，人均国内生产总值3593美元。

菲律宾与150个国家有贸易关系。近年来，菲律宾政府积极发展对外贸易，促进出口商品多样化和外贸市场多元化，进出口商品结构发生显著变化。非传统出口商品如成衣、电子产品、工艺品、家具、化肥等的出口额，已赶超矿产、原材料等传统商品出口额。据菲律宾中央银行统计，2016年菲律宾吸收外商直接投资约为46.1亿美元，主要来源地自荷兰、澳大利亚、美国、日本、新加坡，主要流向制造业、水电气供应、服务业等行业。

二、水资源开发利用与保护

（一）水资源状况

1. 降水

菲律宾年平均降水量为2000～3000mm。全年可分为三个季节，分别为3—5月炎热干燥的热季，6—11月的雨季及12月至次年2月的凉季。5—10月的西南季风称为Habagat，11月至次年4月干燥的东北季风则被称为Amihan。

2. 水资源量

菲律宾供水来源包括雨水、地表水（河流、湖泊和水库）、

地下水。国家水资源监督管理委员会所定义的共有18个主要江河流域和421条河流。

根据FAO的资料，2017年菲律宾境内多年平均可再生地表水资源量为4790亿m^3，地表水资源量为4440亿m^3，地下水资源量为1800亿m^3。

3. 河湖

菲律宾有421条主要河流和59个天然湖泊。

菲律宾河流密布，仅吕宋岛上就有60多条。但多半源短流急，不利航运，不过水能资源价值很高。菲律宾的主要河流有棉兰老（Mindanao）河，全长400km，是菲律宾的第一大河流，但河槽曲折，河旁多沼泽，可以通航的地段不长。卡加延（Rio Grande de Cagayan）河是菲律宾第二大河，也是菲律宾航程最长的河流，全长350km，雨季小船可上溯240km，旱季仅110km。棉兰老岛东南部的阿古桑（Agusan）河是菲律宾的第三大河，长约150km。最有名的河是巴拉望（Palawan）岛上的地下河，长约4380m，绝大部分可通航。

4. 水能资源

联合国工业发展组织和国际小水电中心称，截至2013年，菲律宾小水电蕴藏量为1876MW，在东南亚地区位居第二，仅次于越南。

（二）开发利用

1. 坝和水库

菲律宾主要大坝包括圣罗克（SanRoque）坝、马加特（Magat）坝、安布克劳（Ambuklao）坝等。

菲律宾2006年的水库总容量为62.745亿m^3。国家灌溉管理局为灌溉项目建造了7个大型水库和一些小型水库，总容量约为61.80亿m^3。在菲律宾，当蓄水量超过5000万m^3且结构高度超过30m时，水库被认为是大型水库。最后一座大型水库建于2002年，即圣罗克水库，总容量为8.5亿m^3。国家灌溉管理局管理着两个总容量为35.6亿m^3的大型水库：用于马加特（Magat）河综合灌溉系统的马加特水库和用于邦板牙（Pam-

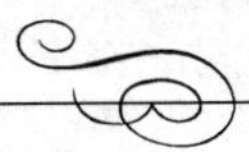

panga）上游综合灌溉系统的帕塔班格（Pantabangan）水库。由国家电力公司管理3座总容量为16.79亿m^3的大型水库：安加特（Angat）、安布克劳（Ambuklao）和帕兰吉四世（Palangui Ⅳ）水库。国家电力公司在棉兰老岛经营和管理另外3个水库，分别为伊利甘市Agus Ⅱ、Ⅳ和Ⅴ，容量为2770万m^3。大都会自来水厂和污水处理系统管理着马尼拉大都会地区的两个水库，用于市政供水和卫生设施：拉米萨（La Mesa）水库和爱普（Ipo）水库，蓄水量分别为51万m^3和3600万m^3。所有其他小型水坝都是在小型蓄水管理项目的框架内创建的，目标各不相同，由土壤和水管理局、国家灌溉管理局和农业改革部共同管理，通过各种国际资助机构获得帮助。

2. 供用水量

根据FAO数据，2017年菲律宾用水总量为927.5亿m^3，人均年用水量为884m^3。菲律宾是东南亚国家供用水量倒数第二的国家。但就淡水使用而言，菲律宾却是东南亚国家中最大淡水使用国，每年抽取淡水927.5亿m^3，占全部淡水资源的19.36%。其中，农业用水占73.28%，家庭和工业用水分别为17.09%、9.63%。虽然菲律宾拥有丰富的可再生淡水资源，但水污染和森林砍伐正威胁着整个国家的淡水供应系统。

3. 洪水管理

为解决首都及周边地区经常出现洪水的问题，菲律宾完成了三个防洪项目，环内湖路堤（PPP项目）、马里基纳（Marikina）河分水岭处的路堤和集水池、马尼拉西北靠海地区8km长的路堤和抽水站。2011年菲律宾预算管理部划拨13.4亿比索（1美元＝50.75菲律宾比索）用于防洪项目，2011年用于防洪的政府预算达到51.6亿比索，新增预算中，4.64亿比索分配给甲拉巴松地区，3.076亿比索分配给比科尔地区，用于减轻低洼地区洪灾，减少洪水对居民、车辆和厂房的破坏。

（三）水力发电

菲律宾电气化程度约为87%，2014年水力发电占总装机容量的19.75%。菲律宾的水电站大多数是在80—90年代建成的。

新建电站归国家电力公司和水电开发公司或北方小水电公司所有。

菲律宾共和国7156号条例对小水电项目开发商提供了投资优惠条件。这些优惠条件是：2%总销售收入的特免税。合同签订的7年内机械、设备及材料进口免税。7年内国内资金购置设备100%课税扣除。机械和设备交纳2.5%特别不动产税。免除增值税。7年内免除所得税。

2011年，菲律宾能源部希望在今后20年内吸引6900亿比索投资，建造539.4万kW的水力发电站。其中，发电量达2.78万kW的9个项目已经获得批准，所需投资大约为31.27亿美元，其他项目处于勘察或价格计算阶段。能源部计划让日本国际协力机构进行最优化研究，提出至少50个水电项目，打包后供有兴趣的投资者竞标。研究表明，菲律宾水电资源约86%可建造大型水电站。

（四）灌溉与水土保持

1. 灌溉

2017年，菲律宾总灌溉面积为113.6万hm^2。菲律宾灌溉服务收费不足55%±5%，导致了系统保养和维修资金不足，用水供应和灌溉服务持续恶化，而这又使得农民更加不愿支付费用。这就导致了灌溉系统运作的恶性循环现象，而仅仅依靠恢复灌溉系统无法打破这种恶性循环。除了供水不足、输送效率低下外，劣质水分配和严重的系统恶化也导致了系统的运作效能的降低。伴随着灌溉部门体制和政策改革的实施，菲律宾的灌溉现代化已经开始向前迈进，改革的目的是提高灌溉机构和灌溉系统的经营绩效。

2. 水土保持

丘陵地的土壤侵蚀被普遍认为是菲律宾国内最严重的环境问题，政府和非政府组织已经实施了丘陵地土壤保持项目，但人们普遍感觉到采取这些措施还远远不够，土壤侵蚀问题仍然很严重。研究结果表明，农田推广侵蚀控制措施在多数丘陵地发展项目中受到了限制，虽然在项目实行期间出现了使用高峰期，但在

项目终止后迅速递减。由于缺少自发性，即使在项目区，采用控制措施的程度也常常受到限制。只有农民确信所付出的劳动会有短期经济回报的地区、低产区以及农民可以清楚地理解技术原则的一些地区，才可能成功地采用可持续的侵蚀控制技术。在控制技术采用区，农民对侵蚀控制技术做了相当大的改动以适应具体的社会经济环境和耕作系统。

（五）水资源与水生态保护

1. 水体污染情况

溶解氧水平监测报告显示，菲律宾约47%水体水质良好。水质较差区域包括圣胡安（San Juan）河、帕拉纳克（Parañaque）河、帕西格（Pasig）河等。

菲律宾污水主要来源是生活污水、农业用水和工业废水。生活污水来源如洗澡、洗衣、打扫卫生、做饭、洗衣服和其他厨房活动，包含了大量的有机废物、固体悬浮物和大肠菌群。农业和畜牧业如养猪、鸡、牛等，都会产生高有机物含量的废水，而养殖场常常没有相应的污水处理设施。在工业领域，食品、乳品、纸浆、纺织等产业均会产生大量废水。

2. 水质评价与监测

菲律宾2004年《清洁水法》定义了水质特性及其使用用途，并在物理、化学、生物、细菌或影像学特征测量方面做出了规定。环境和自然资源部制定了水质测量标准，参数包括溶解氧、生化需氧量、总悬浮固体、总溶解固体、大肠菌群、硝酸盐和盐度（地下水氯化物含量）等。菲律宾水质等级划分如下：

AA级：水域旨在为公共供水系统，仅需要官方认证。

A类：适合作为供水，需要批准并消毒达到供水标准。

B类：水可供人娱乐（例如沐浴、游泳、潜水等）。

C类：渔业，休闲（如划船），工业用水。

D类：用于农业灌溉，牲畜饮水等。

3. 水污染治理

菲律宾只有7%的人口使用污水处理系统。虽然地方政府机构认识到了水质问题，但受制于较高的投资和运营成本，很少有

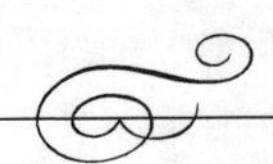

意愿进行投资。污水处理设施基本上都是美国在菲律宾1946年独立时留下的。一些专家甚至认为，正是水处理设备的缺乏和输水管道的破旧不堪导致了没有经过处理的污水流入菲律宾塘都地区的生活用水管道。

三、水资源管理

（一）水政策

1. 水价制度

菲律宾1987年制定了《管理法》，该法规定水价调整需要公众参与、公开声明并举行听证会。《管理法》还规定，任何关于水价调整的提议，如果未在举行听证会前两周发布到全国范围普及的报纸上，一律不予执行。

2. 水权与水市场

《菲律宾水法》第13条第2款规定："水权是由政府授予的取水用水特权。"《菲律宾水法》中，在水资源国家所有的前提下，"水源的使用"或"用水"被视为极其重要的内容，专设一章加以规定。

在世界银行的支持下，菲律宾开始实施环境使用费制度。在该制度下，凡占用环境资源的排污，必须按每单位排污量支付排污费，因而叫环境使用费。

3. 节约用水

为解决水危机问题，菲政府采取人工降雨、开发更多地下水资源、鼓励公众节约用水等措施，并探索海水淡化的可能性，着力使菲律宾吕宋岛等地区渡过水危机。

（二）水法规

1. 水法发展简史

第8041号共和国法案，1995年国家水危机法解决了供水问题，涉及了私有化的国营水设施。

共和国法令第198号，1973年授权地方水区的创建、操作和管理水供应和废水处理系统。

环境影响报表系统（1978年）授权进行环境影响评估研究

所有投资由政府承担。

2. **水法概要**

菲律宾水权属于国家，国家允许民众使用或开发，政府行使水域行政特许权，负责规范和控制的所有水资源的利用、开发和保护。

（三）管理体制

1. **管理模式**

（1）管理政策。1976 年的水法概括了水资源的利用、治理和保护的基本原则和框架，鼓励灌溉用水户协会或协会联合会承担灌溉工程的运行维护管理工作，促进了节水灌溉的发展。

（2）管理体制。菲律宾政府正在提高和扩大水用户协会在水资源管理中的权限，极大地提高了私人企业在水资源方面投资的积极性，提高水资源利用的有效性。

2. **管理机构和职能**

大型稻作灌溉系统的管理（运营、维护和维修）由国家灌溉管理局负责。随着逐步发展，国家灌溉管理局负责水渠（一级和二级）的用水管理，并将田间沟渠（农场）的水管理指定农民灌溉协会负责。在农民灌溉协会的支持下，水渠层次的轮灌方法可以正常运作，这表明国家灌溉管理局在将一些系统管理中的任务选择性地下放给灌溉者协会上具有潜力，如水渠维护、用水管理和收取灌溉服务费等。执行这些任务所带来的资金收益为灌溉者协会提供了必要的收入来源。这是灌溉者协会能够持续作为国家灌溉管理局合作伙伴的一项因素。

（李佼，王海锋）

格鲁吉亚

一、自然经济概况

(一) 自然地理

格鲁吉亚位于连接欧亚大陆的外高加索中西部，包括外高加索整个黑海沿岸、库拉河中游和库拉河支流阿拉扎尼河谷地，西临黑海，西南与土耳其接壤，北与俄罗斯接壤，东南和阿塞拜疆及亚美尼亚共和国毗邻，面积为 6.97 万 km^2。全境约 2/3 为山地和山前地带，低地仅占 13%；北部是大高加索山脉，南部是小高加索山脉，中间为山间低地、平原和高原。境内最高峰什哈拉峰，海拔为 5068m，主要河流有库拉河和里奥尼河，主要湖泊有帕拉瓦尼湖和里察湖等。格鲁吉亚由阿布哈兹自治共和国、阿扎尔自治共和国、南奥塞梯自治州、两个直辖市和九个大区组成。首都第比利斯（Tbilisi）。

2019 年，格鲁吉亚人口为 372.35 万人，主要为格鲁吉亚族(86.8%)，其他民族有阿塞拜疆族、亚美尼亚族、俄罗斯族、奥塞梯族、阿布哈兹族、希腊族等。格鲁吉亚语为官方语言，居民多通晓俄语。多数信奉东正教，少数信奉伊斯兰教。2017 年联合国粮农组织统计数据显示，格鲁吉亚人口密度为 56.13 人/km^2，2017 年格鲁吉亚城市人口 230.5 万人，农村人口 160.7 万人。

鲁吉亚西部为湿润的亚热带海洋性气候，东部为干燥的亚热带气候。1 月平均气温为 3～7℃，8 月平均气温为 23～26℃，年平均气温为 12.8℃。各地气候垂直变化显著，海拔 490～610m 地带为亚热带气候，较高处气候偏寒；海拔 2000m 以上地带为高山气候，无夏季；3500m 以上终年积雪。

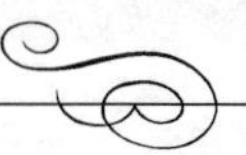

根据联合国粮农组织统计，格鲁吉亚陆地面积为 697 万 hm^2，2016 年耕地面积为 34.4 万 hm^2，其中，季节性作物面积为 24.4 万 hm^2，永久性作物面积为 11 万 hm^2，耕地面积占全国总面积的 6.51%。

（二）经济

据中国外交部资料，格鲁吉亚 2018 年 GDP 约为 162 亿美元，人均 GDP 为 4350 美元。格鲁吉亚矿产丰富，主要矿产有煤、铜、多金属矿石、重金石等。工业生产中以锰矿石、铁合金、钢管、电力机车、载重汽车、金属切割机床、钢筋混凝土等为主，尤以锰矿石开采闻名。轻工业产品以食品加工著称，格鲁吉亚酿造的葡萄酒著称于世。农业主要包括茶业、柑橘、葡萄和果树栽培等。畜牧业和养蚕业较发达。经济作物主要有烟草、向日葵、大豆、甜菜等。但谷物产量较低，不能自给。近年来，格鲁吉亚在西部、东部和黑海地区还发现了储量丰富的石油和天然气资源。

二、水资源开发利用与保护

（一）水资源状况

1. 降水量

格鲁吉亚年均降水量为 1026mm，折合水量为 715.1 亿 m^3。格鲁吉亚西部全年降雨丰富，年降水量为 1000～2500mm，秋季和冬季降水量较大。科尔基斯（Kolkhida）地区南部降水量最大，往东往北逐渐减小。格鲁吉亚东部降水量随着与黑海距离的增加而降低，东部平原和丘陵地带降水量为 400～700mm，山地降水量约为平原和丘陵地带降水量的 2 倍。

2. 水资源量

根据联合国粮农组织的统计数据，2017 年，格鲁吉亚境内水资源总量为 581.3 亿 m^3，其中境内地表水资源量为 569.0 亿 m^3，境内地下水资源量为 172.3 亿 m^3，重复计算水资源量为 160.0 亿 m^3，考虑境外进入的部分水资源，格鲁吉亚实际水资源总量为 633.3 亿 m^3，年人均实际水资源量为 16189m^3。格鲁吉亚水资源量情况见表 1。

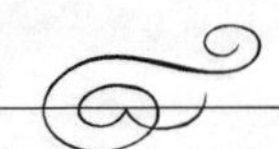

表 1　　格鲁吉亚水资源统计情况表

序号	项　　目	单位	数量	备注
①	年平均降水量	亿 m^3	715.1	
②	境内地表水资源量	亿 m^3	569.0	
③	境内地下水资源量	亿 m^3	172.3	
④	重复计算的水资源量	亿 m^3	160.0	
⑤	境内水资源总量	亿 m^3	581.3	⑤=②+③-④
⑥	境外流入的实际水资源量	亿 m^3	52.0	
⑦	实际水资源总量	亿 m^3	633.3	⑦=⑤+⑥
⑧	人均实际水资源量	m^3	16189	

资料来源：FAO《2017 年世界各国水资源评论》。

3. 河川径流

格鲁吉亚共有 25075 条河流，总长为 54768km，99.4%的河流都是总长不足 25km 的小河流。库拉河是外高加索地区最大的河流，源于土耳其东北部，流经格鲁吉亚，然后进入阿塞拜疆，与阿拉斯河汇合，最后注入里海。库拉河全长为 1364km，在格鲁吉亚境内长为 435km。左侧支流主要有约里河、阿拉扎尼河和阿拉格维河等，右侧支流主要有赫拉米河和阿拉斯河等。里奥尼河是完全在格鲁吉亚境内的最长河流，长为 327km，流域面积为 1.34 万 km^2，源于外高加索山脉海拔 2960m 的拉沙(Racha)，向西在波蒂注入黑海。格鲁吉亚主要河流特征值见表 2。

表 2　　格鲁吉亚主要河流特征值

河流名称	长度/km	流域面积/万 km^2	注入
库拉（Kura）河	1364	18.8	阿塞拜疆（里海）
里奥尼（Rioni）河	327	1.34	黑海
阿拉扎尼（Alazani）河	390	1.18	阿塞拜疆（里海）
英古里（Inguri）河	213	0.41	黑海

续表

河流名称	长度/km	流域面积/万 km^2	注入
赫拉米（Khrami）河	201	0.83	阿塞拜疆（里海）
特斯赫尼斯特沙里（Tskhenistskali）河	176	0.21	黑海
约里（Iori）河	320	0.47	阿塞拜疆（里海）
科维里拉（Kvirila）河	140	0.36	黑海
苏普萨（Supsa）河	108	0.11	黑海
阿拉格维（Aragvi）河	112	0.27	阿塞拜疆（里海）
布兹皮（Bzipi）河	110	0.15	黑海
科多里（Kodori）河	110	0.20	黑海
阿查里斯特沙里（Acharistskali）河	90	0.15	黑海
巧罗奇（Chorokhi）河	438	2.21	黑海

资料来源：格鲁吉亚2013年统计年鉴。

4. **湖泊**

帕拉瓦尼（Pravani）为格鲁吉亚最大湖泊，海拔为2073m，湖面面积为37.5km^2，流域面积为234km^2，最大水深为3.3m，平均水深为2.2m，湖水体积为9100万m^3。湖水水位在10月和11月最低，在5月和6月最高。冬天湖面冰层厚度为47～73cm。格鲁吉亚较大湖泊特征值见表3。

表3　　格鲁吉亚较大湖泊特征值

湖泊名称	面积/km^2	最大水深/m	海拔/m	所在地
帕拉瓦尼（Pravani）湖	37.5	3.3	2073	萨姆茨赫-扎瓦赫季区
卡特萨奇（Kartsakhi）湖	26.3	1.0	1799	萨姆茨赫-扎瓦赫季区
帕勒斯托米（Paleostomi）湖	18.2	3.2	−0.3	萨梅格列罗-上斯瓦涅季亚区
特斯库里（Tabtskuri）湖	14.2	40.2	1997	萨姆茨赫-扎瓦赫季区
可汗查里（Khanchali）湖	13.3	0.7	1928	萨姆茨赫-扎瓦赫季区

续表

湖泊名称	面积 /km^2	最大水深 /m	海拔 /m	所在地
加达里（Jandari）湖	10.6	7.2	291	克维莫-阿尔特里区
马达塔帕（Madatapa）湖	8.8	1.7	2108	萨姆茨赫-扎瓦赫季区
萨嘎莫（Sagamo）湖	4.8	2.3	1996	萨姆茨赫-扎瓦赫季区
里察（Ritsa）湖	1.5	101.0	884	卡赫季区
科里（Keli）湖	1.3	63.0	2914	姆茨赫塔-姆季阿涅季区
巴扎勒提（Bazaleti）湖	1.2	7.0	878	姆茨赫塔-姆季阿涅季区

资料来源：格鲁吉亚 2013 年统计年鉴。

（二）水资源分布

1. 分区分布

格鲁吉亚主要分为两个水系，黑海水系和里海水系。格鲁吉亚 25075 条河流中超过 17000 条河流在黑海水系，总长为 32574km。黑海水系位于格鲁吉亚西部，每年境内产生的地表水资源大概为 425 亿 m^3，该水系主要河流从北至南有英古里河、里奥尼河和巧罗奇河。里海水系位于格鲁吉亚东部，每年境内产生的地表水资源量约为 144 亿 m^3，该水系主要河流从北至南有：特雷克（Terek）河、安迪约科叶（Andiyskoye）河、阿拉扎尼河、里奥尼河、库拉河。

2. 国际河流

格鲁吉亚黑海水系的主要国际河流为巧罗奇河，源于土耳其，在土耳其境内称为科如伯（Corub）河。每年从土耳其注入巧罗奇河的水资源达 63 亿 m^3。

里海水系的主要国际河流有：特雷克河、安迪约科叶河，这两条河流均源于格鲁吉亚北部，之后向东北流入俄罗斯，最后注入里海。库拉河的两条支流穆柯伐利（Mtkvari）河和波茨何利（Potskhovi）河均源于土耳其，其中穆柯伐利河每年流入格鲁吉亚的水资源量为 9.1 亿 m^3，波茨何利河每年流入格鲁吉亚的水资源量为 2.5 亿 m^3。库拉河南部有条支流德贝（Debet）河，源

于亚美尼亚，每年流入格鲁吉亚的水资源量为 8.9 亿 m^3。

3. 水能资源

格鲁吉亚人均水能资源拥有量居世界前列。该国总的水能资源量为 1360 亿 kWh，技术可行水能资源量为 800 亿 kWh，经济可行水能资源量为 320 亿～500 亿 kWh，约 9.2%的技术可行水能资源已经被开发。

三、水资源开发利用

（一）水利发展历程

20 世纪初，格鲁吉亚总灌溉面积为 11.2 万 hm^2。苏联时期，灌溉部门投资建造了众多灌溉设施，主要集中在干旱的东部地区，20 世纪 80 年代初总灌溉面积达 50.0 万 hm^2。20 世纪 90 年代，由于内乱、战争、破坏、盗窃及土地改革问题，在向市场经济过渡过程中，贸易伙伴丧失，导致灌溉面积显著减少。据报道，在严重干旱的 2000 年，灌溉面积仅有 16.0 万 hm^2。为此，格鲁吉亚的土地改良和水资源部门启动了一个复原计划，以更新现有的灌溉和排水系统的基础设施，并建立改良服务合作社，25.5 万 hm^2 土地因此受益。

格鲁吉亚最早水电站扎格西（Zagesi）位于阿拉格维河上，于 1927 年建成。最大坝高为 24m，库容为 0.12 亿 m^3。格鲁吉亚最大的水电站英古里水坝的建设始于 1961 年，1978 年开始临时运营，于 1980 年建成。截至 2012 年，全国共有 43 座大坝，大多用于灌溉和水力发电。

（二）开发利用与水资源配置

1. 坝和水库

格鲁吉亚全国 43 座大坝中 35 座在东部，8 座在西部，总库容为 34 亿 m^3，大部分用于灌溉和水力发电，少部分用于供水。用于发电的最大型大坝是英古里（Inguri）大坝，库容 11 亿 m^3。1995 年，水电供应全国电力供应的 89%。31 座水坝已建成用于灌溉，总库容约为 10 亿 m^3，其中 7.82 亿 m^3 为可用库容。三个最大的灌溉水库有：约里河上的西奥尼（Sioni）水库（3.25

亿 m^3），约里河上的第比利斯（Tbilisi）水库（3.08 亿 m^3）和大林塔（Dalimta）水库（1.80 亿 m^3）。格鲁吉亚主要的大坝见表 4。

表 4　　　　格鲁吉亚主要的大坝

大坝名称	所在河流	坝型	目的	建成年份	最大坝高/m	库容/万 m^3
阿尔格赫蒂（Algheti）	阿尔格赫蒂河	土石坝	灌溉	1982	86	6500
阿苏雷蒂（Asureti）	阿苏雷蒂-赫维河	堆石坝	灌溉	1977	35.5	100
则雷米（Cheremi）	帕塔拉维蒂河（Pataraveti）	堆石坝	灌溉	1982	33	120
谷马蒂（Gumaty）	里奥尼河	重力坝	发电	1958	52	4000
英古里（Inguri）	英古里河	拱坝	发电灌溉	1980	272	110000
赫拉米-1（Khrami-1）	赫拉米河	堆石坝	发电	1948	32	31200
呼奥多尼（Khuodoni）	英古里河	拱坝	发电	—	201	—
拉杰奴尼（Lajanuri）	拉杰奴尼河	拱坝	发电	1960	69	2500
那雷瓦茨（Narekvavsk）	那雷瓦茨河	土坝	灌溉	1977	47	680
帕塔拉-里阿赫维（Patara Liakhvi）	帕塔拉-里阿赫维河	土坝	灌溉	1980	81	4030
西奥尼（Sioni）	约里河	土坝	灌溉发电	1963	86	32500
特拉特-茨卡里（Telat Tskali）	约里河	土坝	灌溉	1978	37	130
特基布利（Tkibuli）	特基布利河	土坝	发电	1956	36	8000
直英瓦里（Zhinvali）	阿拉格维河	土坝	发电供水	—	102	52000
大林塔（Dalimta）	约里河	—	灌溉	—	38	18000
第比利斯（Tbilisi）	约里河	—	灌溉	1956	15	30800

资料来源：2007 年水电大坝建设年鉴；FAO，2010 年水坝数据库。

2. 供用水情况

根据联合国粮农组织统计数据，2005 年格鲁吉亚全国总取水量为 16.21 亿 m^3，占实际可再生水资源总量的 2.6%。其中农业取水量为 10.55 亿 m^3，占总取水量的 65%；工业取水量为 2.08 亿 m^3，占总取水量 13%；城市取水量为 3.58 亿 m^3，占总用水量 22%。农业取水中有 8.67 亿 m^3 用于灌溉，1.88 亿 m^3 用于其他农业供水。格鲁吉亚人均年总取水量为 362m^3。其中地下水供水量为 5.49 亿 m^3，占总供水量的 34%，地表水供水量为 10.72 亿 m^3，占总供水量的 66%。

3. 跨流域调水

格鲁吉亚尚未有大型的跨流域调水工程。

（三）洪水管理

库拉流域是亚洲洪水灾害最严重的流域之一。库拉河大部分河水来自冰雪融化和山地频繁降水，由于库拉河上游地区森林覆盖稀疏，大部分降水都成为地表径流，导致在 6—7 月经常发生严重的洪涝灾害。为了防洪，在库拉河上修建了堤坝和水库，其中最大的是明盖恰乌尔（Mingachevir）水库，大坝为堆石坝，最大坝高为 80m，蓄水量超过 157.3 亿 m^3。但是，由于库拉河泥沙含量大，这些防洪工程的作用有限，防洪效果逐年减小。

（四）水力发电

1. 水电装机及发电量情况

格鲁吉亚约有 100 个水电站，已有水电站容量是 261.2 万 kW，1 万 kW 以上的水电站约 20 个。格鲁吉亚平均年发电量为 93.6 亿 kWh，每年约 88.2%的电力来自水力发电，2011 年达 93.2%。约有 62.8 万 kW 的水电来自历史超过 40 年的电厂。格鲁吉亚水电站成本为 1.7 美分/kWh，其余电厂成本约为 5 美分/kWh。格鲁吉亚全部电站都是多边合作建设的，英古里水电站为该国贡献了 40%的电力。

2. 小水电

格鲁吉亚小型水电站年平均水能资源量为 780 万 kWh。格鲁吉亚约有37个小型水电站（小于1万kW），共7.6万kW在运行中；中型电站的水能资源总量大约为5万kW。

（五）灌溉排水

1. 灌溉与排水发展情况

根据联合国粮农组织统计数据，2007年格鲁吉亚配备灌溉设施的土地总面积为43.28万hm^2，其中40.13万hm^2配备完全控制灌溉设施，3.15万hm^2为湿地或内陆溪谷灌溉。配备完全控制地面灌溉设施的面积为37.30万hm^2，配备完全控制局部灌溉设施的面积为2.83万hm^2，配备灌溉设施的灌溉面积占耕地面积的75%，占潜在可灌溉土地（灌溉潜力）总面积的59.7%。灌溉取水均为地表水。

2007年，作物的总灌溉面积约为12.6万hm^2，占配备完全控制灌溉设施的土地总面积的31.4%。格鲁吉亚主要作物灌溉面积见表5。全部或部分控制灌溉种植的主要作物有小麦、大麦、玉米、蔬菜、向日葵、土豆、豆科作物等。

表5　格鲁吉亚主要作物灌溉面积

作物名称	小麦	大麦	玉米	蔬菜	向日葵	土豆	豆科作物	饲料作物	柑橘	茶	其他
灌溉面积/万hm^2	1.6	0.5	0.6	1.0	0.5	0.9	0.3	3.4	0.4	0.3	3.1

资料来源：FAO，2007年统计数据。

格鲁吉亚51%的灌溉地是大型灌溉地（灌溉面积大于1000hm^2），其中较大的灌溉地有：阿拉扎尼河上游（4.11万hm^2）、阿拉扎尼河下游（2.92万hm^2）、山格里（Samgori）河上游（2.81万hm^2）、山格里（Samgori）河下游（2.92万hm^2）。格鲁吉亚的灌溉设施为国有或私人农场主所有，但一般租赁给农户、合作社或农业企业。

1997年初，格鲁吉亚政府开始按3美元/1000m^3收取灌溉水费，该收费仅够支付运行维修成本的12%，政府补贴占运营维修成本的15%，其余73%的运营维修成本没有资金来源，导致格鲁吉亚灌溉系统萧条。目前的政策是政府补贴已建成的水坝

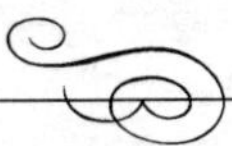

和渠首的运行和维护，而渠水分配和农场水网的运维成本，通过向灌溉用户加收更高的水费来平衡。1996 年，地面灌溉平均成本为 3500～4500 美元/hm^2，喷灌的平均成本为 6500～7200 美元/hm^2。每年地面灌溉和喷灌的运行维护平均成本分别为 55 美元/hm^2 和 70 美元/hm^2。1996 年，总排水面积约为 16.47 万 hm^2，主要为地面排水。然而，基础设施在 20 世纪 90 年代末大量损坏，排水面积降低至 6.5 万 hm^2。排水渠主要分布在格鲁吉亚西部的高降雨量地区科尔克蒂（Kolkhety）低地，在该地区排水面积约为 13.29 万 hm^2。在未来规划的排水面积得以开发后，科尔克蒂低地的排水面积可达 80 万 hm^2。

2. **灌溉与排水技术**

格鲁吉亚 93%的灌溉地采用的是地表灌溉的方法，如：沟灌、渠灌和漫灌，灌溉取水均为地表水。而灌溉工程中的 2.8 万 hm^2 采用局部灌溉，主要适用于柑橘类、葡萄、草莓、蔬菜的灌溉。

格鲁吉亚排水系统主要为地表排水，约 3.18 万 hm^2 的全部或部分控制灌溉地区同时配备了地表和地下排水渠网络。约 3.11 万 hm^2 的湿地和内陆溪谷地区同时配备了电力排水系统。这些电力排水系统主要位于格鲁吉亚西部的沿海地区的圩田系统中，其中，电动泵排出多余的海水和洪水。

3. **盐碱化**

根据联合国粮农组织资料，2002 年灌溉造成的盐化面积为 11.4 万 hm^2。

四、水资源保护与可持续发展状况

（一）水资源环境问题现状

格鲁吉亚是个水资源丰富的国家，然而由于环境保护法律法规缺乏，相关法律条例执行力度弱，以及水资源的不可持续开发，导致格鲁吉亚很多水域都被严重污染。不合理的灌溉及其他农业行为使得格鲁吉亚很多耕地盐碱化。格鲁吉亚的河流主要是氮或者重金属超标。黑海流域河流主要受石化产品污染。地表水

的主要污染源是供水排污系统、火电工程污水、工业污水。其中供水排污系统平均每年排放污水 3.441 亿 m^3 污水，占总排放污水量的 67%；火电工程平均每年排放 1.637 亿 m^3 污水，占总排放污水量的 31%；工业平均每年排放 0.096 亿 m^3 污水，占总排放污水量的 2%。生物净化手段在城镇里无法实行，而其他净化设施仅第比利斯-鲁斯塔维地区有配备。

（二）水质评价与水质监测

格鲁吉亚将水资源分为三类，一类水为饮用水，二类水为娱乐用水，三类水为渔业用水。每类水又细分为 5 个级别，分别用蓝色、绿色、黄色、橙色、红色表示。

格鲁吉亚环境及自然资源保护部下属的国家环保组织负责格鲁吉亚水资源水质监测。水质监测从 20 世纪 60 年代初开始，在 80 年代末和 90 年代初，拥有 120 多个监测点。水质监测每个月开展一次，监测 33 个物理、化学水质参数，而农药含量不包含在内。

（三）水污染治理与可持续发展

2011 年 11 前，格鲁吉亚开展了由美国国际发展署赞助的格鲁吉亚流域自然资源综合管理项目，该项目旨在用可持续的方式管理水资源、土地资源和植被资源及其组成的生态系统。

五、水资源管理

（一）管理模式

在苏联时期，格鲁吉亚的许多部门都参与了同一灌溉计划的管理。随着机构改革，涉及水资源管理的每一个方案均是直接通过格鲁吉亚土地改良和水资源局下属的 48 个行政单位之一进行管理。

（二）管理体制、机构及职能

格鲁吉亚参与水资源管理的主要机构有：

（1）粮食和农业部：①土地改良和水资源局，负责规划、监督、促进灌溉农业，该部门规定农业灌溉需水量并监督灌溉计划

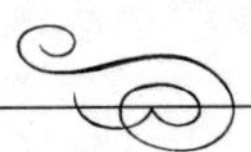

的开展；②水力设计研究院，负责设计灌溉、排水、防洪、土地复垦、水力发电、供水方案；③格鲁吉亚水资源管理和工程生态科学研究院，负责研究与水有关的所有问题。

(2) 环境及自然资源保护部的监测和预报中心，负责评估地表水（包括黑海）及地下水的水质。该中心联合以下多个部门监测地表水和地下水水质：①水文气象局，负责地表水水质观察（阿扎尔自治共和国的河流和黑海除外）；②环境污染监测局，负责地表水水质及其监测（扎尔自治共和国的河流和黑海除外）；③黑海分部（位于阿扎尔自治共和国首府巴统），负责阿扎尔自治共和国河流和黑海水质及其监测。

（三）取水许可制度

格鲁吉亚的水资源所有权归国家所有，使用水资源需要先获得取水许可证。环境及自然资源保护部下属的跨行专家委员会负责发行许可证。

（四）涉水国际组织

格鲁吉亚参与的涉水国际组织主要有联合国粮农组织、世界银行、全球水伙伴。

六、水法与水政策

格鲁吉亚关于水资源保护的法律中最全面的是《水法》，于1997年10月开始执行，最后一次修订是在2000年6月。该法的96条涵盖了非常广泛和全面的水问题，包括水污染控制政策、饮用水源保护措施、取水和排放的许可政策、水资源分类和保护、黑海的单独措施、防洪及其他水问题。在格鲁吉亚，所有的地表水、地下水和近岸水均受国家控制。该法的很多规定由其他法规和法令补充，包括环境和自然资源保护部的法规也对水法的相关规定做了更详细的补充。《水法》的落实主要由环境和自然资源保护部负责。该法由地区级或市级的工作人员实施。该法关于取水和排污的许可证制度的规定，自1999年以来，已开始实施。政府准备将包括水法规在内的格鲁吉亚法律与欧盟法规达成

统一。

七、国际合作情况

1925年，格鲁吉亚与土耳其达成了从巧罗奇（Chorokhi）河取水的协议，两国各分配平均流量的一半。该协议仅涉及水流量，并没有考虑到约500万m^3/年的泥沙流量。大约46%的泥沙沉积形成沙滩，是一项重要的旅游资源，而旅游业是格鲁吉亚的主要行业。1997年，格鲁吉亚和阿塞拜疆达成了政府间环保协议。1998年，格鲁吉亚与亚美尼亚达成了类似的协议。根据双方的协议，政府将在跨界生态系统中合作建立专门的保护区。

由德国合作发展部推动的“南高加索地区生态区域自然保护计划”是高加索倡议的一部分。该计划涵盖三个高加索国家（格鲁吉亚、阿塞拜疆和亚美尼亚），将促进水资源在该地区的保护和可持续利用。

从2000年到2002年，美国国际开发署与开发替代能源公司的合作，推行南高加索地区水资源管理项目，旨在加强地方、国家和区域与水有关的机构之间的合作，并做水资源综合管理示范。2000—2006年，欧盟和独联体国家的技术援助联合体（独联体技援）开发出对跨界河流水质监测和评估的流域联合管理规划，其目的是预防、控制和减少跨界污染的影响。

从2002年到2007年，北约与经合组织开发了南高加索地区河流监测项目，在亚美尼亚、阿塞拜疆和格鲁吉亚三国间建立国际化的、共同合作的跨界河流水量水质监测、数据共享和流域管理制度提供社会和技术基础设施。

（范卓玮，王洪明）

哈萨克斯坦

一、自然经济概况

（一）自然地理

哈萨克斯坦面积为 272.49 万 km^2，位于亚洲中部，是中亚地区幅员最辽阔的国家。其北邻俄罗斯，南与乌兹别克斯坦、土库曼斯坦、吉尔吉斯斯坦接壤，西濒里海，东接中国。被称为“当代丝绸之路”的“欧亚大陆桥”横贯哈萨克斯坦全境。哈萨克斯坦多为平原和低地，西部最低点是卡腊古耶盆地，低于海平面 132m；东部和东南部为阿尔泰山和天山；平原主要分布在西部、北部和西南部；中部是哈萨克丘陵。荒漠和半荒漠占领土面积的 60%。主要河流有额尔齐斯河、锡尔河、乌拉尔河、恩巴河和伊犁河。哈萨克斯坦湖泊众多，约有 4.8 万个，其中较大的有里海、咸海、巴尔喀什湖和斋桑泊等。哈萨克斯坦冰川多达 1500 条，面积为 2070km^2。全国划分为 14 个州 2 个直辖市，首都阿斯塔纳（Astana）。

哈萨克斯坦拥有 140 个民族，主要有哈萨克族（65.5%）、俄罗斯族（21.4%）、乌克兰族、乌兹别克族、日耳曼族等。哈萨克语为国语，哈萨克语和俄语为官方语言。50%以上居民信奉伊斯兰教（逊尼派），此外还有东正教、天主教、佛教等。联合国粮农组织统计数据显示，2019 年哈萨克斯坦人口为 1846.9 万人，城市化率 57.7%。

哈萨克斯坦属严重干旱的大陆性气候，夏季炎热干燥，冬季寒冷少雪。1 月平均气温为－19～－4℃，7 月平均气温为 19～26℃。绝对最高和最低气温分别为 45℃和－45℃，沙漠中最高气温可达 70℃。年降水量荒漠地带不足 100mm，北部 300～

400mm，山区 1000～2000mm。

根据联合国粮农组织统计，2018 年哈萨克斯坦陆地面积为 26997 万 hm^2，2017 年耕地面积为 2939.5 万 hm^2，永久性作物面积为 13.2 万 hm^2，永久草地和牧场面积为 18746.5 万 hm^2。

（二）经济

哈萨克斯坦 2018 年 GDP 约为 1793.4 亿美元，人均 GDP 为 9812 美元。主要产业在 GDP 中的比重为：农业占 4.4%，工业（含制造业）占 33.5%，各类服务业占 52.1%。

哈萨克斯坦铀矿、铜矿、铅矿、锌矿、钨矿储量丰富。陆上原油探明储量为 48 亿～59 亿 t，天然气为 3.5 万亿 m^3；哈萨克斯坦属里海地区石油探明储量为 80 亿 t，其中最大的卡沙甘油田石油可采储量达 10 亿 t，天然气可采储量 1 万亿 m^3。

二、水资源状况

（一）水资源

1. 降水量

哈萨克斯坦年均降水量 250mm，折合水量为 6812 亿 m^3。哈萨克斯坦北部和中部地区降水稀少，年平均降水量为 200～300mm。南部山区降水较多，年平均降水量为 400～500mm。中东部的巴尔喀什-阿拉（Balkhash - Alakol）洼地和南部的咸海附近地带降水量不足 100mm，东部和东南部的山区降水量高达 1600mm。70%～85%的降水量发生在 10 月至次年 4 月。夏季降雨常常伴有严重的雷暴，有时会导致山洪暴发。

2. 水资源量

根据 FAO 的统计数据，哈萨克斯坦水资源量统计见表 1。2017 年，哈萨克斯坦境内水资源总量为 643.5 亿 m^3，其中境内地表水资源量为 565.0 亿 m^3，境内地下水资源量为 338.5 亿 m^3，重复计算的水资源量为 260.0 亿 m^3，考虑境外进入的部分水资源，哈萨克斯坦实际水资源总量为 1084.1 亿 m^3，人均实际水资源量为 60014m^3。

表1　**哈萨克斯坦水资源统计表**

序号	项　目	单位	数量	备注
①	年平均降水量	亿 m^3	6812	
②	境内地表水资源量	亿 m^3	565.0	
③	境内地下水资源量	亿 m^3	338.5	
④	重复计算的水资源量	亿 m^3	260.0	
⑤	境内水资源总量	亿 m^3	643.5	⑤=②+③-④
⑥	境外流入的实际水资源量	亿 m^3	440.6	
⑦	实际水资源总量	亿 m^3	1084.1	⑦=⑤+⑥
⑧	人均实际水资源量	m^3	60014	

资料来源：FAO《2012年世界各国水资源评论》。

3. **河川径流**

哈萨克斯坦大约有39000条河流和小溪，其中7000条河流长度超过10km。哈萨克斯坦主要河流特征值见表2。

表2　**哈萨克斯坦主要河流特征值**

河流名称	长度/km	流域面积/万 hm^2	流域涉及的其他国家	注入
额尔齐斯（Irtysh）河	4280	16430	中国、蒙古、俄罗斯	鄂毕河
锡尔（Syr Darya）河	2212	4020	吉尔吉斯斯坦、塔吉克斯坦、乌兹别克斯坦	咸海
乌拉尔（Ural）河	2428	2370	俄罗斯	里海
伊犁（Ili）河	1439	1400	中国	巴尔喀什湖
伊希姆（Ishim）河	2450	1770	俄罗斯	额尔齐斯河
托博尔河（Tobol）河	1591	4260	俄罗斯	额尔齐斯河
喀拉塔尔（Karatal）河	390	190	无	巴尔喀什湖
楚（Chu）河	1007	600	吉尔吉斯斯坦	消失于草原
塔拉斯（Talas）河	661	530	吉尔吉斯斯坦	消失于草原

资料来源：维基百科数据及FAO报告。

4. **地下水**

哈萨克斯坦地下水分布极不均匀，且水质参差不齐，影响了地下水资源的开采利用。大约50%地下水资源集中在哈萨克斯坦南部，大约20%地下水资源分布在哈萨克斯坦西部，大约30%地下水资源分布在中部、北部和东部地区。全国共有626处地下水开采地，每年开采地下水约159.3亿m^3。

5. **湖泊**

哈萨克斯坦湖泊众多，其中较大的有里海、咸海、巴尔喀什(Balkhash)湖和斋桑(Zaisan)湖等。

里海是世界上最大的湖泊。湖面面积为3860万hm^2，湖水体积782000亿m^3，最大水深为1025m，平均水深为187m。

咸海原为世界第四大湖，2004年，咸海的面积170万hm^2，总水量1930亿m^3，排位下降至世界第十五大湖。2009年开始，由于积雪融化有所增加，南咸海东部干涸后形成的盆地再度被水淹没，湖的面积也得以慢慢增加。

除了里海和咸海外，哈萨克斯坦的其他湖泊、池塘和水库约有48262个，总水面面积为450万hm^2，总水量约1900亿m^3。其中水面面积小于100hm^2的小湖泊约占总数的94%，水面面积仅占总水面面积（里海和咸海除外）的10%。水面面积大于100hm^2的湖泊共有3014个，水面面积共408万hm^2。其中水面面积大于10000hm^2的湖泊有21个，水面面积共269万hm^2，占总水面面积（里海和咸海除外）的59%。这些湖泊45%在北部，36%在中部和南部，19%在其他地区。较大的湖泊有：巴尔喀什湖，水面面积180万hm^2，水体积1120亿m^3；斋桑(Zaisan)湖，水面面积55万hm^2；田吉兹(Tengiz)湖，水面面积16万hm^2。

（二）水资源分布

1. 分区分布

水资源在哈萨克斯坦地域分布极不均匀，并伴随显著的常年性和季节性变化。哈萨克斯坦中部地区的水资源量仅占该国水资源总量的3%。西部和西南部地区的阿特劳(Atyrau)州、克孜

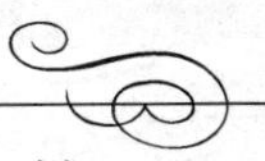

勒奥尔达（Kyzylorda）州，特别是曼格斯套（Mangystau）州缺水严重，几乎没有任何淡水资源。东部和东北部的巴尔喀什-阿拉流域和艾提斯河（额尔齐斯河）流域的地表水资源量约占全国地表水资源总量的75%。哈萨克斯坦主要分为八个流域：

（1）锡尔（Syr Darya）流域，在哈萨克斯坦境内面积约为34.5万km^2，包括南哈萨克斯坦州和克孜勒奥尔达州。流域主要河流是锡尔河。

（2）巴尔喀什—阿拉流域，大部分地区位于哈萨克斯坦东南部，一部分地区位于中国，一小部分地区位于吉尔吉斯斯坦。流域面积41.3万km^2，其中35.3万km^2位于哈萨克斯坦阿拉木图（Almaty）州全部和詹姆白（Jambyl）州、卡拉干达（Karagandy）州和东哈萨克斯坦州的一部分。流入巴尔喀什湖的永久性河流有伊犁河、喀拉塔尔（Karatal）河、阿克苏（Aksu）河、列普赛（Lepsy）河、阿亚古兹（Ayaguz）河，这些河流发源于天山、塔尔巴哈台（Tarbagatai）山和成吉思汗头（Genghis Tau）山的山区。

（3）楚-塔拉斯-阿萨（Chu - Talas - Assa）流域，是由楚河、塔拉斯河和阿萨河组成。流域总面积为6.43万km^2，其中部分流域在吉尔吉斯斯坦境内。楚河流域有140条小河流，塔拉斯河流域有20条小河流，阿萨河流域有64条小河流。楚河、塔拉斯河和库库鲁（Kukureu）（阿萨河的主要支流）全都源于吉尔吉斯斯坦。

（4）额尔齐斯河流域，位于东哈萨克斯坦州和巴甫洛达尔（Pavlodar）州，哈萨克斯坦境内流域总面积为31.65万km^2。齐斯河源于中国新疆的阿尔泰山。

（5）该努拉-萨如苏（Nura - Sarysu）流域，包括努拉河、萨如苏河、田吉兹（Tengiz）湖和卡雷泽（Karasor）湖。在该流域开凿了额尔齐斯-卡拉干达（Irtysh - Karagandy）运河，增加了流域的水资源量，努拉河是该流域最大的河流，全长978km。萨如苏河由两条河流汇成，长度为761km。

（6）伊希姆（耶希尔）（Ishim（Yesil））流域，在哈萨克

斯坦境内面积为24.5万km²，主要在阿克莫拉（Akmola）州和北哈萨克斯坦州。该流域地下水量仅占该流域总平衡水量的4%。伊希姆河的很多大支流源于科克舍套（Kokshetau）高山的北部和乌路套（Ulytau）山的两侧。

（7）托博尔-托尔盖（Tobol－Torgai）流域，包括托博尔河、托尔盖河和伊吉兹（Irgiz）河。该流域是哈萨克斯坦水资源最贫乏的，河流年径流量变化显著，丰水年和枯水年交替。丰水年周期持续的时间为8～10年，枯水年持续时间为6～20年。托博尔河源于乌拉尔（Ural）山脉。

（8）乌拉尔-里海（Ural－Caspian）流域，在哈萨克斯坦境内面积为41.5万km²。乌拉尔河流域包括俄罗斯的一部分及哈萨克斯坦境内的西哈萨克斯坦州、阿特劳（Atyrau）州和阿克托别（Aktobe）州的一部分。该流域的主要河流乌拉尔河，发源于俄罗斯。

2. 国际河流

哈萨克斯坦主要的河流大多是国际河流，如额尔齐斯河、锡尔河、乌拉尔河、伊犁河等。额尔齐斯河发源于中国的阿尔泰山西坡，流经哈萨克斯坦，之后进入俄罗斯，汇入鄂毕河。锡尔河由源于吉尔吉斯斯坦的纳伦河和卡拉河在乌兹别克斯坦纳曼干附近汇流而成，流入塔吉克斯坦，之后再次流入乌兹别克斯坦，在哈萨克斯坦边境的查尔达亚（Chardarya）水库进入哈萨克斯坦，最后注入咸海。乌拉尔河发源于俄罗斯乌拉尔山脉南部，流经俄罗斯和哈萨克斯坦后，注入里海。伊犁河发源于中国和哈萨克斯坦国界线上的汗腾格里峰北侧，流经中国，在伊宁和喀什河汇合，穿越国境，进入哈萨克斯坦，最终进入巴尔喀什湖。

3. 水能资源

世界能源理事会2013年的调查显示，哈萨克斯坦总的水能资源量为1700亿kWh，主要集中在东部的额尔齐斯河和东南部的伊犁河、锡尔河。技术可行水能资源量为620亿kWh，经济可行水能资源量为290亿kWh。

三、水资源开发利用

（一）发展历程

哈萨克斯坦最早的水电站乌斯季-卡缅诺戈尔斯克（Ust-Kamenogors）水电站位于额尔齐斯河上，于1952年建成，最大坝高为65m，库容为6.3亿m^3，水电站装机容量33.12万kW，1952年第一台机组安装完成，1959年最后一台机组安装完成。哈萨克斯坦最大的水电站布卡塔尔马（Bukhtarma）水电站于1960年建成，最大坝高为90m，库容为498亿m^3。

（二）开发利用与水资源配置

1. 坝和水库

哈萨克斯坦已建成200多座水库，总库容955亿m^3。其中，库容超过1亿m^3的大型水库有19座，占总水库库容的95%。多数水库是季节性调节水库，大约20座水库是年调节水库。大部分水库有发电、灌溉和防洪多重功能。东部和东南部地区的水库主要用于农业供水，中部、北部和西部地区的水库主要用于饮用水和工业供水。哈萨克斯坦主要的大坝特征值见表3。

表3　哈萨克斯坦主要大坝特征值

大坝名称	所在河流	坝型	目的	建成年份	最大坝高/m	库容/亿m^3
布卡塔尔马（Bukhtarma）	额尔齐斯河	重力坝	发电、航运	1960	90	496.2
卡普沙盖（Kapshagay）	伊犁河	土坝	发电、航运灌溉、供水	1970	52	185.6
查尔达亚（Chardarya）	锡尔河	土坝	发电、航运	1965	27	52
苏尔宾斯科（Shulbinsk）	额尔齐斯河	土坝	发电、航运灌溉	1988	36	23.9

续表

大坝名称	所在河流	坝型	目的	建成年份	最大坝高/m	库容/亿 m^3
塔苏库尔（Tashutkul）	楚河	堆石坝	灌溉	1974	28	6.2
乌斯季-卡缅诺戈尔斯克（Ust-Kamenogors）	额尔齐斯河	重力坝	电、航运供水	1953	65	6.3

资料来源：Dams Datebase，FAO，2012。

2. 供用水情况

20 世纪 80 年代前，哈萨克斯坦的取水量是逐年增加的。之后随着水资源保护政策的实施，近 20 多年来，总取水量随着农业供水量的下降而呈下降趋势。

根据联合国粮农组织统计数据，2010 年全国总取水量为 211.43 亿 m^3，占实际可再生水资源总量的 19%。其中农业取水量为 140.02 亿 m^3，占总取水量 66%，工业取水量为 62.63 亿 m^3，占总取水量 30%；城市取水量为 8.78 亿 m^3，占总用水量 4%。

3. 跨流域调水

哈萨克斯坦最著名跨流域调水工程是额尔齐斯河-卡拉干达（Irtysh-Karaganda）运河。该运河建成于 1971，从额尔齐斯河的叶尔马克（Ermak）城市（属于巴甫洛达尔州）附近取水，自东北向西南引水 451km，抵达卡拉干达工业区。沿途有 11 座水力发电站，22 个泵站，2 个备用水库和 17 座桥梁。沿着运河建成 524km 的汽车高速公路。这条运河目的是为埃基巴斯图兹（Ekibastuz）、卡拉干达（Karaganda）和铁米尔套（Temirtau）供水以及为 12 万 hm^2 农田灌溉。

（三）洪水管理

哈萨克斯坦的额尔齐斯河、乌拉尔河、托博尔（Tobol）河、伊希姆河等河流在春季冰雪融化时，径流量显著增加，有时甚至是平时流量的 1000 倍。洪水时常漫过河岸，淹没大片土地。

联合国国际减灾战略统计，1980—2010 年，哈萨克斯坦报道的洪水灾害有 7 次，平均每次造成 7.86 人伤亡，平均每次影响 14767 人，平均每次造成 3 千万美元经济损失。

自 2002 年，哈萨克斯坦启用了洪水监测信息系统。该系统通过分析卫星照片，关注洪水高风险流域，并预测洪水的发展。在 2003 年哈萨克斯坦西部地区应急中心使用该系统获得了良好的洪水预报结果。2004 年该系统被哈萨克斯坦应急中心推荐用于全国洪水监测。

（四）水力发电

1. 水电装机及发电量情况

哈萨克斯坦大约 12.7%的技术可行水能资源已经得到利用。2010 年该国水电站装机容量 226 万 kW，全年发电 79.896 亿 kWh。该国共有 8 个大于 1 万 kW 的水电站。2005 年水电站发电成本是 0.8 美分/kWh，其他发电成本是 1.2～2 美分/kWh。

2. 各类水电站建设概况

目前，装机容量最大的常规水电站是额尔齐斯河上的布卡塔尔马水电站，总装机容量 75.0 万 kW，有 9 台独立发电机，第一台发电机于 1960 年 12 月安装完成，最后一台发电机于 1965 年安装完成。目前，哈萨克斯坦已建成的主要水电站见表 4。

表 4　　哈萨克斯坦已建成的主要水电站

水电站名称	所在地	建成年份	装机容量/万 kW	年发电量/亿 kWh
布卡塔尔马 (Bukhtarma)	哈萨克斯坦州，额尔齐斯河	1960	75.0	25.0
苏尔宾斯科 (Shulbinsk)	东哈萨克斯坦州，额尔齐斯河	1988	70.2	16.6
普沙盖 (Kapshagay)	拉木图州，伊犁河	1970	36.4	9.72

续表

水电站名称	所在地	建成年份	装机容量/万 kW	年发电量/亿 kWh
依纳克（Moynak）	拉木图州，沙尔因（Sharyn）河	2012	30.0	10.27
乌斯季-卡缅诺戈尔斯克（Ust-Kamenogors）	东哈萨克斯坦州，额尔齐斯河	1953	33.12	15.8

资料来源：Global Energy Observatory/Power Plant/ Hydro/Kazakhstan/All. http：//globalenergyobservatory. org/select. phy? tgl＝Edit

3. 小水电

哈萨克斯坦小型水电站水能资源总量为 60 亿 kWh/年，有 13 个小型水电站正在运行中，总负荷为 4.2 万 kW，年发电量 1.7 亿 kWh。

（五）灌溉排水

1. 灌溉发展情况

哈萨克斯坦可灌溉土地约为 376.85 万 hm^2。根据联合国粮农组织统计数据，2010 年，哈萨克斯坦配备灌溉设施的土地总面积为 206.6 万 hm^2，实际灌溉面积为 126.5 万 hm^2，占配置灌溉设施的土地面积的 61.2%。配备灌溉设施的土地中 120 万 hm^2 配备完全控制灌溉设施，86.6 万 hm^2 为引洪灌溉。配备完全控制地面灌溉设施的面积为 115.9 万 hm^2，配置完全控制喷灌设施的面积为 3 万 hm^2，配备完全控制局部灌溉设施的面积为 1.08 万 hm^2。配备灌溉设施的灌溉面积占耕地面积的 9.0%，占潜在可灌溉土地（灌溉潜力）总面积的 54.8%。配置灌溉设施的土地中有 206.4 万 hm^2 的土地灌溉水取自地表水，占总灌溉取水量的 99.9%，有 0.2 万 hm^2 的土地灌溉水取自地下水，占总灌溉取水量的 0.1%。

约 93%配置完全控制灌溉设施的土地分布在南部四州的锡尔河流域、楚-塔拉斯-阿萨流域、伊犁河流域。配置完全控制灌溉设施的土地在南部四州分布情况如下：南哈萨克斯坦州 36%，

阿拉木图州37%，克孜勒奥尔达州12%，江布尔州15%。配置完全控制灌溉设施的土地在北部9州的分布情况如下：东哈萨克斯坦州29%，巴甫洛达尔州11%，阿克莫拉州8%，北哈萨克斯坦州1%，卡拉干达州13%，科斯塔奈州10%，阿克托别州15%，西哈萨克斯坦州6%和阿特劳州7%。

2010年，灌溉作物总面积约为118.2万hm^2，其中临时作物占78%，永久性作物及草地牧场占22%。哈萨克斯坦主要作物灌溉面积见表5。全部或部分控制灌溉种植的主要作物是小麦、水稻、大麦、玉米、蔬菜、向日葵、土豆、甜菜、棉花、烟草等。

表5　哈萨克斯坦主要作物灌溉面积

作物名称	小麦	水稻	大麦	玉米	蔬菜	向日葵
溉溉面积/万hm^2	20.8	9.4	9.2	9.56	18.3	4
作物名称	土豆	甜菜	棉花	烟草	饲料作物	
溉溉面积/万hm^2	6	0.87	13.4	0.16	2.6	

资料来源：2010年FAO统计数据。

2. 排水发展情况

1993年，231.31万hm^2的总灌溉土地中，超过70万hm^2需要排水，然而只有43.31万hm^2配备了排水系统。20世纪90年代，该国在南方填海区实施了克孜勒库姆（Kyzylkum）排水方案和克孜勒-奥尔达（Kyzyl－Orda）排水方案。几乎所有的排水区域（99%）都位于南方五州。1990年以来，哈萨克斯坦对排水系统进行维护，但由于设计和施工的缺陷，农业排水系统无法正常工作，约90%垂直排水系统由于泵送成本高不能使用。

3. 灌溉与排水技术

哈萨克斯坦配置电力灌溉设施的面积为4万hm^2，占配置灌溉设施的土地面积的1.9%。2010年，哈萨克斯坦配置灌溉设施的土地中96.6%为传统地表灌溉，2.5%为喷灌和0.9%为局部灌溉（喷灌或微喷灌）。1990年哈萨克斯坦北部地区灌溉的主导技术是喷灌，喷灌面积约为6.67万hm^2，1993年缩减为5.50

万 hm^2，2010 年仅为 3 万 hm^2。哈萨克斯斯坦的灌溉土地中有 86.6 万 hm^2 为引洪灌溉，其中约 45%位于里海流域。

哈萨克斯坦水平地表排水面积为 26.46 万 hm^2，占总排水面积的 61%。地下排水面积为 1.56 万 hm^2（约占 4%），垂直排水面积约为 15.29 万 hm^2（约占 35%）。排水发展平均成本为地面排水 600 美元/hm^2，地下排水 1400 美元/hm^2。

4. **盐碱化**

根据联合国粮农组织资料，2010 年哈萨克斯坦灌溉造成的盐碱化面积为 40.43 万 hm^2，主要集中在哈萨克斯坦南部地区。

四、水资源保护与可持续发展状况

（一）水资源环境问题现状

哈萨克斯坦大部分水源的质量并不理想。大多数水污染是由化工、石油、制造业和冶金工业的排污引起。2002 年，哈萨克斯坦水文气象服务局研究了 44 处水源，其中仅有 9 条河流、2 个湖泊和 2 座水库是水质达标；6 条河流和 1 座水库水质恶劣。哈萨克斯坦东部湖泊盐度为 0.12g/L，中部地区的湖泊盐度为 2.7g/L，超过 4000 个湖泊的湖水已经被列为盐水。在 20 世纪 80—90 年代伊犁河流域的灌溉发展，导致了该区域的严重生态问题。据估计，由于水资源的过度利用，大约 8000 个大小湖泊干涸。

（二）水质评价与水质监测

哈萨克斯坦水文观测站系统用于收集关于水状态和水资源的数据。水文观测站位置根据能准确获得水位和年径流量等水文参数的原则设立。观测站的数量和密度是由自然气候条件和经济需要确定。

哈萨克斯坦 3 个水文气象观测站，180 个水位站，23 个湖站和 3 个海洋站。100km 以上的河流均覆盖足够的观测站。水文气象观测站主要分布在海拔 2000m 以上的地区。

哈萨克斯坦地下水监测由能源和矿产资源部的地质地基保护委员会负责。哈萨克斯坦境内有 6838 个国家地下水观测站，包

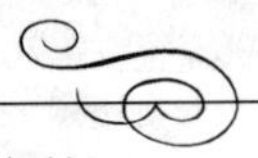

括3152个与区域系统连接的观测站，3621个与地方系统连接的观测站和65个连接特殊系统的井观测站。现有的观测站其布置和设备不能完全监测哈萨克斯坦目前的水文生态状况和人为的影响程度。观测系统地域分布不均匀，许多情况下主要集中在较发达的地区，而主要石油和天然气产地的生态问题仍未得到研究关注。

(三) 水污染治理与可持续发展

锡尔河河道管理和北咸海海洋保护项目第一阶段目前已经完成。1994年，中亚五国的元首批准了该项目，该项目的目标是：保持和增加哈萨克斯坦锡尔河流域的农业（包括畜牧业）和渔业生产，保护北咸海，改善生态环境条件，以保障人类健康和保护生物多样性。2005年8月，13km的科克-阿拉尔（Kok－Aral）大堤建成，分开南、北咸海。另外，锡尔河上还建设了一些其他水利设施，同时对现有的水利设施进行修复，以增加锡尔河河水流量。基于第一阶段取得的成果，第二阶段应进一步改善农业的灌溉取水系统，振兴渔业，提高公众健康水平，促进咸海生态系统的恢复。

五、水资源管理

(一) 管理模式

哈萨克斯坦水资源利用和保护由农业部的水利委员会负责。水利委员会的地方代表和执行机构［马斯里科特斯（Maslikhats）机构，阿吉姆斯（Akims）机构或州、市、区、群/村］，以及其他国家机构，管理其职责范围内水资源利用。例如，水利委员会与国家地质和矿产资源保护部门合作进行地下水管理。参与水资源利用和保护的国家机构还包括涉及环保、矿产、渔业、植物、动物、国家卫生等部门。此外，水利委员会在各流域设立了水资源管理单位，负责流域的水资源综合管理及协调用水户的关系。

(二) 管理体制、机构及职能

哈萨克斯坦参与水资源管理的主要机构有：

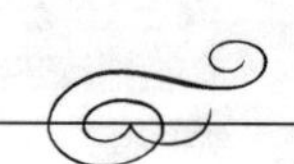

农业部的水利委员会，在国家层面进行水资源的管理和保护，参与制定和实施水资源利用和保护的国家政策，制定水务部门的发展计划，制定水资源复合利用和保护计划，批发特殊用水许可证，负责各地区和部门之间的水资源分配，规范水资源利用标准并负责协调与邻国的水资源关系。

农业部的水利委员会，在各流域设置的水资源管理单位在流域层面负责水资源综合管理和保护，协调流域内涉水活动，负责实施国家关于水资源利用和保护的政策和法规，进行会计核算、监督，负责与环保组织和地质机构协同决定公众水库库容，负责批发特殊用水许可证。

环境部，负责水环境问题的处理，负责发放经处理后的废水排入自然水体的许可证。环境部下属国有企业哈兹吉德罗梅特（Kazgidromet）负责监测该国的地表水水资源量和水质。

国家卫生和流行病监督委员会负责监督饮用水水质。

水利委员会的地方代表（马斯里科特斯机构）和执行机构（阿吉姆斯机构）负责当地的水关系管理。例如，马斯里科特斯机构基于已有水资源管理条例设立公共水资源的使用规则。该机构也负责制定当地的水资源合理利用和保护的方案，以及方案的执行、公共水利设施的租赁等。阿吉姆斯机构成立了水组织来管理和维护公共水利设施。该机构还与流域机构、当地地质机构和卫生机构协同确定水资源保护区，以保护饮用水水源；与相关机构协同负责水资源调配；制定和实施当地水资源合理利用和保护的方案；必要的水资源利用限制等。

（三）取水许可制度

哈萨克斯坦的水资源所有权归国家所有，水资源的归属、使用、处理由政府安排。饮水供应系统可以归国家、社区、法人或者自然人所有。《水法》规定任何人均可以使用正常用途的供水。正常用途的取水指的是不使用特殊的技术设备的取水以及牲畜用水，公共或私人的正常用途取水均不需要取水许可证。特殊用途的取水指的是需要使用特定技术设备的取水，需要有取水许可证。独立取水指的是一人独立使用一个特定水域，需要得到地方

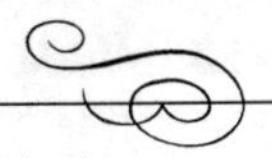

代表单位的许可。联合取水指的是多人使用一个特定水域，需要得到地方代表单位的许可。

（四）涉水国际组织

哈萨克斯坦参与的涉水国际组织主要有联合国粮农组织、世界银行、全球水伙伴、中亚和高加索区域水伙伴、国际灌溉与排水委员会。

六、水法与水政策

苏联时期，1970 年的《苏联水基本法》和 1972 年的《哈萨克斯坦水法》搭建了水关系的法律框架。1993 年宣布主权后，哈萨克斯坦开始执行《哈萨克斯坦共和国水法》。2003 年，哈萨克斯坦开始执行新水法，解决水利农业部门与市场的关系。新水法规定，水务设施可移交给租赁用户、水管理相关部门。该水法基于用水户用水的公平和平等的国际原则，优先考虑饮用水供应。新水法提出由水利委员会来处理地表水和地下水相关的所有批准程序。在此之前，能源工程及矿产资源部下属的地质与地球资源保护委员会负责处理有关地下水的利用和保护的问题。另外，新水法的一项重要创新是加强了水资源流域管理原则。例如，流域水利部门的角色，以前是由水利委员会指定的，现在包含在水法内。为了确定和协调各政府和非政府实体间水相关活动的关系，水法规定，将其列入流域协议内，以恢复和保护水源。流域委员会是在流域层面联合解决与水有关的资金使用并保护和实施已签订的流域协议的顾问机构。此外，该水法也关注跨国界水域问题，包含了处理国际合作问题的专门章节。2009 年哈萨克斯坦对水法进行了进一步修订和补充。

哈萨克斯坦的土地法有一章专门针对蓄水土地，其中包括水库、水工建筑物和其他水利设施占用的土地，以及水源保护区、饮用水取水口的卫生保护区。蓄水土地的主要经济用处是为水的利用和保护提供场所。这种类型的土地，由特殊的法律条文规定其法律地位。

2001 年，哈萨克斯坦的《行政管理法》规定了法人和个人

违反水法的所应负的责任。

2003年，《农村用水户消费合作社法》获得通过。该法涉及用水户的权利和责任问题，灌溉和供水的水资源管理问题，农村用水户协会的建立程序、法律职责、成员、财产制度、重组清算程序。

2007年，《环境法典》确定了环境保护的法律、经济和社会基础。它规定了利用自然资源，包括保护资源免受生活和工业污染。该法还规定了环境保护的经济手段，如付款利用自然资源和处理生活和工业废弃物，以及环保经济激励措施。

七、国际合作情况

哈萨克斯坦位于很多条国际河流的下游，关于国家之间水资源分配的合作对于该国很重要，水资源共享是该国外交政策的一个优先项。

苏联时期，中亚五国之间的水资源共享基于阿姆河（1987年）和锡尔河（1984年）流域水资源开发的总体规划。哈萨克斯坦独立后，基于1992年通过的权利平等和高效利用的原则，哈萨克斯坦与相关国家签订了一系列协议，规范联合管理、保护和利用水资源的合作。国际协议解决了哈萨克斯坦及其邻国之间的水资源分配问题。

对于锡尔河，中亚国家间的水资源分配协议（1992年2月18日签订）的原则一直有效，直至新的咸海流域水战略协议通过。根据协议，锡尔河地表水资源分配给哈萨克斯坦的部分，查尔达亚（Chardarya）水库下游流量不能少于10km^3/年。对于从吉尔吉斯斯坦流入的楚河和塔拉斯河。1992年5月，哈萨克斯坦与吉尔吉斯斯坦达成了双方协议。该协议解决了两国之间的水资源分配问题，考虑了该水域的总水资源量。楚河流域分配给哈萨克斯坦地表水资源是1.24km^3/年，塔拉斯和阿萨河流域分配给哈萨克斯坦地表水资源是0.79km^3/年。

1996年，中亚五国元首签署了新协议“联合行动，以解决咸海流域的咸海和社会经济发展的问题”。

1993 年，随着咸海流域的开发，出现了两个新的组织：咸海众国理事会和拯救咸海国际基金。1997 年，这两个组织合并为一个组织。

1998 年，哈萨克斯坦、吉尔吉斯斯坦和乌兹别克斯坦签署了关于锡尔河流域上游的协议，其中包括哈萨克斯坦和乌兹别克斯坦平等地从吉尔吉斯斯坦采购夏季水电能，支付可以用现金或用煤或天然气交换。

2001 年，哈萨克斯坦和中国政府签署了跨界河流的利用和保护合作协议。中国单方面执行扩大利用其境内的额尔齐斯河和伊犁河河流水资源的计划，并宣布其打算加快中国西部地区发展。该计划包括在新疆维吾尔自治区建设额尔齐斯—克拉玛依运河。从额尔齐斯河上游部分水将沿着运河转移到克拉玛依附近油田区域。2009 年，中国和哈萨克斯坦讨论双方都能接受的、合理的利用和保护跨界河流水资源方案。

哈萨克斯坦和俄罗斯间有几条跨界河流，主要是乌拉尔河、额尔齐斯河、伊希姆河和托博尔河。1992 年哈萨克斯坦和俄罗斯之间对跨界水设施的共同使用和维护签署了协议。依照该协议，哈俄双方委员会每年召开两次会议，来批准联合使用水库的工作计划表，设置取水限制，制定联合用水设施的维修和操作措施。1997 年，协议有效期延长至 2002 年，之后延长至 2006 年。2010 年，基于 1992 年 3 月 17 日关于保护和使用跨界水道和国际湖泊的会议精神，哈萨克斯坦和俄罗斯之间对跨界水的共同使用和保护签署了协议。

国际里海环境计划 1997 年开始，旨在促进里海地区合作保护环境。1998 年，全球环境基金成立项目解决里海地区跨界环境问题。里海地区的各国政府，批准了该项目，并确保其执行。

2000 年，哈萨克斯坦和吉尔吉斯斯坦签署了关于楚河和塔拉斯河的水资源共享协议，双方同意按取水比例分担跨界基础设施运营和维护成本。

2002 年，在全球水伙伴组织下，中亚和高加索区域水伙伴成立。在此框架下，国家有关部门、地方和区域组织、专业组

织、科研院所以及私营部门和非政府组织合作，对威胁该地区水安全的关键问题达成共识。

2004年，来自哈萨克斯坦、吉尔吉斯斯坦、塔吉克斯坦和乌兹别克斯坦的专家在联合国中亚经济体特别方案的经济框架内制定了区域水和能源战略。与欧洲水倡议组织和联合国欧洲经济委员会合作，发展中亚国家水资源综合管理。

（范卓玮，李佼）

韩　　国

一、自然经济概况

（一）自然地理

韩国全称大韩民国，位于亚洲大陆东北部朝鲜半岛的南部，国土东、南、西三面环海，韩国西面与中国隔着黄海相望，南部经韩国南海向太平洋延伸，东南隔大韩海峡与日本相邻，东面为韩国东海（日本海），北面与朝鲜接壤。韩国领土面积约占朝鲜半岛总面积的45%，为10.329万km^2，其中70%以上为山地，平原所占比例不足20%。纵贯韩国东海岸的太白山脉是韩国地质的脊梁，太白山脉东部受到海水侵蚀在韩国东海岸形成悬崖峭壁；西部和南部山势平缓，形成西海岸和南海岸的平原和近海岛屿与海湾。韩国拥有约3000个大小岛屿，大多分布在西海岸和南海岸，其中2/3是无人岛。韩国北部属温带季风气候，南部属亚热带气候，海洋性特征显著，四季分明。春、秋两季较短，冬季漫长寒冷，夏季炎热潮湿。韩国各地区之间温差较大，年平均温度为6～16℃。全年最热的8月，平均温度为19～27℃；全年最冷的1月，平均温度则在－8～－7℃。韩国的行政区域分为1个特别市（首尔特别市）、6个广域市（釜山广域市、大邱广域市、仁川广域市、光州广域市、大田广域市、蔚山广域市）、9个道（京畿道、江原道、忠清北道、忠清南道、全罗北道、全罗南道、庆尚北道、庆尚南道、济州道）。2017年，韩国人口为5146.62万人，人口密度为527.9人/km^2，城市化率为81.5%。韩国属于单一民族国家，绝大多数人口为朝鲜族（又称韩民族或韩族），通用语言为朝鲜语首尔音，50%左右的人口信奉佛教、基督教、天主教等宗教。2017年，韩国可耕地面积为139.7万

hm^2，永久农作物面积为 22.4 万 hm^2，永久草地和牧场面积为 5.6 万 hm^2，森林面积为 617.64 万 hm^2。

（二）经济

20 世纪 60 年代，韩国经济开始起步。70 年代以来，持续高速增长，人均国民生产总值从 1962 年的 87 美元增至 1996 年的 10548 美元，创造了举世瞩目“汉江奇迹”，韩国也被美誉为“亚洲四小龙”之一。1997 年，亚洲金融危机后，韩国经济进入中速增长期。2017 年，韩国 GDP 为 1.62 万亿美元，人均 GDP 为 31552 美元。GDP 构成中，农业占 2%，采矿、制造和公用事业占 32%，建筑业占 6%，交通运输业占 8%，批发、零售和旅馆业占 10%，其他占 42%。韩国经济实力雄厚，钢铁、汽车、造船、电子、纺织等已成为韩国的支柱产业，其中造船和汽车制造等行业更是享誉世界。

二、水资源概况

（一）水资源

1. 降水量

韩国属亚洲季风区域，气候季节性明显，年平均降水量为 1245mm，是全球平均降水量（880mm）的 1.4 倍。但由于人口高度密集，人均平均降水量为 2591m^3，是世界人均降水量的 1/8。另外，由于韩国国内 65%的土地是山地，河道斜坡相对陡峭，因此其大部分降水流向海洋。降水随季节和地区不同差异较大，2/3 的雨水集中在 6—9 月，5—6 月则干旱少雨；不同地区降水量较悬殊，济州地区年均降水量约为 1440mm，南海郡达 1682mm，而庆州地区只有 1000mm 左右。年际雨量也相差较大，丰水年为 1680mm，而枯水年只有约 750mm。

2. 河川径流

韩国主要河流有洛东江（Nakdonggang）、汉江（Hang-gang）和锦江（Geumgang）。由于地形复杂，河网稠密，河流大都以雨水补给为主，河川径流季节性变化很大，在暴雨频发的夏季，河水暴涨，汛期来临，而冬春季为枯水期。

洛东江发源于太白山脉北部的咸白山南麓，经庆尚道向南流，至釜山以西注入朝鲜海峡。全长为525km，流域面积为2.3万km^2，有南江等22条长20km以上的支流，通航里程达344km。洛东江水系呈树枝状，下游水流缓慢，适合农业灌溉，其滋养着韩国东南部最主要的产粮带——金海平原。

汉江发源于太白山脉的五台山，在首尔以东与发源于金刚山的北汉江汇合，过首尔与临津江汇合后注入江华湾。全长为514km，流域面积为2.6km^2。汉江几乎横断朝鲜半岛，是贯通东西部的一条重要河流。其有北汉江、临津江（Imjingang）、松川等重要支流。汉江水流湍急、水力资源丰富，上游建有大型水电站，下游经过京仁工业区，是主要的工业用水水源。

锦江发源于全罗北道长水郡蛇头峰，依山势蜿蜒曲折，最后注入黄海，全长395km，有12条较大的支流。锦江下游江面宽广，水流缓慢，通航里程达到152km，是忠清道的运输大动脉，也是内浦平原和湖南平原的主要灌溉水源。

3. **湖泊**

韩国湖泊较少，最大的天然湖是位于济州岛汉拿山顶火山口的白鹿潭（Baegrokdam），海拔为1850m，湖面直径约为300m，周长为1km，深约为6m。最大的人工湖是昭阳湖（Soyangho），位于江原道春川市东北13km处，面积6930万m^2。此外还有一些面积较小的湖，如插桥湖（Sapgyoho）、木津湖等。

（二）水资源分布

韩国年均水资源总量为1276亿m^3。由于汛期雨水集中，河短坡大，径流时间短，因此降水所产生的径流量大多汇入大海而难以利用。

由于纵贯韩国南北的太白山脉的位置偏东，使得东流注入日本海的河流与西流或南流注入黄海或东海的河流特性迥然不同。注入日本海的河流大多流程短、纵坡降大，属急流河川；而注入黄海或东海的河流，其流程长、坡降缓。地形地貌条件和降水分布共同造就韩国河流的水文曲线非常急陡，洪峰流量比内陆河的洪峰流量大，其最大流量和最小流量之比通常为100～700，远

超过欧洲和美国河流的同一比值（通常小于 100）。这些河流特征给韩国创造了丰富的水能资源。

三、水资源开发利用

（一）水利发展历程

为满足经济发展所需的供水需求，韩国于 1965 年编制了第一个长期计划《水资源总体开发 10 年计划》，计划涉及的主要项目是在 5 个主要河流流域修建具有防洪、供水、发电等综合效益的水利枢纽。

第二个长期计划是 1980 年编制的《1981—2001 年水资源长期总体开发计划》。计划的主要内容是实施综合性防洪、供水系统，制定和修改水法规。采取的主要工程性措施是加强堤防建设，非工程性措施是建设洪水警报系统和制定一系列限制城市开发和土地利用、限制洪泛区利用的政策。

第三个计划是 1990 年编制的《1991—2011 年水资源长期总体计划》。该计划设定了“充足的供水、洪水灾害防治、建立新的与水有关的团体、水力发电和一体化水资源管理”五个基本目标。

第四个计划是 1996 年编制的《1997—2011 年水资源长期总体计划》。该计划强调了水资源可持续开发的要求，计划涉及水需求管理、多样性水资源开发、替代水资源开发等内容。

第五个计划是 2000 年制定的《2001—2025 年水资源长期总体计划》。该计划开始逐步体现对水环境重要性的认识，制定了河流恢复和有效水处理等任务措施。

（二）开发利用与水资源配置

1. 坝和水库

韩国从 600 年的济州新罗王朝开始修建水库。20 世纪 60 年代以来，韩国国内的各个行业的用水量稳中有升，为了保障工农业生产需要和居民生活用水，韩国修建了大量的水利设施，如水库大坝、输水管线以及污水处理厂等。1994 年，韩国水库大坝的蓄水量为 16.2km^3。1997 年，韩国有 765 座高 15m 以上的水

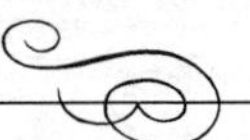

坝，人工湖泊占所有湖泊的 93%，水电总发电量为 54.04 亿 kWh，占全国总发电量的 2.4%。到 2009 年 3 月全国约有大小水库 18000 座，表 1 列出了韩国主要大坝情况。

表 1　　韩国主要大坝情况

流域	坝名	面积 /km^2	高度 /m	长度 /m	总库容 /亿 m^3	建设年份
汉江	昭阳（Soyang）	2703	123	530	29	1967—1973
	忠州（Chungju）	6648	98	447	27.5	1978—1986
洛东江	安东（Andong）	1584	83	612	12.48	1971—1977
	南江（Namgang）	2285	21	975	1.36	1962—1970
锦江	太清（Taecheong）	4134	72	495	14.9	1975—1981
蟾津江	蟾津（Seomjin）	763	64	344	4.66	1960—1965

资料来源：世界各国水资源评论，2011；Choi G W，2003。

韩国修建水坝的目标主要是供水、防洪和发电。从 2000 年以后，随着经济社会的发展，需水量日益增加，兴建水坝主要是为了增加供水量，应对非正常气候，同时兼顾防洪。韩国大型水坝通常为多用途大坝，为城市地区提供饮用水和工业用水。多用途水库的修建在稳定供水和发电等方面起着重要作用，截至 2007 年，韩国有 16 个多用途水库，3 个在建水库，联合调度总库容为 126 亿 m^3，防洪控制库容为 24.7 亿 m^3。目前，韩国水资源公社经营着 9 个多用途水库，这些水库担负着调洪、发电、生态和供水等任务，水库的年供水总量达 98.3 亿 m^3，并具有 18 亿 m^3 的调节库容，年总发电量为 21.23 亿 kWh。

2. 供用水情况

2005 年，韩国用水总量为 290 亿 m^3，其中，农业用水量占 55%，工业用水量占 15%，城市用水量占 23%，人均年用水量为 595m^3。韩国供水水源主要依赖于地表水和地下水，以及少量的淡化海水。

2003 年，韩国制定了大面积供水的基本标准，要求将全国分成 12 个区，供水服务基于不同地区水需求的轻重缓急，以达

到区域间的水平衡。韩国城市供水覆盖率达到98%，但城镇、农村的供水覆盖率相对较低，城镇为83%，农村为38%。在水资源丰富地区，全国共在17个地区建设了大范围供水设施，用来向人口密集区生活用水和向产业密集的工业园区的工业供水，见表2。

表2　　全国大范围供水设施情况一览表

区域	供水能力/(万 m^3/d)				计划供水量/(m^3/d)	实际供水量/(m^3/d)	保证率/%
	原水	净水	中水	小计			
首都圈	410.6	129.2	15.7	555.5	4649	4526	97
锦江		30.0		30.0	264	268	101
大清		23.0	4.0	27.0	237	237	100
太白	4.0	7.0		11.0	58	54	92
南江		7.5		7.5	74	76	103
蔚山	104.9		34.1	139.0	766	629	82
昌原	15.5	13.0		28.5	181	164	91
巨济		3.6		3.6	36	40	111
群山		13.0		13.0	33	32	98
龟尾		16.0	4.0	20.0	184	203	111
一山		15.0		15.0	151	139	93
蟾津江		7.5		7.5	47	46	98
住岩	42.0	6.0		48.0	250	238	95
大佛			11.5	11.5	7	7	100
浦项	32.0			32.0	275	227	83
丽川	58.0		24.0	82.0	520	528	102
云门水库	32.5	4.5		37.0	280	270	96

资料来源：魏炳乾，2006年。

（三）洪水管理

韩国目前对洪水管理呈现二元化形态，交通建设部负责河流防灾、减灾工作，行政自治部负责抗洪以及与洪水相关的灾后恢复工作。在这种二元化管理体制下，给有效的控制洪水和制定长期的洪水治理政策增加了难度。

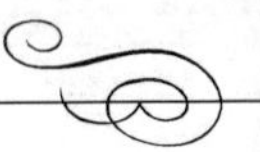

1. 洪灾情况

韩国大部分洪灾与7—9月雨季的大量降水和夏季台风有关。从平均日降雨量来看，每年发生超过80mm的暴雨25次，超过150mm的暴雨达7次。大约85%的大暴雨发生在雨季。此外，韩国2/3面积的国土多山且坡陡，这些地理特征导致山洪暴发，洪峰陡涨陡落。伴随工业化和城镇化进程，社会经济发展已成为加剧潜在洪灾损失的另一个因素。如随着社会经济的发展，韩国在山岭上修建了许多高尔夫球场和滑雪场，使流域植被遭到破坏，洪水季节大量表土被冲蚀和输移至下游低洼的农业区和居住区。

2. 防洪体系

韩国的防洪工程体系主要以多用途大坝为主，采用水库来进行防洪调度。另外韩国也在积极推进防洪的非工程措施，如建立了洪水预报系统，进行普及洪水知识，建立风险预防和洪水预警机制等措施。

(四) 水力发电

1. 水电开发

韩国重视水电这种清洁能源的开发，水电利用在韩国国内的供电量中占不小的比重。韩国在大坝的设计中，重视大坝多用途的开发利用，所以韩国的主要大坝基本上都具有防洪、灌溉、发电等功能。

2. 水电装机及发电量

韩国十分重视水力发电设施建设，在韩国的主要河流上几乎都修建有水利电站。表3是韩国主要河流的供水及发电情况。

表3 韩国主要河流的供水及发电情况

河流名称	设计供水量/万 m^3	实际供水量/万 m^3	发电量/万kWh
昭阳江	8760	8150	3850
忠州	8150	6080	5870
安东	4020	4130	744

续表

河流名称	设计供水量 /万 m^3	实际供水量 /万 m^3	发电量 /万 kWh
临河（Imha）	4340	1450	600
陕川（Hapcheon）	5440	2650	658
南江	6570	7040	
大清（Daecheong）	1880	2070	5270
蟾津江	9070	3520	2310
住岩	3670	1920	920
合计	51870	50060	20220

资料来源：魏炳乾，《韩国的水库建设与水资源开发》，2006 年。

韩国在海水发电方面进行了一些探索，如 2009 年，韩国规模最大的海水小水力发电站——保宁小水力发电站竣工并投入运行。该电厂将火力发电厂的冷却海水进行回收并用于水力发电，其每年可减少数万吨的二氧化碳排放。

（五）灌溉排水

根据联合国粮农组织统计数据，2009 年韩国配备灌溉设施的土地总面积为 80.65 万 hm^2，配备灌溉设施的土地实际灌溉面积为 88.4 万 hm^2，配备灌溉的耕种面积比为 46.62%，具备灌溉潜力的面积比为 45.26%。灌溉配备地表水的区域面积为 76.12 万 hm^2，配置地下水的区域面积为 4.53 万 hm^2。

四、水资源保护与可持续发展状况

（一）水资源及水生态环境保护

为了保障水资源和水生态环境的可持续发展，韩国政府制订了完善的流域管理制度和生态系统保护与修复制度：①在流域管理中，设定水资源保护区、河岸缓冲区和共有水污染负荷管理系统，为水资源系统的保护和改善提供了自我修复基础；②实行水资源有偿使用制度，收取水使用费，成立流域管理基金，为生态保护和修复提供资金支持；③实行水生态系统保护与修复计划，

有步骤的修复生态河流、恢复湖泊水质，加强河口和潟湖的管理。

（二）水质评价与水质监测

韩国具有较为健全的水环境监测制度。《韩国水环境保护法》规定，环境部须建立水质监测网，制订监测网布置方案及水污染检查方法，并按要求监测水质变化，以掌握全国水污染状况。

废水排放管理方面，污染物排放许可的排放标准由总理听取内阁成员意见后以总理令的形式进行规定，韩国法律把制定排放标准的权利授予总理，这有别于他国，可见其对排放标准制度的重视。另外，对特别保护区内水污染，环境部可以制定针对该区域的更为严格的排放许可标准。

（三）水污染治理

在韩国，造成水污染的原因主要有以下几个方面：①20 世纪 60 年代后，韩国不合理的经济结构和产业布局对环境和水体造成了很大污染；②20 世纪 70 年代后，韩国主要城市的大气污染不断恶化，大气中化学污染以酸雨形式降至地面与河流，间接导致了水污染；③生活垃圾的管理不善也造成了不少水体污染。

为了治理水污染，韩国采取了一系列法律和工程措施：①制定和颁布了《水污染防治法》等法律法规对污染水资源的行为进行规制和约束；②设立了排污收费制度，规定超标排放者支付污染费；③设立沿河缓冲区，加强土地使用管控；④严格制定沿河污水排放标准，强化对污染源如工业废水、禽畜粪便、非点源污染的管理；⑤加强排污设施建设以提高污水处理率，截至 2007 年，韩国排污设施与人口比例（登记人口与污水处理设施服务实际覆盖人口之比）达到 87.1%，全国 357 处污水处理设施每天可处理 2394.6 万 t 污水。

2009 年，韩国政府实施了拯救 4 条大江的计划：河流恢复工程，用于恢复与开发流经韩国主要城市、工业地区、农业地区的汉江、洛东江、锦江、荣山江（Yeongsangang ）4 条大江，工程设定了确保丰富的水资源、预防洪涝灾害、提高水质、复原

生态环境、激活地区经济、优化水资源开发的目标。

五、水资源管理

韩国水资源管理体系包括三部分：①水管理政策协调机构；②水行政主体——各主管部门；③政策执行机构——各地方政府。

水管理政策协调委员会隶属于总理办公室，主要是从宏观上对水管理政策进行调控。其下设水质保护调查团和淡水资源供给调查团，职能相当于秘书处。

水行政主管部门由5个部门组成，即交通建设部、环境部、农林部、行政安全部和产业资源部。交通建设部和环境部分别负责水资源数量与水质的全面管理。农林部负责农业用水库坝建设、农田水利设施建设等。行政安全部负责地方河流管理、暴雨洪水防治等。产业资源部负责水力发电等。具有水力发电、生活用水、工业用水和农业用水等多种目的的综合性水库的开发建设由交通建设部负责。

其中，交通建设部内设水资源局，主要职责包括：制定水资源开发、管理和保护的相关政策和制度，制定并实施水资源开发、管理和保护的规划，确保水资源开发、管理和保护的相关预算，监督地方自治团体与水资源开发、管理和保护相关的业务，监督韩国水资源公社业务等。

水资源公社是交通建设部领导的水资源管理机构之一，由总务部、水资源事业部、水道事业部、技术部和水资源研究院5个部门组成。主要职责是供水系统的建设与管理，供水的水质监测，污水处理厂的建管，工业区和新城镇的开发供水等。

六、水法规与水政策

（一）水法规

韩国水环境保护方面的法律法规比较完善，数量众多，包括中央的法律、总统令、总理令和部门法规，以及首尔特别市、各直辖市及各道的地方性法规规章等。1990年8月1日颁布实施

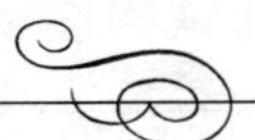

的《韩国水环境保护法》是韩国水资源管理的基本法律，该法于1991年、1992年两次修订。

此外，韩国还颁布了一系列水法配套法规。如1987年颁布的《韩国水资源公社法》、1990年颁布的《水质和生态系统保护法》《水质和生态系统保护法的执行法令》，1994年颁布的《地下水法》、1996年颁布《减少自然灾害法》，以及《污水处理法》《供水及自来水安装法》《饮用水管理法案》《土壤环境保育法》《土壤环境保育法的执行法令》《供水和自来水安装法的执行法令》《饮用水法管理的执行法令》等。

上述的法律法规为韩国构建了一个完整的水法体系，有效地保障和保护了其国内的水资源秩序和水生态。

（二）水政策

1. 水价制度

韩国根据水的用途划分了不同的用水价格，对水费实行用水价格累进制。自2000年起，为降低种植成本鼓励粮食种植，基于对国内粮食安全的考虑，韩国对农业灌溉用水开始不计收水费。此外，韩国还制定了《水使用税法》，对河流下游用水户征收费用，用以补偿上游地区居民。

2. 水权与水市场

在韩国，江河湖海的水资源所有权归国家。城市用水和工业用水由公民或者企业向水市场购买。农业用水方面，水权分两种：一种是为民法之下的习惯法所承认的水权，另一种是基于水法的法律许可水权。这两种水权形态在农村用水中混合存在。在韩国农村社区组织管理下的地区，其水权归社区管理，其他地区属于农民。

3. 取水许可制度

韩国对地表水和地下水的开采和使用实行行政许可制度，地下水法规定开发利用地下水应根据大总统令，首先应得到市长、郡守的许可，并规定对以下开发利用的情况将不予许可或限制取水量：①开采地下水使附近地域的水源枯竭，或可能造成地面沉降，影响周围建筑物安全；②可能造成地下水污染或者破坏生态

系统；③对地下水的适当管理及其他公共事业有影响，或可能破坏其他公益的情况。

4. **排污收费**

为预防超标排放破坏水环境，韩国环境部门规定超标排放者应支付污染费，其数额按总统令的规定，根据排污种类、排污间隔、排污数量等计算。所收取的排污费和滞纳金根据《环境管理组织法》存入环境污染预防基金，用于水污染治理。

5. **节约用水**

韩国鼓励企业推广节水设备和公众采用节水生活设施，政府在税收、水费等方面制定相关激励措施，鼓励大型公共建筑安装节水设施。韩国政府重视节水宣传，经常组织以节水为目的的宣传教育活动，倡导“爱水就是爱国”。韩国把3月22日定为国家水日，水日前后，政府以及专家、学者会通过媒体向公众讲解有关水的知识和在生产、生活中节约用水的有效办法。

七、国际合作情况

在东北亚地区，韩国与中国和日本在环境保护领域有密切的合作。2009年在北京举行的三方环境部长会议中，三国环境部长就众多环境问题达成一致，同意在环保等十大领域进行深入合作，包括水保护和水污染控制等国际关注问题。

韩国水资源公社从1995年开始与中国水利部进行定期性的技术交流，曾参与过中国汾河流域调查工程、湄公河三角洲防洪工程、联合国的一些资源开发工程等重要国际工程的调查和开发。

韩国于2004年在济州岛成功举办了联合国环境计划署理事会/全球部长级环境论坛，会议专注于讨论国际社会面临与水有关的问题，会议发布了“济州岛倡议”等。

2016年3月，亚洲水理事会成立，秘书处设在韩国首尔，由韩国水资源公社社长担任主席，目前已有来自亚洲27个国家的134个成员单位。亚洲水理事会致力于解决亚洲水资源挑战，共享技术方案与实践经验，促进地区可持续发展。

2019 年 9 月，以“河湖保护”为主题的第十三届中韩水技术交流会在武汉举办，韩国水资源公社同中国长江水利委员会签署了《第十三届中韩水技术交流活动会议纪要》。

（樊霖，唐忠辉）

吉尔吉斯斯坦

一、自然经济概况

（一）自然地理

吉尔吉斯斯坦，全称吉尔吉斯共和国，是位于中亚东北部的内陆国家，北面和东北面与哈萨克斯坦接壤，南邻塔吉克斯坦，西南毗连乌兹别克斯坦，东南和东面与中国接壤。吉尔吉斯斯坦国土面积为 19.99 万 km^2，境内多山，素有“中亚山国”之称。全境海拔在 500m 以上，其中 90％的领土在海拔 1500m 以上，1/3 的地区在海拔为 3000～4000m，4/5 是山地。天山山脉和帕米尔-阿赖山脉绵亘于中吉边境，其中天山山脉西段盘踞境内东北部，西南部为帕米尔-阿赖山脉。境内低地占土地面积的 15％，主要分布在西南部的费尔干纳盆地和北部塔拉斯河谷地一带。吉尔吉斯斯坦属大陆性气候，大部分谷地的平均气温 1 月为 －6℃，7 月为 15～25℃。年降水量中部为 200mm，北部和西部山坡为 800mm。吉尔吉斯斯坦行政区域划分为 7 个州（省）和 2 个市，州、市下设区，区行政公署为基层政府机构。2017 年，吉尔吉斯斯坦人口为 619.82 万人，人口密度为 31 人/km^2，城市化率 36.1％。吉尔吉斯斯坦有 80 多个民族，其中吉尔吉斯族占总人口 71％，乌兹别克族占 14.3％，俄罗斯族占 7.8％。吉尔吉斯斯坦国语为吉尔吉斯语，俄语为官方语言。2017 年，吉尔吉斯斯坦可耕地面积为 128.8 万 hm^2，永久农作物面积为 7.6 万 hm^2，永久草地和牧场面积为 917.6 万 hm^2，森林面积为 62.9 万 hm^2。

（二）经济

2017 年，吉尔吉斯斯坦国内生产总值为 77 亿美元，人均

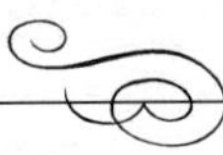

GDP 为 1242 美元。GDP 构成中，农业占 14%，采矿、制造和公用事业占 21%，建筑业占 10%，交通运输业占 8%，批发、零售和旅馆业占 22%，其他占 25%。

吉尔吉斯斯坦国民经济以多种所有制为基础，农牧业为主，工业基础薄弱，主要生产原材料。旅游业发展潜力巨大，尤其是山地旅游，境内有大量的高山风景和成百个高山湖泊。近年来，吉尔吉斯斯坦调整经济改革方针，稳步渐进地向市场经济转轨，推行以私有化改造为中心的经济体制改革，经济保持增长。

二、水资源状况

（一）水资源

1. 降水量

吉尔吉斯斯坦多年平均年降水量为 533mm，折合水量为 1066 亿 m^3。平原地区（费尔干纳谷地）年均降水量为 150mm，山地年均降水量为 1000mm。降水大多发生在 10 月至次年 4 月温度较低的月份。降雪是总降水量的重要组成部分。

2. 水资源量

根据联合国粮农组织的统计数据，吉尔吉斯斯坦水资源情况见表 1。2012 年，吉尔吉斯斯坦境内水资源总量为 489.3 亿 m^3，其中境内地表水资源量为 464.6 亿 m^3，境内地下水资源量为 136.9 亿 m^3，重复计算的水资源量为 112.2 亿 m^3，考虑流出境外的部分水资源，吉尔吉斯斯坦实际水资源总量为 236.2 亿 m^3，人均实际水资源量为 4315m^3。

表 1　吉尔吉斯斯坦水资源统计表

序号	项　目	数　量
1	年平均降水量/亿 m^3	1066
2	境内地表水资源量/亿 m^3	464.6
3	境内地下水资源量/亿 m^3	136.9
4	重复计算的水资源量/亿 m^3	112.2
5	境内水资源总量/亿 m^3	489.3

续表

序号	项　　目	数　量
6	境外流入的实际水资源量/亿 m^3	－253.1
7	实际水资源总量/亿 m^3	236.2
8	人均实际水资源量/m^3	4315

资料来源：FAO《2012年世界各国水资源评论》。

3. 河川径流

吉尔吉斯斯坦长度超过10km的河流有2044条，这些河流总长3.5万km。其主要河流特征值见表2。

表2　　吉尔吉斯斯坦主要河流特征值

河流名称	长度/km	流域面积/万 hm^2	流域涉及的其他国家	注入
纳伦河	807	591	乌兹别克斯坦	锡尔河（咸海）
卡拉（Kara）河	177	301	乌兹别克斯坦	锡尔河（咸海）
查特卡尔（Chatkal）河	223	71.1	乌兹别克斯坦	锡尔河（咸海）
克孜勒-苏（Kyzyl-Suu）河	786	391	塔吉克斯坦	阿姆河（咸海）
阿克苏（Aksu）河	282	320	中国	塔里木河
楚（Chu）河	1067	675	哈萨克斯坦	消失于草原
塔拉斯（Talas）河	661	527	哈萨克斯坦	消失于草原

注　表格中长度和流域面积的数据为全河流的数据。

资料来源：Maps of World数据和维基百科。

纳伦（Naryn）河是吉尔吉斯斯坦境内最大的河流，全长为807km，在吉尔吉斯斯坦境内的长度为533km，流域面积为591万 hm^2，在吉尔吉斯斯坦境内的流域面积为537万 hm^2。纳伦河发源于吉尔吉斯斯坦境内的天山，水源主要是冰山积雪融水。

4. 湖泊

伊塞克（Pravani）湖为境内最大湖泊，水面海拔为1607m，湖面面积为62.36万 hm^2，最大水深为668m，平均水深为

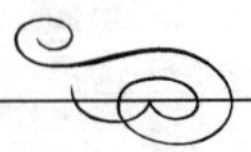

270m，库容为1738亿m^3。在世界高山湖泊中水深第一、集水量第二。湖水清澈澄碧，终年不冻，是远近驰名的“热湖”，有“中亚明珠”的美誉。

吉尔吉斯斯坦三大湖泊特征值见表3。

表3　　吉尔吉斯斯坦三大湖泊特征值

湖泊名称	湖面面积/万hm^2	最大水深/m	水面海拔/m	所在地
伊塞克湖	62.36	668	1607	伊塞克湖州
宋克（Song-Kol）湖	2.78	22	3016	纳伦州
查图尔克（Chatyr-Kul）湖	1.71	19	3520	纳伦州

资料来源：吉尔吉斯斯坦官网（俄文），http://www.welcome.kg/ru/kyrgyzstan/nature/wot/173.html。

（二）水资源分布

1. 分区分布

吉尔吉斯斯坦主要分为两个水文区：①产流区（山区），占地为1718万hm^2，占国土面积的86%；②耗散区，占地为267万hm^2，占总国土面积的13%。大部分河流的水源是冰川或融雪。洪峰出现在4—7月，80%～90%的河流洪峰持续到八九月份。

吉尔吉斯斯坦有六个主要流域：锡尔河流域，流域面积占国土面积的55.3%；楚河、塔拉斯河和阿萨（Assa）河流域，流域面积占国土面积的21.1%；东南流域，流域面积占国土面积的12.9%；伊塞克湖流域，流域面积占国土面积的6.5%；阿姆（Amu）河流域，流域面积占国土面积的3.9%；巴尔喀什（Balkhash）湖流域，流域面积占国土面积的0.3%。

2. 国际河流

没有河流从其他国家流入吉尔吉斯斯坦。

锡尔河在吉尔吉斯斯坦境内被称作纳伦河，在费尔干纳山谷进入乌兹别克斯坦，而后流入塔吉克斯坦，之后再次流入乌兹别克斯坦，在哈萨克斯坦边境的查尔达亚（Chardarya）水库进入哈萨克斯坦，最后注入咸海。

阿姆河主要发源于塔吉克斯坦，但有一条重要支流克孜勒-苏河，塔吉克斯坦境内称为瓦赫什（Vakhsh）河，源于吉尔吉斯斯坦西南部。

卡尔库拉（Karkyra）河，发源于吉尔吉斯斯坦，是伊犁河的一条小支流，最后流入哈萨克斯坦的巴尔喀什湖。

3. **水能资源**

吉尔吉斯斯坦理论水能资源量为1625亿kWh/年，其中技术可行水能资源量为992亿kWh/年，经济可行水能资源量为552亿kWh/年。由于某些政治和技术原因，该国仅有10%的水能资源得到了开发。

三、水资源开发利用

（一）开发利用与水资源配置

1. **坝和水库**

吉尔吉斯斯坦水库总容量约为235亿m^3。其中，锡尔河流域上9座水库总容量约为223亿m^3，楚河流域6座水库总容量约为6亿m^3，塔拉斯河流域3座水库总容量约为6亿m^3。纳伦河（锡尔河流域）上的托克托古尔（Toktogul）水库，库容195亿m^3，是一座多用途水库，用于灌溉、水力发电、防洪和调节。基洛夫（Kirov）水库库容5.5亿m^3，位于塔拉斯河下游与哈萨克斯坦的边境附近。安集延（Andizhan）水库位于乌兹别克斯坦境内临近吉尔吉斯斯坦的边境上，库容为17.5亿m^3，库区分属于乌兹别克斯坦和吉尔吉斯斯坦。

吉尔吉斯斯坦主要大坝（水库）特征值见表4。

表4　吉尔吉斯斯坦主要大坝（水库）特征值

大坝（水库）名称	所在河流	坝型	目的	建成年份	最大坝高/m	库容/亿m^3
托克托古尔（Toktogul）	纳伦河	重力坝	发电灌溉	1978	215	195
基洛夫（Kirov）	塔拉斯河	支墩坝	灌溉供水	1976	84	5.5

续表

大坝（水库）名称	所在河流	坝型	目的	建成年份	最大坝高/m	库容/亿 m^3
安集延（Andizhan）	卡拉河	支墩坝	发电灌溉	1980	115	17.5
库尔普萨（Kurpsay）	纳伦河	重力坝	发电	1983	113	3.7
奥尔托-托克乌（Orto－Tokoy）	楚河	土坝	灌溉	1963	52	4.7
帕盘（Papan）	阿克布拉河（Akbura）	土坝	灌溉供水	1985	100	2.6

资料来源：《Water Power and Dam Construction Yearbook 2007》和FAO统计数据库。

2. 供用水情况

根据联合国粮农组织统计数据，2017年，全国总取水量为80.07亿 m^3，占实际可再生水资源总量的33%。其中农业（含畜牧业）取水量为74.47亿 m^3，占总取水量93%；工业取水量为3.36亿 m^3，占总取水量4%；城市取水量为2.24亿 m^3，占总用水量3%。其中地表水供水量为74.01亿 m^3，占总供水量的92.4%；地下水供水量为3.06亿 m^3，占总供水量的3.8%；农业排水再利用量为3.00亿 m^3，占总供水量的3.8%。另外，处理废水的再利用量为14万 m^3。

3. 跨流域调水

吉尔吉斯斯坦大多调水工程均用于灌溉，主要运河的特征值见表5。

表5　　吉尔吉斯斯坦主要运河的特征值

运河名称	水源	长度/km	灌溉面积/万 hm^2
西大楚河运河（Western Bolshoy Chuisky Canal）	楚河、卡拉斯拉雅河（Krasnaya）	147	8.6
东大楚河运河（Eastern Bolshoy Chuisky Canal）	楚河	97	4.2

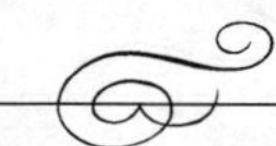

续表

运河名称	水源	长度/km	灌溉面积/万 hm^2
艾特巴什斯基（At Bashinsky）	楚河	44	2.1
卡拉斯那若臣斯基（Krasnorechensky）	楚河、卡拉斯拉雅河	39	1.7
纳伊曼（Nayman）	池利塞河（Chili Sai）	22	1.4

资料来源：吉尔吉斯斯坦信息网，http：//www.kyrgyzjer.com/en/kg/section29/section268/。

（二）洪水管理

吉尔吉斯斯坦河流高水位一般发生在每年春季和初夏，此时气温升高，冰雪冰川开始融化，洪水比较常见。另一个引发洪水灾害的特殊原因是高山冰川湖泊的冰川断裂。根据吉尔吉斯斯坦应急部数据，吉尔吉斯斯坦2000个冰川湖泊中约有200个有溢流危险。自1952年以来，该国已经发生约70起冰川湖泊溢出事件。据联合国国际减灾战略统计，1980—2010年，吉尔吉斯斯坦报道的洪水灾害有3次，平均每次造成1.33人伤亡，平均每次影响3541人，平均每次造成175.3万美元经济损失。吉尔吉斯斯坦目前急需修复洪水区域的防洪控制设施。

（三）水力发电

1. 水电装机及发电量情况

由于某些政治和技术原因，吉尔吉斯斯坦仅有10%的水能资源得到了开发，水电站总计装机总量为291万kW。所有水电站年均产电量为每年139亿kWh。吉尔吉斯斯坦河流水能资源密度非常大，最主要的河流纳伦河水能资源量达到每年600亿kWh。水电站产电成本是0.07美分/kWh，其他电厂成本是2.4美分/kWh。

2. 各类水电站建设概况

吉尔吉斯斯坦已建成的主要水电站见表6。装机容量最大的常规水电站是纳伦河上的托克托古尔（Toktogul）水电站，总装机容量为120.0万kW，有4台独立发电机。目前吉尔吉斯斯坦

尚未有抽水蓄能电站。

表 6 吉尔吉斯斯坦已建成的主要水电站

水电站名称	所在地	建成年份	装机容量/万 kW	设计年发电量/亿 kWh
托克托古尔（Toktogul）	贾拉拉巴德州，纳伦河	1975	120.0	41.0
科尔普塞（Kurpsay）	贾拉拉巴德州，纳伦河	1982	80.0	26.3
塔什库姆尔（Tash－Kumyr）	贾拉拉巴德州，纳伦河	1985	45.0	15.5
沙玛尔杜赛（Shamaldy－Say）	贾拉拉巴德州，纳伦河	1992	24.0	9.0
乌奇库尔干（Uch－Kurgan）	贾拉拉巴德州，纳伦河	1961	18.0	8.2
阿尔巴苏（Al－Bashy）	纳伦州，纳伦河	1971	40.0	1.6

资料来源：Global Energy Observatory/Power Plant/Hydro/Kyrgyzstan/All，http：//globalenergyobservatory. org/select. php？tgl＝Edit。

3. 小水电

吉尔吉斯斯坦共有大约 10 个小型水电站，总装机容量 4.1 万 kW。此外，还有 8 个小型水电站正在筹建中，总计装机容量 14.82 万 kW，有 4 个正在运行的水电站正在进行改造升级，小型水电站发展的最大阻力是经费不足。

（四）灌溉排水

1. 灌溉发展情况

吉尔吉斯斯坦可灌溉土地面积约为 224.7 万 hm^2。根据联合国粮农组织统计数据，吉尔吉斯斯坦配备灌溉设施的土地总面积为 102.1 万 hm^2，实际灌溉面积为 102.1 万 hm^2，占配备灌溉设施的土地面积的 100%。其中，配备完全控制地面灌溉设施的面

积为102.1万hm^2，配备完全控制喷灌设施的面积为0.04万hm^2。配备灌溉设施的灌溉面积占耕地面积的79.3%，占潜在可灌溉土地（灌溉潜力）总面积的45.4%。配备灌溉设施的土地中有107万hm^2的土地灌溉水取自地表水，占总灌溉取水量的99%，有0.7万hm^2的土地灌溉水取自地下水，占总灌溉取水量的1%。

吉尔吉斯斯坦共有1346个灌区。其中大型灌区（>5000hm^2）主要是集体农庄和国有农场，占灌溉面积的60%；中型灌区（1000～5000hm^2）占灌溉面积21%；小型灌区（<1000hm^2）占灌溉面积19%。

据FAO统计，灌溉作物收获总面积为102.1万hm^2，其中临时作物占82.3%。吉尔吉斯斯坦主要作物灌溉面积见表7。虽然该国灌溉作物的产量低于世界标准，但也是非灌溉地作物产量的2～5倍。

表7　　吉尔吉斯斯坦主要作物灌溉面积　　单位：hm^2

作物名称	小麦	水稻	大麦	玉米	蔬菜	向日葵
灌溉面积	36.1	0.5	8.7	6.2	4.1	5.9
作物名称	土豆	豆科作物	甜菜	棉花	烟草	饲料作物
灌溉面积	7.6	2.1	1.5	4.6	0.56	7.3

2. 排水发展情况

据统计，吉尔吉斯斯坦约有75万hm^2灌溉地需要排水，2000年只有14.5万hm^2配备了排水系统，非灌溉地中仅有0.3万hm^2配备排水设施。

吉尔吉斯斯坦排水系统长约646km，其中地面排水系统619km，地下排水系统27km。农场排水管网约4893km，由当地政府、用水户协会、农户及其他相关部门管理。

在水利部门的资金支持下，近年来，吉尔吉斯斯坦进行了土地复垦以改善灌溉的条件，127km地面排水系统和39km地下排水系统得到清理，55座水利工程、133座水电站、920口观测井、5个纵排水系统得到了修复。

3. **灌溉与排水技术**

吉尔吉斯斯坦主要的灌溉形式是地面灌溉。1990年，该国喷灌面积地有14.1万hm^2和局部灌溉面积地有12hm^2。由于缺乏备件，以及能源成本大幅增加，喷灌面积于20世纪90年代大幅减少，1994年，喷灌面积为3.7万hm^2，2005年仅为0.04万hm^2。

吉尔吉斯斯坦灌溉方案可以根据其工程技术特征分为三种：①工程灌溉方案占40.2%，该方案在取水口上有特定结构阻挡淤泥，可用于山洪水流取水，运河一般都有衬砌；②半工程方案占34.4%，设有取水口结构，但运河仅部分衬砌，部分配备分水结构；③非工程方案占25.4%，没有取水口结构，运河不衬砌，不配备分水结构。

吉尔吉斯斯坦地面灌溉小型、中型和大型方案的平均发展成本为5800美元/hm^2、8500美元/hm^2和11600美元/hm^2。喷灌小型、中型和大型方案的平均成本为6900美元/hm^2、10400美元/hm^2和14200美元/hm^2，成本随着自然地理条件而变化。在一般情况下，楚河山谷、伊塞克湖流域灌溉成本较低，而锡尔河流域上游地区处于山区，灌溉成本较高。

吉尔吉斯斯坦地表排水和地下排水分别占56%和44%。地下排水主要在北部和西南部新开发的耕地应用。随着农业、水资源和制造工业部的预算受限制，政府很难保持并有效运行现有的排水系统或进行任何改进或扩充，地区盐碱化和排水问题突出。

4. **盐碱化**

1994年，根据中亚标准（土体中有毒离子含量超过总重量的0.5%），吉尔吉斯斯坦约6.00万hm^2土地被盐碱化，其中3.42万hm^2中度盐碱化，2.58万hm^2重度盐碱化。其中，楚河流域15%左右的灌溉面积被盐碱化，锡尔河流域为5%。

据统计，2006年，吉尔吉斯斯坦85%的灌溉土地状况良好，6%的状况令人满意，9%状况堪忧。灌溉土地状况不理想的原因主要有高水位（37%）、土壤含盐量高（52%）或者两者共同作用（11%）。此外，垂直排水系统运作不良也引起了区域垦区土

地退化。

四、水资源保护与可持续发展状况

（一）水资源环境问题现状

吉尔吉斯斯坦江河的水质良好。河流水源大多是冰川融水，盐浓度较低（0.04～0.15g/L），水污染较少。观测表明，吉尔吉斯斯坦所有流域的硝酸盐浓度、有机物和营养物浓度较低（＜1mg/L）。

通过集中供水系统提供的饮用水中约90%来自地下水，大多符合饮用水水质标准。

（二）水质评价与水质监测

吉尔吉斯斯坦用水污染指数（WPI）来评价水质。WPI是6个水化学参数（包括溶解氧、生物需氧量和4个相对浓度高的污染物）效率比的算术平均值。根据吉尔吉斯斯坦的分类方法，地表水分为7类：Ⅰ类水——很干净（WPI≤0.30）；Ⅱ类水——干净（0.31≤WPI≤1.0）；Ⅲ类水——轻度污染（1.1≤WPI≤2.5）；Ⅳ类水——污染（2.51≤WPI≤4.0）；Ⅴ类水——脏（4.1≤WPI≤6.0）；Ⅵ类水——很脏（6.1≤WPI≤10.0）；Ⅶ类水——极脏（WPI＞10.0）。

截至2009年，吉尔吉斯斯坦仅在11条河流上设置了24个地表水水质监测站，且大多监测站位于该国北部，水质监测站数量远远不能满足水质监测需求。目前监测系统提供35个水质参数，评估水体的化学成分、悬浮物、有机物、主要污染物和重金属含量，每年对水体进行4次采样。

地下水监测系统由国家地质矿产部门管理，目前，地下水监测点主要监测地下水位及自然化学参数。监测点每年取样1次，对于已监测出污染的地下水根据污染程度每年取样2～12次。

（三）水污染治理与可持续发展

1997年，吉尔吉斯斯坦国家环境卫生行动计划设定了四个水资源发展目标：①保护水资源和供水系统免受生物化学污染；

②保证可持续水域能持续提供满足国际卫生组织建议的人类用水；③减少水体微生物传播的疾病发病率；④减少工业和农业废水的有毒化学物质对饮用水的污染。

2007 年，吉尔吉斯斯坦国家环境保护和林业局和联合国开发计划署共同发布了《吉尔吉斯斯坦环境和自然资源可持续发展计划》，为国家水资源可持续发展指明了新的方向。

五、水资源管理

（一）管理模式

吉尔吉斯斯坦对水资源采用多级分支机构管理系统，即水资源管理职能和职责分布在各部委和部门之间。水资源管理部门包括国民议会、政府、农业水利和制造业部、应急部、地质矿产资源处、其他涉水部委和部门、地方管理机构、工会和用水户协会。

（二）管理体制、机构及职能

吉尔吉斯斯坦参与水资源管理的主要机构有：

国民议会，最高会议负责水法规立法，对水资源行使国家所有权，发展水法和水保护法，制定关于水资源利用和保护基金的国家政策，立法监管有偿用水，签署国际水问题的合同和协议等。

政府主要负责国家水经济方案和投资，协调机构和科学研究，制定用水基本价格，管理水资源利用和保护，处理涉水和水污染的外事问题等。

2010 年，水资源管理的职责集中于三个行政机构：农业水利和制造业部，应急部和地质矿产资源处。

农业水利和制造业部是国家水资源管理的中央机构，主要职能有：监管水资源基金的使用，管理国有水经济的资产，满足人口和农业生产者的用水需求，发展灌溉基础设施，统计水资源利用状况，主管国家用水地籍簿和调控国家用水。

应急部负责预防突发事故和自然灾害，水资源保护管理，环境保护包括水资源基金保护的立法，管理污水处理，污水处理规

范和污水使用，监测地表水体。

地质矿产资源处负责地下水储量统计，监测地下水沉淀物，授权地下水使用和地下水保护。

国家水检验机构负责监管水资源、水利设施和灌溉基础设施的使用，监督国家水资源基金使用相关的法规执行，防止违规使用水资源，开展水资源利用状况清单调查，促进合理利用灌溉用水和灌溉土地，防止土地荒漠化、水土流失、盐碱化和水涝。

农业水利和制造业部下设水利厅，是执行水资源灌溉管理的基本机构。每个州都设有一个流域水资源部，每个市（二级行政区划）都有水利局。州和市水利部门是最基层的地属政府水利管理机构，执行国家水资源管理政策，规范水资源的分配和使用，保证农业用水户供水，开展用水控制。

（三）取水许可制度

吉尔吉斯斯坦国家宪法规定，水资源所有权归国家所有，不得转让。水资源的使用实行取水许可制度，由国家涉水相关部门批准。

（四）涉水国际组织

吉尔吉斯斯坦参与的涉水国际组织主要有 FAO、世界银行、全球水伙伴、国际灌溉与排水委员会、联合国水资源组织。

六、水法与水政策

2005 年，吉尔吉斯斯坦基于水资源综合管理概念，颁布了新的水法规，该水法规强调了对水资源经济价值的认识。该水法规的颁布巩固了新成立的特定国家机构管理水资源的权威，此外，水法规对组织基于流域的水资源管理以及用水户参与水资源规划和管理等内容进行了规定。

2002 年，吉尔吉斯斯坦制定了全国水资源利用和保护战略草案，但由于在制度框架上存在分歧，始终没有通过。目前，吉尔吉斯斯坦还没有国家层面的水资源综合管理战略颁布实施。

七、国际合作情况

1998年，吉尔吉斯斯坦、哈萨克斯坦和乌兹别克斯坦签署了关于锡尔河流域上游的协议，规定哈萨克斯坦和乌兹别克斯坦夏季从吉尔吉斯斯坦采购水电，支付可以用现金或用煤或天然气交换。

2000年，吉尔吉斯斯坦和哈萨克斯坦签署了关于楚河和塔拉斯河的水资源共享协议。双方同意按取水比例分担跨界基础设施运营和维护成本。

2002年，中亚和高加索国家成立了区域水伙伴组织。在此框架内的国家和有关部门，对该地区威胁饮水安全的一系列关键问题达成了共识。

2002年，欧盟水倡议组织和高加索、中亚国家之间建立了伙伴关系，旨在提高高加索和中亚地区的水资源管理水平。

2004年，来自哈萨克斯坦、吉尔吉斯斯坦、塔吉克斯坦和乌兹别克斯坦的专家在联合国中亚经济体特别方案的经济框架内，制定了区域水和能源战略。

（范卓玮，樊霖）

柬埔寨

一、自然经济概况

（一）自然地理

柬埔寨，全称柬埔寨王国，位于中南半岛南部，东部和东南部同越南接壤，北部与老挝交界，西部和西北部与泰国毗邻。柬埔寨面积约为18.1万km^2，海岸线长约为460km。柬埔寨北方以扁担山脉与泰国柯叻交界，东边的腊塔纳基里台地和川龙高地与越南中央高地相邻。柬埔寨中部和南部是平原，东部、北部和西部被山地、高原环绕，大部分地区被森林覆盖。柬埔寨属热带季风气候，年平均气温为29～30℃，5—10月为雨季，11月至次年4月为旱季。受地形和季风影响，各地降水量差异较大，象山山脉南端可达5400mm，金边以东约为1000mm。柬埔寨全国分为20个省和4个直辖市，其中首都为金边（Phnom Penh）。2017年，柬埔寨人口为1600.94万人，人口密度为88.45人/km^2，城市化率为23%。柬埔寨有20多个民族，高棉族是主体民族，占总人口的80%，少数民族有占族、普农族、老族、泰族、斯丁族等。高棉语为通用语言，与英语、法语同为官方语言。

（二）经济

柬埔寨是传统农业国，工业基础薄弱，属世界上最不发达国家之一，贫困人口占总人口26%。柬埔寨政府实行对外开放的自由市场经济，推行经济私有化和贸易自由化，把发展经济、消除贫困作为首要任务。2017年，柬埔寨GDP为221.9亿美元，人均GDP为1386美元。GDP构成中，农业占25%，采矿、制造和公用事业占20%，建筑业占13%，交通运输业占9%，批

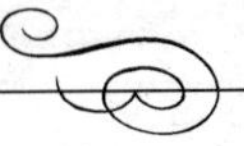

发、零售和旅馆业占15%，其他占18%。

二、水资源概况

（一）水资源

柬埔寨江河众多，水资源丰富。柬埔寨主要河流有湄公（Mekong）河、洞里萨（Tonle Sap）河、公（Kong）河、桑（San）河、斯雷博（Srepok）河等。湄公河在柬埔寨境内长约500km，在柬老边境处水流湍急，落差较大，洪水期最高流量达6万m^3/s。洞里萨（Tonle Sap）湖，又称金边湖，是其主要湖泊，也是全东南亚最大的淡水湖，湖中富饶的水产是柬埔寨人民饮食的重要来源。在首都金边市附近还分布着一些面积不大的湖泊，这些湖泊大多与湄公河相连。

柬埔寨地表水资源量为750亿m^3（不包括积蓄雨水），地下水为176亿m^3，平均每年降雨量为1400～3500mm。

（二）水资源分布

柬埔寨境内河流众多，蕴含着丰富的水力资源，尤其是湄公河及其支流的水力资源。据湄公河委员会的初步勘测和估算，湄公河流经柬埔寨部分水量占中下游总量的33%。湄公河的主要支流公河集纳了罗芬高原和昆嵩高原许多支流，总集水面积为1.75万km^2，落差达1100m，水量大且有不少瀑布、峡谷和隘口，适宜修建大中型梯级水电站。境内另一条大河桑河的集水面积为1.47万km^2，其上游河床镶嵌在层叠的高原上，落差很大，潜在水能丰富。

三、水资源开发利用

（一）水利发展历程

柬埔寨水利基础薄弱。在经历了长达20多年的持续战争中，柬埔寨的水利建设几乎处于停滞状态。20世纪90年代以后，柬埔寨政局逐渐走向平稳，政府开始重视水利开发和建设，成立了负责水利开发建设的专门政府机构，制定了一系列涉及水资源管理的法律法规，实施了许多水利设施的改造和修建工程，代表性

工程有甘再水电站和基里隆水电站等。

（二）开发利用与水资源配置

柬埔寨供水系统在长期战乱中被中止，直到20世纪90年代后才恢复。在外国的援助下，柬埔寨重振并扩大其主要城市的水供应设施，城市净水获取率持续提高，从1998年的60%提高到了2004年的72%。而在农村，净水获取率一直处于低水平，1998年为24%，到2004年也仅为39.6%。

（三）水力发电

柬埔寨水电和水利开发潜力巨大，水电储藏量约1万MW。柬埔寨政府列规划的主要水电项目有：菩萨（Pursat）省阿代（Adai）河水电站可装机110MW，腊塔纳基里（Ratanakiri）省斯莱波2号水电站可装机222MW，细珊2号水电站可装机207MW，戈公（Koh Kong）省再阿兰下游水电站可装机260MW，大戴河水电站可装机80MW，马德望1号（Battambang 1）水电站可装机24MW、2号水电站可装机36MW，雷西尊中游水电站可装机125MW、上游水电站可装机32MW，桔井（Kratie）省桑波两水电站可分别装机3300MW和467MW。

柬埔寨已经开发完成的水电站主要有奥冲2号水电站（1MW）、基里隆1号（Kirirom 1）水电站（12MW）、基里隆3号水电站（18MW）、甘再水电站等。其中，甘再水电站由中国电力建设集团建设，位于柬埔寨西南部贡布（Kampot）省的甘再河上，距首都金边约150km，总投资为2.8亿美元，总装机为19.32万kW，年均发电为4.98亿kWh。

（四）灌溉排水

柬埔寨重视农业灌溉的发展和相关农田水利设施的建设。1996—2000年第一个经济社会发展5年计划期间，修建了453个水坝，修挖水渠456条、长60.21万m，修建水闸82个、排水沟64条、蓄水站16个和排水站20个，利用抽水站和抽水机等灌溉75.74万hm^2水稻。2005年，柬埔寨投入195.3亿瑞尔（约476万美元）又修建了23个水利设施，灌溉雨季稻2.95万

hm^2、旱季稻 0.63 万 hm^2，防止洪水淹田 12.58 万 hm^2，防止海水淹田 1.28 万 hm^2；修复水坝 145 个，修挖水渠 108 个，修建了多个水闸、排水沟、蓄水站和排水站等。这些中小型农田灌排工程，不但有利于恢复和改善农田水利条件、搞好农田水利基本建设，而且有利于提高当地的农业综合生产能力。

四、水资源保护与可持续发展状况

（一）水体污染情况

柬埔寨水污染的主要原因是森林砍伐和水土侵蚀，以及工业废水和废物（卫生、医院和家庭废物）、农药、采矿和跨境污染。农业是柬埔寨经济的基础，但由于大量使用农用化学品如杀虫剂来增加产量，造成了大量的地表水和地下水资源污染。另外，一些饮用水也存在微生物和砷超标问题，目前已经发现了 5 个省的水中砷含量超标。

（二）水污染治理

为减少污水对环境的影响，柬埔寨政府采取了一系列防治措施：①环保部与地方政府有关部门对固体废物采取统一处理、收集、运输、储存、回收和最小化处理；②在国外的援助下，新建造了一批污水排水系统和处理设施；③对固体废物的处理实施准入制度，严格控制处理流程；④在主要河流设置水质控制和监测站，对水质进行监控。

五、水资源管理

环境部和水资源与气象部为柬埔寨的主要水资源管理部门。

环境部主要职责包括：在选定的公共水域对公共水质进行月度监测和控制；依据国家排污标准，对污水进行管控；进行环境影响评价；加强和改进省市地区的水环境管理和保护能力；加强环保宣传，提高公众的环保意识。

水资源与气象部主要职责包括：负责制订全国性的水资源计划；管理流域、子流域、流域径流、地下水和地下蓄水层中的水资源；实施水监测，对一级和二级水站进行月度采样监测；研究

和评估水的使用效益；控制和监视对水环境可造成负面影响的活动；鼓励私营部门、投资者等参与环境卫生和废水处理；履行有关水环境保护的国际协议和条约等。

柬埔寨国家湄公河委员会，主要处理涉及湄公河的相关事务。

六、水法与水政策

（一）水法规概况

自 20 世纪 90 年代，柬埔寨先后颁布了《环境保护与自然资源管理法》《水资源管理法》，除这两部主要的涉水法律外，柬埔寨还制定了一些配套法规和标准，如 2001 年 2 月 27 日颁布的《农村供水和卫生》，对农村供水和卫生设施服务方面内容进行了规范；2003 年 2 月 7 日颁布的《国家关于供水和卫生政策》对保护水资源和节水用水的相关技术进行了规定；2004 年 1 月 16 日颁布的《柬埔寨王国国家水资源政策》对水资源保护和使用、水资源的综合管理进行了规定；2004 颁布的《饮用水标准》对生活饮用水管理进行了规范。

（二）水政策

为促进经济发展、减少贫困、保障粮食安全和保护生态环境，柬埔寨设立专门水管机构并制定了国家水资源政策。1998 年 12 月专门成立水资源和气象部，2004 年 1 月出台《水资源管理法》，规定了国家水资源管理必须遵循四项基本原则：①水资源管理是政府的重要义务；②根据有关信息和数据实施水资源项目，根据国家水资源规划、经济发展规划、本国和地区环保规划确保目前和将来均衡用水；③每人都有权用水，个人和家庭的用水需求须得到满足；④水资源开发和利用必须有效、可持续和不危害环境，定期确定今后 5 年的水资源开发规划。

水价方面，柬埔寨水电资源丰富，但由于开发不足，加上配套基础设施落后，导致水电供应短缺，水、电、气成本较高。2014 年，自来水平均价格为 0.19 美元/m^3。

七、国际合作情况

（一）参与国际水事活动的情况

中国一直同柬埔寨有密切的合作关系。1992 年，中国、越南、柬埔寨、缅甸、泰国和老挝等澜沧江-湄公河沿岸六国启动了大湄公河次区域经济合作机制，推出湄公河干流水电站规划。2008 年，柬埔寨中央政府和中国的广西桂冠电力股份有限公司签署了备忘录，由后者在斯雷博（Srepok）河上建造 3 级和 4 级两个水电站，装机容量分别初定为 30 万 kW 和 10 万 kW。2010 年 12 月 13 日，中国水电集团公司与柬埔寨水资源和气象部签署了柬埔寨北部农田灌溉开发项目——斯伦流域水利开发项目（一期）总承包协议。

另外，在水电合作方面，柬埔寨还同美国、日本以及韩国等有合作关系。

（二）水国际协议

1995 年 4 月 5 日，柬埔寨、老挝、泰国和越南四国签订了《湄公河流域可持续发展协定》，决定以多目的利用和互惠互利的理念，采取对自然影响最小的方式，共同对湄公河流域水资源进行可持续开发、利用、管理和保护。

2010 年 4 月 5 日，湄公河委员会首届峰会举行，泰国、柬埔寨、老挝和越南的政府首脑出席本次峰会，中国与缅甸作为对话伙伴与会，与会者共同发表了《华欣宣言》。

（唐忠辉，王洪明）

老挝

一、自然经济概况

（一）自然地理

老挝，全称老挝人民民主共和国，位于中南半岛北部内陆，北邻中国，南接柬埔寨，东接越南，西北达缅甸，西南毗连泰国。国土面积为23.68万km^2。老挝地势北高南低，境内80%为山地和高原，且多被森林覆盖。北部与中国云南的滇西高原接壤，东部老挝、越南边境为长山山脉构成的高原，西部是湄公河谷地和湄公河及其支流沿岸的盆地和小块平原。全国自北向南分为上寮、中寮和下寮，上寮地势最高，川圹高原海拔为2000～2800m，最高峰比亚山峰海拔为2820m。

老挝属热带、亚热带季风气候。5—10月为雨季，11月至次年4月为旱季。年平均气温约为26℃。老挝全境雨量充沛，近40年来年降水量最少年份为1250mm，最大年份达3750mm。多年平均降水量为1834mm，折合水量达4343亿m^3。

全国划分为17个省、1个直辖市，首都是万象。2017年，老挝人口为695.3万人，人口密度为29.4人/km^2，城市化率34.4%。全国分为50个民族，分属老泰语族系、孟-高棉语族系、苗-瑶语族系、汉-藏语族系，统称为老挝民族。通用老挝语。居民多信奉佛教。华侨华人3万多人。

2017年，老挝可耕地面积为155.5万hm^2，永久农作物面积为16.9万hm^2，永久草地和牧场面积为67.5万hm^2，森林面积为1895.06万hm^2。

（二）经济

老挝是世界上经济最不发达的国家之一。老挝以农业为主，

农作物主要有水稻、玉米、薯类、咖啡、烟叶、花生、棉花等，产柚木、花梨等名贵木材。主要工业企业有发电、锯木、采矿、炼铁、水泥、服装、食品、啤酒、制药等及小型修理厂和编织、竹木加工等作坊。老挝服务业基础薄弱，起步较晚，执行革新开放政策以来发展较快。近年来，旅游业成为老挝经济发展的新兴产业，老挝琅勃拉邦、巴色县瓦普寺、川圹石缸平原已被列入世界文化遗产名录，著名景点还有万象塔銮、玉佛寺，占巴塞的孔帕平瀑布，琅勃拉邦的光西瀑布等。

2017年，老挝GDP为170.7亿美元，人均GDP为2455美元。GDP构成中，农业占18%，采矿、制造和公用事业占28%，建筑业占7%，交通运输业占3%，批发、零售和旅馆业占16%，其他占28%。

2017年，老挝谷物产量523万t，人均约为753kg。

二、水资源状况

（一）水资源量

水资源是老挝的优势资源。据FAO统计，老挝境内地下水和地表水资源量分别为379亿m^3和1904亿m^3，扣除重复计算的水资源量（379亿m^3），境内水资源总量达到了1904亿m^3。境外流入的实际水资源量达到了1431亿m^3。2017年，老挝人均境内水资源量达到27763m^3，人均实际水资源量约48629m^3（表1）。

表1　　　　老挝国水资源量统计简表

序号	项　目	单位	数量	备注
①	境内地表水资源量	亿m^3	1904	
②	境内地下水资源量	亿m^3	379	
③	重复计算的资源量	亿m^3	379	
④	境内水资源总量	亿m^3	1904	④=①+②-③
⑤	境外流入的实际水资源量	亿m^3	1431	
⑥	实际水资源总量	亿m^3	3335	⑥=④+⑤
⑦	人均境内水资源量	m^3/人	27763	
⑧	人均实际水资源量	m^3/人	48629	

资料来源：FAO统计数据库，http://www.fao.org/nr/water/aquastat/data/query/index.html。

（二）河流

老挝全国有20多条200km以上的河流。其中，湄公河是老挝最为重要的一条河流。老挝境内主要支流有南乌江、南俄河、色邦亭河、南塔河、色贡河、色邦发河等（表2）。

表2　老挝主要河流的统计简表

序号	名称	流经区域	长度/km
1	湄公（Mekong）河	老挝	1898
2	南乌（Nam Ou）江	丰沙里—琅勃拉邦	448
3	南俄（Nam Ngum）河	川圹—万象	354
4	色邦亭（Chrobting）河	沙湾拿吉	338
5	南塔（Namtha）河	琅南塔—波乔	325
6	色贡（Sekong）河	沙拉湾—色功—阿速坡	320
7	色邦发（Se Bang Fai）河	甘蒙—沙湾拿吉	239
8	南本（Nam）河	乌都姆赛	215

资料来源：2001年老挝国家计委的统计资料。

湄公河全长4800km，是世界第12大的河流，每秒流量达15000m^3，流经中国、缅甸、泰国、老挝、柬埔寨和越南。湄公河在老挝境内长为1898km，占总长的38.9%。湄公河在老挝境内积水面积21.5万km^2，占总积水面积的26.5%。

三、水资源开发利用

（一）开发利用与水资源配置

1. 坝和水库

老挝正在运行的大型大坝主要有南俄2（Nam Ngum 2，182m，面板堆石坝）、南康（Nam Khan，155m，重力坝）、色可曼（Xe Kaman，110m，面板堆石坝）、南俄3（Nam Ngum 3，217m，面板堆石坝）、南俄5（Nam Ngum 5，104.5m，面板堆石坝）大坝。另外，还有很多大坝在筹建中。其中包括：南莫1（Nam Mo 1，254.5m，土石坝）、南椰1（Nam Ngiep 1，151m，碾压混凝土坝）、南屯1（Nam Theun 1，177m，碾压混

凝土重力坝）。

另外，老挝还有其他水坝，包括郎布拉邦水坝（Luang Prabang Dam）、沙耶武里水坝（Xayaburi Dam）、萨拉康水坝（Sarakon Dam）、沙卡侯水坝（Shakahou Dam）、栋沙洪水坝（Don Sahong Dam）等。

2. 供用水情况

2005 年，老挝用水总量 35 亿 m^3，其中农业、工业和城市用水分别占 91.4%、4.9%和 3.7%。人均年取水量约 $578m^3$。老挝饮水安全保障率呈增长趋势。总人口饮水安全比例从 1997 年的 40.5%增长到 2015 年的 75.7%。2015 年，城市地区 85.6%的人口、农村地区 69.4%的人口实现了饮水安全（表 3）。

表 3　老挝饮水安全比例的趋势 %

年　份	1997	2002	2007	2012	2015
总人口饮水安全比例	40.5	50.1	61.2	71.5	75.7
农村人口饮水安全比例	33.5	42.4	53.7	64.9	69.4
城市人口饮水安全比例	70.3	74.1	78.9	83.7	85.6

资料来源：FAO 统计数据库，http：//www.fao.org/nr/water/aquastat/data/query/index.html。

(二) 水力发电

1. 水电开发程度

老挝水电资源丰富，可开发潜力大。经电力勘察设计部门勘查，老挝境内水电资源理论蕴藏总量约为 2650 万 kW，技术可开发总量为 1800 万 kW，其中，约 2/3 在老挝国内，其余在国际界河湄公河上。

2. 水电装机及发电量情况

2008 年老挝水电装机容量不到 70 万 kW，年发电量约为 38.28 亿 kWh。

3. 水电站建设概况

随着近年老挝科技工业的不断进步，水电设施的建设运行已经成为老挝重要产业之一。根据《2013 年世界能源调查》统计

数据，2009年老挝有总装机容量达1606万kW的水电站项目在建设或规划中，其中，总装机容量213万kW的6个水电站在建，总装机容量为323万kW的12个水电站在深入洽谈中，还有总装机容量为1070万kW的42个项目在进行可行性研究。

4. 小水电站

老挝有20座小水电站在运行，如南塔河（Namtha）电站、南果河（Namko）电站和琅勃拉邦（Luang Prabang）电站等。这些电站装机容量最大的有4.5万kW，最小的仅1500kW。

（三）灌溉情况

据FAO资料显示，在2005年，老挝实际灌溉面积达到了31万hm^2。其中，依靠地表水的灌溉面积为30.98万hm^2，地下水的灌溉面积为0.02万hm^2。主要灌溉农作物有水稻（84%）、蔬菜（9%）、柑橘类水果（4%）、玉米（2%）等。

四、水资源管理

（一）管理体制、机构及其职能

老挝负责水资源管理的主要机构有：

（1）水资源协调委员会。设立于1999年，是国家最高水管理机构。负责协调水资源检测和保护等事务，并向政府提出有关水资源的政策建议。

（2）自然资源与环境部。负责统筹资源问题与环境问题，并特别关注水资源利用与保护战略。

（3）国家湄公河委员会。负责湄公河水质等问题。

（二）涉水国际组织

老挝参与了由柬埔寨、老挝、泰国及越南等四国组成的新湄公河委员会。该涉水国际组织包括三个常设机构：理事会、联合委员会和秘书处。

五、水法规

老挝通过和颁布了与水资源相关的法律和法规，主要有《水

与水资源法》《水与水资源政策》《环境保护法》以及《国家环境标准协议》。

六、国际合作情况

（一）参与国际水事活动的情况

1957—1978年，下湄公河流域的老挝、柬埔寨、泰国及越南四国成立了下湄公河流域调查协调委员会。

1992年，老挝参与了关于水电发展和资源开发的湄公河次区域合作。

1995年，老挝参与并成立了新的湄公河委员会。

（二）水国际协议

1990年，中国和老挝在昆明签署《中国云南省与老挝交通部关于考察湄公河部分航道第一次会议纪要》，用以合作开发湄公河上游。

1995年，老挝与泰国、柬埔寨、越南签署了《湄公河流域发展合作协定》，决定成立湄公河委员会，重点在湄公河流域综合开发利用、水资源保护、防灾减灾、航运安全等领域开展合作。

湄公河委员会于2011年发布了《下湄公河水资源综合管理的流域开发战略》，解决流域国家在水量问题上不断进行争论的同时，区域水质合作已经开始启动，其将成为未来区域环境合作的重点方向之一。

2004年，老挝政府与马来西亚的一个水电公司签订了一个5.5亿美元的水电合作协议，以开发45万kW的南屯1水电站。

（严婷婷，方浩）

黎 巴 嫩

一、自然经济概况

（一）自然地理

黎巴嫩全称黎巴嫩共和国，位于西亚南部地中海东岸，东部和北部与叙利亚交界，南部与巴勒斯坦为邻，西濒地中海。黎巴嫩国土面积为 14052km^2，海岸线长 220km。黎巴嫩全境按地形可分为沿海平原、沿海平原东侧的黎巴嫩山地、黎巴嫩山东侧的贝卡谷地和东部的安提黎巴嫩山。黎巴嫩属热带地中海型气候。沿海一带夏季气候炎热潮湿，冬季温暖，高山地区积雪达 4～6 个月，大部分地区 10 月至次年 4 月为雨季。沿海平原和贝卡谷地 7 月平均最高气温均为 32℃，1 月平均最低气温分别为 7℃和 2℃。黎巴嫩行政区划分 8 个省，省下共设 25 个县，县下设镇，首都为贝鲁特（Beirut）。2017 年，黎巴嫩人口为 681.19 万人，人口密度 484.8 人/km^2，城市化率 88.4%。绝大多数为阿拉伯人，阿拉伯语为官方语言，通用语言包括法语和英语。2017 年，黎巴嫩可耕地面积为 13.2 万 hm^2，永久农作物面积为 12.6 万 hm^2，永久草地和牧场面积为 40 万 hm^2，森林面积为 13.74 万 hm^2。黎巴嫩可耕地 84.6%为私人所有，国家拥有可耕地约占总面积的 12.1%。此外，教会拥有可耕地总面积的 1.3%，地方政府和村镇公有的可耕地各占总面积的约 1%。黎巴嫩农户户均拥有可耕地 1.27hm^2。

（二）经济

黎巴嫩实行自由而开放的市场经济，其中私营经济占主导地位。2008 年年底国际金融危机爆发以来，由于黎巴嫩国内金融体系与国际经济体系对接的程度不高，加之中央银行应对得当，

使得黎巴嫩平稳渡过危机，经济逆势增长。2017年，黎巴嫩GDP为533.9亿美元，人均GDP为7837美元。GDP构成中，农业占3%，采矿、制造和公用事业占12%，建筑业占4%，交通运输业占6%，批发、零售和旅馆业占17%，其他占58%。

二、水资源状况

(一) 水资源

1. 降水量

黎巴嫩平均年降雨量达86亿m^3，其中约36亿m^3由于蒸发而耗损，余下的50亿m^3的降水则汇集成为地表径流或成为地下水源的补给。

黎巴嫩每年有80～90天的降雨期，在此期间地面降水丰富，但是其国内的地貌结构导致降水分布不够均衡，如北部地区和贝卡年均降雨仅为200mm，而在黎巴嫩山区降雨量可高达2000mm。

2. 河流湖泊

黎巴嫩是中东地区水资源较为丰富的国家。山脉的地质多为结构疏松、具有渗透性的石灰岩，因而雨水和融雪的渗入形成许多泉眼，全境已发现地表泉眼超过1200孔，丰富的泉水顺着陡峭的山势汇集成湍急的河流。

黎巴嫩全境拥有17条常年河和23条季节性河流，总长约为730km，河流年平均径流量约为38.9亿m^3，约有7.9亿m^3流经跨境河流。由于独特的气候，黎巴嫩大多数河属季节性河流。河流大多源自黎巴嫩山区，自东向西注入地中海。山区海拔800m以上为雪线，雪线以下降水为雨水形式，雪线以上降水为积雪形式，所以黎巴嫩河流一年有两次汛期，1—4月为雨水汛期，5月间降水骤减，但由于积雪消融而形成融雪汛期。

地下水资源方面，石灰石的地貌占黎巴嫩全部国土面积的65%以上，其多孔和多断层的特性增强了雨水和融雪渗透，从而形成丰富的地下水层。据测算，黎巴嫩可供开采的地下水每年可达4亿～10亿m^3，相当于一部分地下水渗透或通过地下河流进

入地中海。

（二）水资源分布

表 1 反映了黎巴嫩各地区水资源分布情况。

表 1　　黎巴嫩各地区水资源分布　　单位：亿 m^3

地区	降雨量	蒸发量	溪流和泉眼	地下水
大贝鲁特	20.58	8.64	11.70	0.24
贝卡（Bekaa）	23.47	9.86	6.80	6.81
北方	20.96	8.81	9.34	2.82
南方	20.99	8.82	11.06	1.12
总计	86.00	36.13	38.90	10.99

资料来源：黎巴嫩私有化委员会。

三、水资源开发利用

（一）水利发展历程

由于黎巴嫩内战，其国内一些水利设施遭到破坏，同时水利发展被长期搁置。内战结束后，黎巴嫩各项事业百废待兴，其中包括水利设施的建设和修复。近些年来，黎巴嫩政府非常重视水利工程的规划和建设，很多水利建设被提上议程。

（二）开发利用与水资源配置

1. 开发利用概况

据统计，黎巴嫩全部可利用水资源总量每年达 32.04 亿 m^3，而目前全国各行各业用水量只有 14.12 亿 m^3，尚无供求矛盾。预计到 2025 年全国用水需求量将增加至 38.50 亿 m^3，缺水量将高达 20%。

2. 坝和水库

由于黎巴嫩国内多石灰岩层，河流多处于断层以及渗透性较强的石灰石层上，所以黎巴嫩拦水大坝并不多见。卡鲁恩（Karoun）水坝是黎巴嫩最大的水坝，位于利塔尼（Litani）河上游，库容为 2.2 亿 m^3，有效存水量为 1.6 亿 m^3，水库被用于

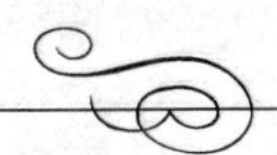

发电和灌溉，在黎巴嫩国民经济中扮演着极为重要的角色，其他水坝均不成规模。

未来规划的水坝有：阿瓦利（Awali）河上的比斯里（Bisri）水坝（库容为1.28亿m^3），该坝建成后主要用于为大贝鲁特区提供市政和生活用水；卡代尔（Kardale）水坝，位于利塔尼河中游，库容为1.28亿m^3。

3. 供用水情况

在居民用水方面，2015年国内用水总量为11亿m^3，每天人均消费水量为830L。工业用水方面，2015年黎巴嫩的工业用水量为9亿m^3，工业用水主要取自于地下水，水电站是地表水的最大工业用水项目。在农业用水方面，2015年黎巴嫩的农业用水量为7亿m^3。黎巴嫩主要农作物有蔬菜、水果、土豆、甜菜、玉米和小麦，这些需水高的作物影响着黎巴嫩农业用水量。

4. 跨流域调水

利塔尼河水利工程是黎巴嫩正在建设实施的重大跨流域调水工程，该工程旨在为南部34万居民提供饮用水，并为1.5万hm^2农田提供灌溉用水。工程建成后，将每年为黎巴嫩南部约100个村庄提供约2000万m^3的饮用水，为1.47万hm^2农田提供9000万m^3灌溉用水。

（三）洪水管理

黎巴嫩国内缺少有效协调管理洪水的机构，洪水防御响应较迟钝。目前，黎巴嫩对于洪水管理的主要措施有加强天气预报和洪水预警。

（四）灌溉与排水

黎巴嫩农业灌溉面积和灌溉用水量随着经济的发展而不断增长，全国约一半以上的可耕地为水浇地。据黎巴嫩于1961年与1999年两次农业调查结果的对比显示，在过去的38年里，黎巴嫩的农业灌溉面积增长幅度较大，从4.08万hm^2增加到10.4万hm^2，增幅达155%。拥有水浇地的农户数量在上述38年期间增加了70%。

黎巴嫩水资源相对比较丰富，加之受国内经济发展水平制约，先进灌溉技术的推广和应用率较低，现行的灌溉方式仍较为落后，全国漫灌面积为5.3万hm^2，喷灌面积为2.1万hm^2。节水滴灌面积只有1.3万hm^2，主要分布在贝卡谷地和沿海地区。

四、水资源保护

（一）水生态环境保护

由于自然地理、战争等因素的存在，黎巴嫩水资源与水生态环境较为脆弱，水资源与水生态环境保护形势较为严峻。水资源和水环境的污染问题，已严重影响该国的社会可持续发展。2007年黎巴嫩环境部表示，自2006年战争结束后，该部已聘请国外专业公司治理相关海域的污染问题，超过一半海域已得到有效治理。

（二）水污染治理

1. 水体污染情况

由于没有完备的监测和控制设施，黎巴嫩水污染问题较为突出。水体污染物主要来源于市政及工业污水、固体废物污染、农田的废料和农药污染，以及由于地下水开采导致的海水侵入等。

据统计，黎巴嫩每年排出生活污水2.49亿m^3，产生生化需氧量10万t，工业污水4300万m^3，产生大约生化需氧量5000t。由于污水处理厂短缺，沿海地区的污水均直接排入地中海，而内地及山区的污水则排入河流、空地和地下。目前在黎巴嫩不足300km的海岸线上，大约分布着53个排污口，其中16个集中在贝鲁特市的德巴耶和加迪尔（Ghadir）之间的十几千米海滨。

2. 水污染治理

污水处理需要大量的财政投入，黎巴嫩长期内战，在此方面缺少投入。战后重建初期，政府有限的投资主要集中于恢复老管网的基本功能。到2000年左右，全国约50万民用建筑中的37%已连通市政排污系统，其余的63%则使用独立式的化粪池，或者干脆直接排放至河床或地下。2000年之后，政府持续增加投入，截至2010年，大贝鲁特行政区的排污管网已初具雏形，

排污系统以现有的加迪尔污水处理厂和北部污水管网以多拉（Dora）为中心进行布置，贝鲁特以外的城市也在积极谋划污水处理系统的建设。

五、水资源管理

在黎巴嫩，涉及水资源开发和管理的机构包括能源和水利部、水务和污水管理局、执行与评估委员会以及重建委员会。

能源和水利部拥有与水有关事务的最高的行政管理权，主要承担行业性规划、水利政策的制定和评估、国家水利和污水处理远期规划，并向内阁会议提交上述政策规划审议；负责制定水价、监测和确定水质标准、污水标准、征收排污费、监督下辖水务局的生产与管理、水务运营成本的核算等。

水务和污水管理局是能源和水利部的下属机构。2002 年，黎巴嫩政府将按区域划分的 21 个水务局合并为 4 个大水务局，成立水务和污水管理局。4 个大水务局直接运营、管理和维护所在区域内的水利设施，管理和控制区域内水源和污水，部分水务和污水管理局还负责管理辖区内的灌溉设施。水务和污水管理局成员由内阁会议根据能源和水利部部长的提名，以行政命令的形式任命。

执行与评估委员会于 2003 年年底成立，承担为水务和污水管理局制定规章和标准的职能，其成员由一些民间和公共管理部门人士组成。

重建委员会负责黎巴嫩经济和社会领域的绝大多数大型公共设施的投资与建设，在黎巴嫩战后重建中发挥着重要作用，其中，水利基础设施的建设是重建委员会投资重点之一。据统计，1992—2001 年，重建委员会用于水利领域（不含农业灌溉部分）的投入达 7.08 亿美元，占其全部投入的 16%。

六、水法与水政策

（一）水法概述

1925 年，黎巴嫩第一部水法律明确规定水资源作为一个公

共财产而存在。1926 年，法国统治者授权颁布了一部新的水法律，把水权归为个人所有。法国殖民统治结束后，自 1951 年起，黎巴嫩先后颁布了 22 个涉水法令，规定了水资源不再归个人所有，水资源的开发和利用要以应对经济和工业发展需要为目的。目前，黎巴嫩立法规定，除 1925 年之前已既定的产权外，所有水资源为公共所有。

（二）水政策

在水价制度方面，黎巴嫩各地方水务局根据所在区域的供水成本来核定自己的水价，水务局通过以下两种方式向用户计收水费，一是水表实际读数（只占全部用户的 10%）；二是预估水费（贝鲁特市区按年 146 美元、德贝地区按年 87 美元计征），这种形式的征收方式占全部用户的 90%。

在水权与水市场方面，黎巴嫩除少数依据习惯法而存在的个人水权外，法律规定水资源归公共所有。

在节约用水方面，虽然黎巴嫩政府对于农业节水较为重视，农业部也在制定农村和农业发展的基本方略时着重强调了合理使用水资源，但黎巴嫩水务管理尚处于改革和发展期，节水规划和制度还很不健全。

七、国际合作情况

（一）参与国际水事活动的情况

在水资源的开发与利用上，黎巴嫩和许多国家和国际组织有着合作关系。

在黎巴嫩战后重建工作中，法国共向黎巴嫩第二大港口的黎波里（Tripoli）提供援助 3.27 亿美元，主要用于电力开发、饮水和污水处理设施建设等。

2003 年，黎巴嫩和叙利亚就分享阿西河水量问题达成协议，两国共同出资在阿西河上修建大坝，叙利亚许可黎巴嫩享有开发利用该河水能的一些权利，前提是黎巴嫩必须保证叙利亚获取该河全部流量的 65%。

1997—2002 年，在世界银行和国际农业发展基金资助下，

黎巴嫩实行了“农业基础设施发展项目”，项目主要内容为将5600hm^{2}土地改造成梯田，以达到保持水土和增加农业产量的目的，从而使得农民增收和环境优化。

（二）水国际协议

1976年，黎巴嫩与地中海沿岸国家共同签订了《巴塞罗那协定》。该协定规定成员国每两年就如何减少地中海的污染问题举行一次会议讨论。2008年，在西班牙阿尔梅里亚（Almerfa）举行的第十五次会议上，与会的21国签订了在地中海岸线100m范围内禁止任何开发活动的协定。

（唐忠辉，樊霖）

马来西亚

一、自然经济概况

（一）自然地理

马来西亚位于东南亚，地处太平洋和印度洋之间，全境被南中国海分成东马和西马两部分。国土面积约 33.0 万 km^2，其中，西马 13.2 万 km^2，东马 19.8 万 km^2。西马为马来亚地区，位于马来半岛南部，北与泰国接壤，西濒马六甲海峡，东临南中国海；东马为沙捞越地区和沙巴地区的合称，位于婆罗洲北部，与印度尼西亚、菲律宾、文莱相邻。全国海岸线总长为 4192km，陆地边界长为 2669km。

马来西亚属热带雨林气候。终年高温多雨，白天平均气温为 31～33℃，夜间平均气温为 23～28℃，高原地区的夜间气温可低至 16～18℃。每年 10 月至次年 3 月刮东北季风，为雨季，降雨较多；4—9 月刮西南季风，为旱季，降雨较少。马来西亚降水较丰富，多年平均降水量为 2875mm，折合水量为 9497 亿 m^3。在 12 月至次年 2 月东北季风和 5—8 月西南季风季节雨量较集中，特别是东北季风季节。马来西亚蒸发量约为降水量的 39%，达到 3700 亿 m^3，空气湿度达 80%。

马来西亚分为 13 个州和 3 个联邦直辖区。首都是吉隆坡（Kuala Lumpur）。

2017 年，马来西亚人口为 3110.5 万人，人口密度为 94.7 人/km^2，城市化率 75.4%。马来人 69.1%，华人 23%，印度人 6.9%，其他种族 1.0%。马来语为国语，通用英语，华语使用较广泛。伊斯兰教为国教，其他宗教有佛教、印度教和基督教等。

2017 年，马来西亚可耕地面积为 84.5 万 hm^2，永久农作物

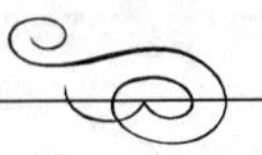

面积为 746 万 hm^2，永久草地和牧场面积为 28.5 万 hm^2，森林面积为 2221 万 hm^2。

（二）经济

马来西亚早年间经济以农业为主，20 世纪 70 年代以来不断调整产业结构，大力推行出口导向型经济，电子业、制造业、建筑业和服务业发展迅速。农业以经济作物为主，主要有油棕、橡胶、热带水果等。粮食自给率约为 70%。渔业以近海捕捞为主，近年来深海捕捞和养殖业有所发展。政府鼓励以本国原料为主的加工工业，重点发展电子、汽车、钢铁、石油化工和纺织品等。矿业以锡、石油和天然气开采为主。服务业是国民经济发展的支柱性行业之一，是就业人数最多的产业。其中旅游业是国家第三大经济支柱，主要旅游点有吉隆坡、云顶、槟城、马六甲、兰卡威、刁曼岛、热浪岛、邦咯岛等。

2017 年，马来西亚 GDP 为 3189.6 亿美元，人均 GDP 为 10254 美元。GDP 构成中，农业占 9%，采矿、制造和公用事业占 34%，建筑业占 5%，交通运输业占 9%，批发、零售和旅馆业占 19%，其他占 24%。

2017 年，马来西亚谷物产量 297t，人均约为 96kg。

二、水资源状况

（一）水资源

1. 水资源量

2017 年，马来西亚境内地下水资源量和地表水资源量分别为 640 亿 m^3 和 5660 亿 m^3，扣除重复计算的水资源量（500 亿 m^3），实际水资源总量达到了 5800 亿 m^3（表 1）。人均实际水资源量为 18341m^3。

表 1　　马来西亚水资源量统计简表

序号	项　目	单位	数量	备注
①	境内地表水资源量	亿 m^3	5660	
②	境内地下水资源量	亿 m^3	640	

续表

序号	项　目	单位	数量	备注
③	重复计算的资源量	亿 m^3	500	
④	境内水资源总量	亿 m^3	5800	④=①+②-③
⑤	境外流入的实际水资源量	亿 m^3	0	
⑥	实际水资源总量	亿 m^3	5800	⑥=④+⑤
⑦	人均境内水资源量	m^3/人	18341	
⑧	人均实际水资源量	m^3/人	18341	

资料来源：FAO统计数据库，http：//www.fao.org/nr/water/aquastat/data/query/index.html。

2. **河流**

马来西亚河流众多，大约有150多条江河组成的密集河流网，流经马来西亚半岛。其中，最长河流是彭亨河，长为434km，流域面积为29137km²，注入南海。第二大河是霹雳河，长为405km，流域面积为14892km²，注入马六甲海峡。其他主要河流有吉兰丹河、吉打河、穆达河和巴生河等（表2）。

表2　马来西亚主要河流的长度和流域统计简表

序号	河流	长度/km	流域面积/km²
1	彭亨（Pahang）河	434	29137
2	霹雳（Perak）河	405	14892
3	吉兰丹（Kelantan）河	280	12691
4	吉打（Kedah）河	100	2920
5	穆达（Muda）河	203	4302
6	巴生（Kelang）河	120	1288

资料来源：FAO《2011年世界各国水资源评论》。

3. **湖泊**

马来西亚半岛西海岸地势较低，从而形成许多湖泊沼泽。位于彭亨州的百乐（Lake Bera）湖面积为61.5km²，就是受地势影响形成的沼泽湖泊。

（二）水能资源

根据《2013年世界能源调查》统计，马来西亚技术可开发的水能蕴藏量为1230亿kWh/年。其中，马来西亚半岛的技术可开发量为160亿kWh/年；大部分水能资源位于东马，沙捞越州和沙巴州的理论水能资源蕴藏量分别为870亿kWh/年和200亿kWh/年。

三、水资源开发利用

（一）开发利用与水资源配置

1. 坝和水库

截至2009年，马来西亚共有大坝56座，其中超过15m的大坝有32座。据FAO资料报告，库容较大的大坝有苏丹马哈茂德、天孟莪、柏都、巴塘爱及贝里斯大坝等，库容量分别136亿m^3、60.5亿m^3、10.5亿m^3、7.5亿m^3、1.2亿m^3（见表3）。这些大坝分别承担着灌溉、供水、防洪、发电及其他功能。例如，苏丹马哈茂德大坝主要承担防洪和发电功能，柏都大坝承担灌溉功能，打苏大坝则承担灌溉、供水和防洪功能。

表3　马来西亚的主要大坝的统计概况

序号	大坝名称	大坝深度/m	水资源容量/万m^3	灌溉	供水	防洪	发电
1	武吉美拉（Bukit Merah）	9.1	7498	x	x		
2	贞德罗（Chenderoh）湖	48	95				x
3	巴生盖茨（Klang Gates）	—	2510.4		x		
4	蒲莱山（Gunung Pulai）	—	—				
5	柏都（Pedu）	61	104780	x			
6	天孟莪（Temenggor）	127	605000				x
7	苏丹马哈茂德（Sultan Mahmud）	150	1360000			x	x
8	阿纳恩达乌（Anak Endau）	18	3800	x	x		

续表

序号	大坝名称	大坝深度/m	水资源容量/万 m^3	灌溉	供水	防洪	发电
9	蓬蒂（Pontian）	15.5	4000	x	x		
10	巴塘爱（Batang Ai）	110	75000				x
11	峇都（Batu）	44	3660		x	x	
12	彼咯（Bekok）	20.3	3200		x	x	
13	打苏（Timah Tasoh）	17.3	4000	x	x	x	
14	高（Pergau）		—				x
15	贝里斯（Beris）	40	12240	x	x	x	

资料来源：FAO《2011年世界各国水资源评论》。“—”和“x”分别表示未统计和承担此方面功能。

2. 供用水情况

据FAO统计，2005年马来西亚全国总用水量为132.1亿 m^3，其中农业用水为45.2亿 m^3，工业用水为47.88亿 m^3，居民生活用水为39.02亿 m^3，分别占34%、36%及30%。人均年取水量为 $419m^3$。2008年，几乎100%的人口实现了饮水安全，其中城市地区和农村地区分别为100%和99%。

（二）洪水管理

1. 洪灾情况

由于降水分布不均衡，马来西亚既面临水资源短缺，同时很多地方又面临着洪水的威胁。另外，导致下游地区发生频繁和影响大的洪涝灾害的原因，除了在一定时间内降水量过大之外，还有人类过度开发以及河流的高淤积率严重影响了排水能力。

马来西亚主要有两类洪水事件：①发生在3—5月和9月的过渡期，一般历时仅数小时、影响范围较小，是局部性的；②历时数天、影响范围大的地区性洪水，一般发生在彭亨河、丁加奴河、霹雳河、柔佛河和吉兰丹河的河谷和平原。

洪水发生分布的流域特征为：流入南海的东岸各河流，在东北季风季节经常发生洪水，其他河流不经常发生；在一些较小较陡河

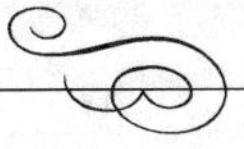

流，常发生历时较短的山洪，如首都吉隆坡和森美兰州的河流。

在2001年4月、10月和2003年6月吉隆坡蒙受了重大的洪水损失，造成6万人死亡，7.5万多人无家可归。每年的雨季常因洪水泛滥，给首都吉隆坡的社会经济发展带来了众多不利影响。

2. 防洪工程体系

马来西亚精明隧道计划是马来西亚首都吉隆坡的一项巨型防洪计划工程。隧道全长达9.7km，是东南亚最长以及亚洲第二长的隧道。隧道由两个部分组成，即洪水隧道与机动车隧道，这不仅解决了吉隆坡水灾问题，而且疏解了隆芙大道及新街场路通往市区的交通阻塞问题。

除了隧道之外，马来西亚的大坝也是防洪工程体系的一部分。例如，苏丹马哈茂德、打苏、贝里斯等大坝都具有防洪功能（表3）。

3. 其他防洪措施

马来西亚控制洪水的其他主要措施有：改善河流系统，增加河水渗入，开挖池塘、蓄水池等。另外，制定了洪水预警与动态抢险预案、加强防灾规范制订、完善防洪标准。

（三）水力发电

1. 水电开发程度

马来西亚半岛已开发的水能资源量占技术可开发总量的25%以上，而沙捞越州和沙巴州尚有95%的技术可开发量未被开发。马来西亚制定了国家水电发展计划，沙捞越州优先发展和开发水电等可再生能源，马来西亚半岛将继续开发水电和完善现有水电站的升级改造。

2. 水电装机及发电量情况

2011年，马来西亚水力发电装机容量为191万kW，其中有32座装机超过1万kW。实际发电量为73.34亿kWh，约占马来西亚总发电量的10%。

3. 水电站建设概况

马来西亚投入使用的水电站主要有巴贡水电站、胡鲁电站、沐若水电站、肯逸湖水电站及卡拉扬水电站等（表4）。巴贡水

电站位于马来西亚沙捞越州，装机容量达到 40 万 kW，总库容为 440 亿 m^3。胡鲁水电站位于马来西亚登嘉楼州西部的肯逸湖上游的登嘉楼河上，总装机容量为 25 万 kW，库区面积为 6979 万 m^2。沐若水电站地处马来西亚沙捞越州，坝址位于拉让（Rajang）河流域源头沐若河上，装机容量约 94.4 万 kW，坝址控制流域面积约为 2750km^2，总库容 120.43 亿 m^3，调节库容 54.75 亿 m^3。

表 4　　　　马来西亚主要水电站的统计简表

水电站	投运年份	坝高 /m	装机容量 /万 kW
巴贡（Bakun）	2010	205	40
肯逸湖（Kenyir）	1985	155	40
卡拉扬（Kuala Yong）	1991	70	60
胡鲁（Huru）	2014	78	25
沐若（Murum）	2013	—	94.4

资料来源：FAO《2011 年世界各国水资源评论》。

据《2013 年世界能源调查》统计，马来西亚在建水电站装机容量为 334.4 万 kW。沙捞越州致力于开发可再生能源，主要承担该国中心地区的开发和促进该州经济增长，其核心任务包括开发 2800 万 kW 的水电装机容量，电力产能将用于满足农村地区及能源密集型产业的需求。

（四）灌溉与排水

为了完善发展灌溉设施来提高灌溉能力，马来西亚制定了相应的经济发展计划和政策。在第一和第二个马来西亚计划中（1956—1960 年和 1961—1965 年），分别有约 16.8%和 23.2%的农业总预算用于灌排设施建设。第三个马来西亚计划（1966—1970 年）实施的灌溉计划，提供充足的预算以确保完善灌溉设施。尽管后面执行的第二到第五个马来西亚计划，预算有所下降，但是在第六到第八个马来西亚计划，灌溉排水预算进一步提高，并在这个时期确立了灌溉现代化项目。灌溉现代化是马来西亚今后加强灌溉服务主要工作的重要一步。主要从完善系统基础设施、完善田间基础设施、完善水管理、土地联合、加速耕地机械化、农业改良、加强农民组织和环境管理这八个方面来实现灌溉现代化，提高用水效率和利用率。

1994 年，马来西亚有超过 932 个灌区，占地为 34 万 hm^2，包含 8 个占地 21 万 hm^2 的大型粮食产区（灌区），74 个占地 3 万 hm^2 的小型粮食产区（灌区）和 850 个占地约为 10 万 hm^2 的非粮食产区。92％的装备排灌设施的土地利用地表水灌溉，剩下 8％的土地利用地下水灌溉。马来西亚半岛有 76％的土地广泛装备了灌排设施，而东马仅有 14％的土地能够得到灌溉。

此外，马来西亚也重视完善排水设施。1994 年，马来西亚总的排水面积为 94.06 万 hm^2。大约有 60 万 hm^2 用于油棕种植，使用小农户公共经费维护。大部分的灌区灌溉方案提供独立的排水系统。

四、水资源保护与可持续发展状况

（一）水体污染情况

随着社会经济发展，水质污染已成为马来西亚河流管理的主要问题。据 FAO 资料统计，在 1992—1998 年随机调查的河流中，受到严重污染河流的比例从 8.1％增长到 13％，轻度污染的河流比例基本在 50％～60％左右（表 5)。2006 年马来西亚环保部报告显示，在统计的 18956 家水污染源中，污水处理厂、制造业、动物农场、农产品加工厂分别占 47.79％、45.07％、4.58％、2.56％。

表 5　1992—1998 年马来西亚河流的污染调查情况　％

污染程度	1992 年	1993 年	1994 年	1995 年	1996 年	1997 年	1998 年
严重	8.1	9.5	12.1	12.2	11.2	21.4	13
轻度	63.2	62.9	55.2	46.1	52.6	58.1	59
清洁	28.7	27.6	32.7	41.7	63.2	20.5	28

资料来源：FAO 数据库，http：//www.fao.org/docrep/004/ab776e/ab776e02.html。

马来西亚许多城市河流水质污染，主要与污染物排放、森林砍伐、集水区恶化、管理制度不合理和法律不健全等因素有关。例如，在巴生河流域，由于土方开挖和森林砍伐，导致大量泥沙进入水体，加之一些固体废物、未经处理的污水和工商业废水进入水体，共同造成该流域水质下降的现象。另外，据统计 97% 的供水来自河流，因此河流水质状况不佳将严重影响供水。

（二）水质评价与监测

马来西亚环境部负责水质评价与检测管理工作。从 1978 年起环境部首次建立了一套监测与评价河流水质体系，后续职能扩展到探测污染源上，旨在掌握河流水质的现状和污染变化状况。在马来西亚的 140 多个河谷中，设有水质监测站 1082 个。

（三）水污染治理

面对严重水污染的状况，马来西亚政府采取应对措施进行治理。从职能上，联邦、州和地方三级政府均参与河流管理。城市河流主要由地方政府（如直辖市或市政厅）管理。为促进河流水质改善，各级政府都制定了相关政策。在马来西亚第 8 个五年计划期间（2001—2005 年），联邦政府适时提出政策和远景规划来改善河流水质，在污染防治和水质改善上取得明显的成效。另外，法律是治理马来西亚环境问题的主要方式。

五、水资源管理

马来西亚联邦、州和地方 3 级政府均参与河流管理。为有效地进行河流管理，政府明文支持和实施水资源综合管理和流域综合管理，以改善河流和地下水水质。联邦政府主要进行宏观管理，将水资源的初始财产权赋予各州，由各州具体实施。州政府对河流和水体拥有管辖权；地方政府（如直辖市或市政厅）主要对城市河流进行管理。

在联邦政府管理层面，马来西亚水资源规划、发展和管理由多个政府机构执行：

（1）农业部的灌溉和农业排水部门。负责灌溉发展的计划、

实施和操作及全国的排水和防洪工程。

(2) 自然资源和环境部的灌溉和排水局。负责防洪减灾、河流和海岸管理、水文、城市排水和大坝相关工作，执行污染源的排放标准。

(3) 住房部。负责实施污水渠工程的法规和标准。

(4) 工程部的公共工程局。负责计划、实施和操作城市供水项目。

(5) 卫生部。主要负责监测自来水处理厂水源的水质以及饮用水管网的水质标准。

(6) 穆达农业发展机构。主要负责灌溉系统改造和扩展工作。

六、水法规与水政策

(一) 水法规

马来西亚于1920年制定了《水法》。

马来西亚1974年颁布《环境质量法》，包括三个水质管理的附属法案:《环境质量法（毛棕榈油条款）》(1977)、《环境质量法（天然生胶条款）》(1978)、《环境质量法（生活污水和工业废水条款）》(1979)，比较成功地把水污染限制在一定的程度。

除此之外，有100多项法规与水资源的开发利用有关。其中20多项法规直接与水资源开发有关，如《水条例》《供水条例》《灌溉地区条例》《排水工程条例》《国家土地法规》《水土保持法》和《环境质量法》。

(二) 水政策

关于水权，马来西亚制定了相应的政策和措施。在20世纪90年代初，马来西亚几个政府部门出台了水务和卫生部门私有化的政策。第一个BOT协议是在1992年由柔佛州政府和马来西亚一个股份合资公司签署（法国一个公司享有一小部分股份）的协议。之后在沙巴州、蓬安、吉隆坡、吉打州等地陆续签署了一系列合同。

2002年，马来西亚地方政府第一次将水务供应完全私有化，

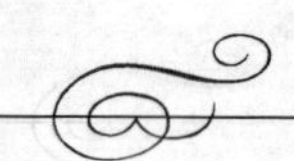

将整个供应网络的资产全部出售。在马来西亚南部的柔佛州，水处理和配水所私有化之后，2001年水价上涨了40%，2003年又上涨了30%，而州主管部门允许的涨价幅度为三年不超过30%。

2006年，马来西亚议会通过宪法修正案，将各州的供水和水管理权收为联邦所有。这次改革创造了一个更加现代化的供水部门，包括一个独立的监管机构、一个资产控股公司和一个商业化的国有供水公司。

七、国际合作情况

马来西亚参与国际水事活动主要体现在与新加坡的水事合作。2001年，马来西亚与新加坡达成了一个水资源框架协议，达成的共识是马来西亚保证在原先协议2061年到期之后继续向新加坡供水。

另外，1977年2月，马来西亚、印度尼西亚和新加坡在吉隆坡签订了《关于马六甲海峡安全航行的协定》。

（严婷婷，方浩）

蒙　古

一、自然经济概况

（一）自然地理

蒙古全称蒙古国，是位于亚洲中部的内陆国家，地处蒙古高原，东、南、西三面与中国接壤，北面同俄罗斯的西伯利亚为邻。蒙古国土面积约为156.65万km^2，边境线长为8161km，其中与俄罗斯边境线长3485km，与中国的边境线长约4700km。蒙古的西部、北部和中部多为山地，东部为丘陵平原，南部是戈壁沙漠。蒙古是水资源短缺国家，70%以上的土地面积存在不同程度的荒漠化。蒙古地处内陆，属典型的温带大陆性气候，季节变化明显，冬季长，常有大风雪；夏季短，昼夜温差大；春、秋两季短促。每年有一半以上时间为大陆高气压笼罩，形成了世界上最强大的蒙古高气压中心，为亚洲季风气候区冬季"寒潮"的发源地之一。多年平均年降水量为241mm，其中70%集中在7—8月。蒙古除首都乌兰巴托（Ulaanbaatar）外，全国还划有21个省。2017年，蒙古人口为311.38万人，人口密度为2人/km^2，城市化率68.4%。全国人口以喀尔喀蒙古族为主，约占全国人口的80%。2017年，蒙古可耕地面积为56.7万hm^2，永久农作物面积为0.5万hm^2，永久草地和牧场面积为11042.9万hm^2，森林面积为1245.55万hm^2。主要种植区在中部偏北地区，包括色楞格省、布尔干省等省的部分地区。

（二）经济

蒙古曾长期实行计划经济，1991年开始向市场经济过渡。2017年，蒙古GDP为114.3亿美元，人均GDP为3670美元。GDP构成中，农业占11%，采矿、制造和公用事业占38%，建

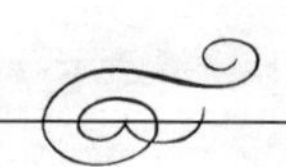

筑业占4%，交通运输业占7%，批发、零售和旅馆业占13%，其他占27%。蒙古以畜牧业和采矿业为主，地下资源丰富，现已探明的有铜、钼、金、银等80多种矿产；畜牧业是蒙古传统的经济部门，也是国民经济的基础，素有“畜牧业王国”之称；近些年，蒙古的旅游业也有所发展。

蒙古同132个国家和地区有贸易关系，主要贸易伙伴为中国、俄罗斯、欧盟、加拿大、美国、日本、韩国等。出口主要有矿产品、纺织品和畜产品等；进口主要有矿产品、机器设备、食品等。2010年外贸总额61.77亿美元，其中进口32.78亿美元、出口28.99亿美元。

二、水资源状况

（一）水资源

1. 降雨量

蒙古的年降水量较低，多年平均年降雨量约为241mm，北部最高可达400mm，而南部的戈壁区域降雨量则小于100mm。降雨量中大约90%因土壤蒸发而损失，在剩下的10%中，37%的降水渗入土壤，63%成为地表径流。此外，约95%的地表径流流出蒙古，故只有大约6%的年降水量转变为地表水体的可用水资源。

2. 水资源量

根据联合国粮农组织统计，蒙古境内地表水资源量为327亿m^3，境内地下水资源量61亿m^3，扣除重复计算的水资源量40亿m^3后，实际水资源总量为348亿m^3。融雪占到了年径流量的15%～20%。

3. 河川径流

蒙古境内有4113条河流，河流总长6.7万km，平均年径流量为390亿m^3，其中88%为内流河。蒙古境内河流分属北冰洋流域、太平洋流域和中亚内陆流域三大流域，按经济和环境属性，三大流域又分为8个主要区域性流域。

蒙古主要河流有色楞格（Selenge）河、鄂尔浑（Orkhon）

河、克鲁伦（Kherlen）河、扎布汗（Zavkhan）河等。

（1）色楞格河。发源于蒙古境内库苏古尔（Hovsgol）湖以南，由伊德尔（Ider）河和木伦（Moron）河汇合而成。该河流向东北与鄂尔浑河汇合于苏赫巴托尔（Sukhbaater），以下才称为色楞格河，继续北流入俄罗斯境内转向东，注入贝加尔（Baykal）湖。色楞格河长为1480km，从河口到苏赫巴托尔以上，5—10月河水解冻期可以通航。44.8万km^2的流域中包括鄂尔浑河、哈努伊（Hanuy）河、额吉（Egiyn）河等在蒙古境内的支流和俄罗斯领土上的支流。水流湍急，河床落差为720m，流经蒙古重要的农牧经济地区。

（2）鄂尔浑河。该河流发源于杭爱山脉，位于蒙古中部偏北地区，河流整体都在蒙古境内。它向东流出山区，然后转向北，在苏赫巴托尔汇入色楞格河。鄂尔浑河全长1124km，7—8月可通航吃水浅的拖船，流域面积约为13.29万km^2。主要支流有土拉（Tuul）河、哈拉（Haraa）河和友鲁（Yoroo）河，它们都发源于肯特山脉，而且都从右侧注入鄂尔浑河。由于雨量不稳定、冬季酷寒，所以沿鄂尔浑河的农业只能维持基本粮作。

（3）克鲁伦河。该河是亚洲中部河流，发源于蒙古肯特山东麓，在中游乌兰恩格尔西端进入中国境内，最终东流注入呼伦湖。全长为1264km，在中国境内206km。流域面积为7153km^2，两岸为半荒漠的低山围绕，地表径流不发育，河谷宽约35km，河宽为60～70m。两岸沼泽湿地多，较高的阶地上生长着优良牧草，牧业发达。

（4）扎布汗河。该河是蒙古西北部内陆河，位于大湖盆地。源于杭爱山，沿扎布汗地沟西流，接受哈拉湖和哈拉乌斯湖水，注入吉尔吉斯湖。扎布汗河长为808km，流域面积为7.1万km^2。春汛期与夏季水量大，多用于灌溉。经济中心在上游，有扎布哈朗特市。

（5）其他的主要河流。土拉河全长704km，为鄂尔浑河的主要支流；厚乌德（Hovd）河全长为593km，源于蒙古阿尔泰山脉北部，注入哈尔乌苏（Khar - Us）湖；鄂乌（Eruu）河全

长为323km；嗅弄（Onon）河全长为298km，流域面积为9.40万km^2；卡哈拉（Kharaa）河，全长为291km，注入鄂尔浑河。

4. **湖泊**

蒙古有大约3060个天然湖泊，湖泊水资源总量达1800亿m^3。蒙古的西部湖泊较多，有最大咸水湖乌布苏（Uvs）湖、最大淡水湖哈尔乌苏（Khar－Us）湖，还有吉尔吉斯（Hyargas）湖、库苏古尔（Khuvsgul）湖等。

乌布苏湖，海拔为760.0m，是蒙古水体面积最大的湖泊（面积为3518.3km^2），东北部属俄罗斯图瓦共和国。该湖属咸水湖，是古代巨大盐湖的残余部分。

哈尔乌苏湖，又译为哈拉乌斯湖，意为“黑水湖”，是位于蒙古国科布多省的一个淡水湖，由泰诺哈拉依赫河连接西部的哈尔（Har）湖，为额尔齐斯（Irtysh）河河源之一。湖区面积为1852km^2，其中水面约为1500km^2，主要支流为科布多（Hovd）河。

库苏古尔湖。靠近蒙古和俄罗斯边界，水域总面积为2770km^2，一共有大小96条河流汇入湖中，湖水储量为383.7亿m^3，是蒙古重要的淡水储备（约占全部淡水储量的74%）。该湖水经蒙古最大的河流色楞格河，汇入到俄罗斯的贝加尔湖，最深处可达262.4m。

部分主要天然湖泊的水面面积、容积和平均水深见表1。

表1　蒙古主要天然湖泊特征值

湖泊名称	海拔/m	水面面积/km^2	容积/亿m^3	平均水深/m
库苏古尔	1647.6	2770.0	383.7	138.5
乌布苏	760.0	3518.3	35.7	10.1
卡尔加斯	1035.3	1481.1	75.2	50.7
哈尔乌苏	1160.1	1495.6	3.1	2.1
库尔	1134.1	565.2	2.3	4.1

资料来源：FAO关于蒙古的报告，2011，http://www.fao.org/aquastat/en/countries-and-basins/country-profiles/country/MNG。

(二) 水资源分布

1. 国际河流

蒙古没有境外流入的水资源。

2. 水能资源

根据2010年世界能源调查的估计，蒙古理论水能资源蕴藏量为每年562亿kWh，技术上可开发的约为220亿kWh。

三、水资源开发利用

(一) 水利发展历程

作为一个内陆国家，蒙古很早便注重水资源的利用，其主要利用形式是农田灌溉。蒙古最早的灌溉可追溯到公元1世纪，7—8世纪的时候蒙古的灌溉面积已高达14万hm^2。19世纪末，随着中国“移民”的到来，蒙古引进了新的灌溉技术，大部分的传统灌溉技术被摒弃，人们开始在大河上发展小灌渠自流技术。现代的灌溉技术发展始于20世纪50年代，1955年，蒙古制定了第一个现代灌溉方案。从1971年开始，蒙古开始在西部省区先后修建了一系列小型灌溉项目。

(二) 开发利用与供用水情况

1. 坝和水库

相关资料显示，蒙古有4座大型大坝运行，其中3座为堆石坝，分别为哈亚（Haya）坝（坝高33m）、比季（Bityi）坝（坝高17m）和瓦伦图伦坝（坝高15m），还有1座大型土坝——扎尔嘎兰特坝，坝高15m。所有大坝的总库容约为1100万m^3。此外，蒙古还有一些较小的土石坝，约建有27个土坝用来储水并为喷灌系统提供水源。

2. 供用水情况

根据联合国粮农组织统计，2009年，蒙古总用水量约为6亿m^3，其中2.52亿m^3为农业用水（含牲畜用水），占42%；0.48亿m^3为城市生活用水，占8%；1.68亿m^3为工业用水，占28%。总用水量中的82%来自地下水。

蒙古人均耗水量很低。研究表明，生活在大城市、省中心和

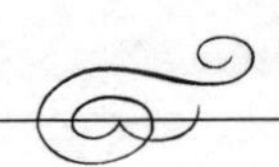

大居民区圆顶帐篷中的人口平均耗水量每人每天大约 10L，远远达不到卫生要求。

（三）洪水管理

蒙古的洪水灾害大多发生在雨季，中北部地区易发洪水。从 1940 年起，蒙古发生了很多次大洪水，造成了严重的财产损失和人员伤亡。1996—1999 年发生了 18 次洪水，导致了 54 人死亡以及大量的财产损失。2009 年 7 月，由于连降暴雨，蒙古首都乌兰巴托及周边地区近日遭遇近 40 年来最为严重的洪水灾害，洪灾造成至少 23 人死亡，成千上万的房屋被毁。

由于平均降雨量少，特别是在蒙古的沙漠草原区，干旱很常见。这也导致了蒙古对干旱的关注要远远大于对洪水的重视程度。目前，蒙古并没有完善、系统的洪水防范措施，发生洪水时，社区缺乏预警系统的利用，而且公众的防洪意识方面也存在较大差距。

（四）水力发电

蒙古的水能资源较少，煤炭资源丰富，故蒙古的电能资源主要来源于火力发电。目前，在运行中的水电总装机容量只有 3.4MW，2003 年水电发电量为 410 万 kWh，占全国发电量的 0.13%，所有水电站均为国营。

（五）灌溉排水

根据联合国粮农组织统计数据，2017 年蒙古耕地面积为 51.8 万 hm^2，配备灌溉设施的面积为 5.67 万 hm^2，收获的灌溉作物总面积为 3.38 万 hm^2，配备灌溉的耕种面积百分比为 15.27%。

四、水资源保护与可持续发展状况

（一）水资源及水生态环境保护

蒙古政府认识到，水资源保护对于经济的长期发展非常重要。为此，2000 年成立了协调监督水资源计划实施情况的国家水资源委员会，蒙古议会通过了 20 多项保护环境的法律。此外，

蒙古国教育文化及科学部将环境教育计划纳入学校课程中。

（二）水污染治理与可持续发展

造成蒙古水污染的原因主要有以下几个方面：①随着城市化和采矿业的不断发展，对相关的生态系统带来了巨大的影响，引起地表和地下水资源的大量污染；②过度使用地下水资源导致地下水位下降，带来了一些泉水、湖泊及其相关的生态系统枯竭，间接造成了水污染；③未经处理的污水直接排入坑内，污染了地下水。

据统计，水污染和卫生设施的缺乏使得蒙古每年有约 10000 例腹泻发生。近年来，蒙古政府采取了一系列措施，加大对河湖水资源保护和水污染治理的力度：①通过制定符合国情的水资源管理政策和水制度，从宏观层面加强对水资源的利用和保护；②通过发展先进节水技术和水污染处理技术，改善水资源短缺和水环境恶化等问题；③加强全社会环保意识，并通过积极的国际合作，来实现水资源的可持续利用。此外，为了合理利用和有效保护水资源、减少水污染以及提高人们饮用水的卫生标准，蒙古政府将 2003 年定为蒙古的“水年”，旨在加大保护水源和节约用水意义的宣传力度，提高全民的节水和保水意识。

五、水资源管理

（一）管理模式

蒙古的水资源管理体制比较简单，属于中央与地方政府垂直管理的单一模式。在中央，涉及水资源管理的相关部委各自负责所在部门的水管理职责。地方一级的相应机构承担所在地的水资源管理职责。

（二）管理体制、机构及职能

在蒙古，管理农业和水资源发展的主要机构是食品、农业与轻工业部和环境部。

食品、农业与轻工业部主要负责农村供水，该部下设的战略规划和政策局主要负责水政策和制度的设计。环境部负责水资源

中的节约用水问题，在环境部下设有水文气象环境监控局、自然森林水资源局，在自然森林水资源局下设有水研究中心。

2000 年，为了协调和监督国家水利规划，蒙古成立了国家水委员会，主要负责协调涉及水资源的相关部委和地方政府。

此外，蒙古基础设施开发部负责供水工程开发；水文气象研究院负责地表水的水文调查；蒙古科学院的地质生态研究院负责调查水问题等。蒙古没有河流流域管理的综合性机构。

六、水法与水政策

（一）水法规

蒙古与水相关的主要法律制定情况如下：

（1）1992 年宪法第六条规定，水资源是国家主权和国家保护的一部分，属于国家财产。

（2）《联合国气候变化框架公约》和拉姆萨尔湿地公约分别于 1993 年和 1997 年得到了蒙古议会的批准，并各于 1994 年和 1997 年开始生效。

（3）1995 年 4 月 13 日，蒙古通过了《水法》，于 1995 年 6 月 5 日开始生效，法令规定了对蒙古水资源的合理使用、保护和恢复等方面的内容。

（4）1995 年，颁布了关于水资源使用费的相关法规，对公民、企业和其他机构使用水资源费用进行了规定。

（5）其他与水资源相关的法律还有《环境保护法》（颁布于 1995 年）、《环境影响因素评估法》（颁布于 1998 年）等。

此外，21 世纪蒙古行动计划、国家水计划以及关于气候变化的国家行动计划也分别于 1998 年、1999 年和 2000 年得到批准。

（二）水政策

1. 水价制度

蒙古用水价格表和定价政策是分散的，地方管理部门被赋予制订和修订水价的全部权力。然而，虽然蒙古政府对于贫困人口等弱势群体的利益和社会需求给予了优先权，但是由于水价制度

规定不完善，目前的水价定价方案反而对富裕者更有利，消耗量少的低收入者反而水费高。

2. 用水许可

在蒙古，用水需要签订用水合同，经国家颁发用水许可证后，个人、企业单位、机关等才有权用水，所有用水许可证都在国家水信息库登记。

七、国际合作情况

蒙古有较多的内陆河，但是仍有约 210 条河流穿过蒙古边境流入俄罗斯和中国。为此，蒙古与水有关的国际条约主要涉及俄罗斯和中国。

(1) 1994 年 4 月 29 日，蒙古和中国就贝尔（Buyr）湖、克鲁伦河、布尔干（Bulgan）河和喀尔喀河以及靠近中国边界的 87 个小湖和河流签订了跨界水资源保护协议。

(2) 1995 年 2 月 11 日，以蒙古西部的 100 多条河流、溪流和湖泊为重点（如阿穆尔河、叶尼塞河、贝加尔湖等）与俄罗斯签订了保护跨界水资源协议。

（任金政，樊霖）

孟加拉国

一、自然经济概况

（一）自然地理

孟加拉国全称孟加拉人民共和国，位于南亚次大陆东北部。东、西、北三面与印度毗邻，东南与缅甸接壤，南濒临孟加拉湾。国土面积 14.76 万 km^2，海岸线长为 550km。孟加拉国全境 85％的地区为平原，东南部和东北部为丘陵地带。孟加拉国是世界上河流最稠密的国家之一，全国有大小河流 230 多条，内河航运线总长约为 6000km，全国约有 50 万～60 万个池塘。孟加拉国大部分地区属亚热带季风型气候，湿热多雨。全年分为冬季（11 月至次年 2 月），夏季（3—6 月）和雨季（7—10 月）。年平均气温为 26.5℃，雨季平均温度 30℃。孟加拉国全国划分 7 个行政区，下设 64 个县，472 个分县，4490 个乡，其中首都为达卡（Dacca）。2017 年，孟加拉国人口为 15967.06 万人，人口密度为 1226.6 人/km^2，城市化率 35.9％。孟加拉族占全国总人口 98％，另有 20 多个少数民族。孟加拉语为国语，英语为官方语言。2017 年，孟加拉国可耕地面积为 769.7 万 hm^2，永久农作物面积为 89 万 hm^2，永久草地和牧场面积为 60 万 hm^2，森林面积为 142.64 万 hm^2。

（二）经济

孟加拉国是不发达国家之一，国民经济主要依靠农业。近年来，孟加拉国政府主张实行市场经济，推行私有化政策，改善投资环境，大力吸引外国投资，积极创建出口加工区，优先发展农业。2017 年，孟加拉国 GDP 为 2620.8 亿美元，人均 GDP 为 1641 美元。GDP 构成中，农业占 14％，采矿、制造和公用事业占 22％，建筑业占 8％，交通运输业占 10％，批发、零售和旅

馆业占 14%，其他占 32%。

二、水资源概况

（一）水资源

1. 降雨量

孟加拉国大约 80%的降水发生在 6—9 月的季风期间，15%的雨量发生在 3—6 月的夏季，多年平均降雨量是 2666mm，折合水量为 3958 亿 m^3，其中降雨量最高的东北地区为 5690mm、最低的西北地区为 1110mm。夏季降雨一般为强度高、历时短的暴雨。季风季节的暴风雨天气一般会延续数日，随后就是一段时间连绵不断的降雨。

孟加拉国年平均湖泊蒸发大约 1040mm，大约占年平均降雨量的 45%。最大蒸发发生在夏季的 3—5 月（尤其是 4 月），东部的蒸发率比西部和西北部小。

2. 水资源量

根据联合国粮农组织统计，孟加拉国境内地表水资源量 839.1 亿 m^3，境内地下水资源量 210.9 亿 m^3，境内水资源总量为 1050 亿 m^3。境外流入的实际水资源量为 11220 亿 m^3，实际水资源总量为 12270 亿 m^3。人均境内实际水资源量为 640.24m^3；考虑境外流入的水资源，人均实际水资源量 7479.27m^3（表 1）。

表 1　孟加拉国水资源量统计简表

序号	项　　目	数量
①	境内地表水资源量/亿 m^3	839.1
②	境内地下水资源量/亿 m^3	210.9
③	境内水资源总量/亿 m^3	1050
④	境外流入的实际水资源量/亿 m^3	11220
⑤	实际水资源总量/亿 m^3	12270
⑥	2011 年人口/万人	16400
⑦	人均境内实际水资源量/(m^3/人)	640.24
⑧	人均实际水资源量/(m^3/人)	7479.27

资料来源：FAO《2010 年世界各国水资源评论》。

3. **河川径流**

孟加拉国坐落在恒（Ganga）河、布拉马普特拉（Brahmaputra）河和梅克那河三大河流以及它们的支流组成的冲积平原上，三大河流贯穿孟加拉国，注入孟加拉湾。这三条河流均是国际河流，其中恒河和梅克那（Meghna）河流经印度，布拉马普特拉河流经中国、印度。

（1）布拉马普特拉河。该河发源于中国西藏，上游为雅鲁藏布江。支流蒂斯塔（Tiesta）河发源于扬全。布拉马普特拉河全长为2580km，流域面积为58万km^2。布拉马普特拉河在巴哈杜拉巴德（Bahadurabad）观测站的年径流量估计为6140亿m^3，最大泥沙含量为1.18g/L，年输沙量估计为7.35亿t。

（2）恒河。该河几条重要支流发源于尼泊尔，流经印度，进入孟加拉国。恒河全长为2527km。恒河在哈丁（Hardinae）桥观测站的最大流量为6.1万m^3/s，最小流量为1170m^3/s，年平均流量为11610m^3/s，年平均径流量为6380亿m^3。在哈丁桥测站的最高含沙量为2.959g/L，年平均含沙量约1.31g/L，年输沙量4.8亿t。

（3）梅格那河。该河上游称巴拉克（Barak）河，与布拉马普特拉河汇合后，称梅格那河，入海口分4个主要河道流入孟加拉湾。梅格那河全长950km，在孟加拉国境内长550km。梅格那河的流域面积为64700km^2，在与布拉马普特拉河汇合口处的流域面积为80200km^2，其中36200km^2在孟加拉国境内。梅格那河年平均流量为3515m^3/s，年径流量可达1110亿m^3。

布拉马普特拉河、恒河和梅格那河的主要特征见表2。

表2　　孟加拉国主要河流概况

特征	布拉马普特拉河（巴哈杜拉巴德测站）	恒河（哈丁桥测站）	梅格那河（派罗布巴扎尔测站）
流域面积/km^2	580000（在孟加拉国境内47000）	976200（在孟加拉国境内38800）	80200（在孟加拉国境内36200）

续表

特 征	布拉马普特拉河（巴哈杜拉巴德测站）	恒河（哈丁桥测站）	梅格那河（派罗布巴扎尔测站）
长度 /km	2580（从河源到恒河汇合口）	2527（从河源到孟加拉湾）	950（从河源到孟加拉湾）
年降雨量 /mm	全流域 2125（在孟加拉国境内 1750～2250）	全流域 1250（在孟加拉国境内 1500～2120）	全流域 3500（在孟加拉国境内 2000～3000）
最大记录洪水 /(m^3/s)	76600（1970 年 7 月 28 日）	73200（1941 年 9 月 1 日）	14800（1966 年 7 月 13 日）
年平均流量 /(m^3/s)	19200	11610	3515
年平均径流量 /亿 m^3	6140	6380	1110
年输沙量 /亿 t	7.35	4.8	—

资料来源：《各国水概况》，1990 年。

4. **湖泊**

孟加拉国比较大的湖泊有巴嘎凯恩（Bagakain）湖、德汉蒙德（Dhanmondi）湖、佛依（Foy's）湖、开普泰（Kaptai）湖和曼德好赫布普（Madhobpur）湖。

德汉蒙德湖位于孟加拉国达卡的德汉蒙德居住区。该湖最初是卡万巴扎（Karwan Bazar）河一个死河道，1956 年德汉蒙德被开发为一个居住区，约有 16％湖水面积被保留下来。

佛依湖是一个位于孟加拉国吉大港的人造湖，1924 年通过在吉大港北部山区建一个大坝而形成，其最初目的是为建造铁路的人们提供水源。

开普泰湖是位丁孟加拉国东南部的人造湖。该湖因建造位于卡纳普利（Karnaphuli）河上的开普泰大坝而形成，湖水平均水深为 30m，最大水深为 150m，湖水面积约为 680km²。

5. **地下水**

孟加拉国地下水资源丰富，地下水位深度为0～12m，平均为4m。雨季过后，很多地方的地下水位与地面同高。除南部沿海地区外，大部分地区都可直接抽用地下水，其中，农村供水主要靠手动水泵抽取地下水。

（二）水能资源

根据《2010年世界能源调查》统计，孟加拉国理论水能资源量约为40亿kWh/年，技术上可开发约20亿kWh/年，经济上可开发的约为10亿kWh/年。

三、水资源开发利用

（一）水利发展历程

孟加拉国是典型的潮湿气候三角洲地区，水资源开发的特点是主要河流均为国际河流。1955年以前，孟加拉国几乎没有大型的水利工程。1956—1957年联合国组成技术考察团，研究孟加拉国的水资源利用问题。在国际组织的帮助下，20世纪60年代后孟加拉国开发了一些水库和大坝。之后，孟加拉国制订了一系列水资源开发的长期综合发展规划，主要包括疏浚河流、完善农田水利灌溉设施、扩大利用地表水和地下水的灌溉面积、防止海水侵入、发展水电、改善通航河道等方面内容。

（二）开发利用与水资源配置

1. **坝和水库**

截至2007年，孟加拉国只有一个名为卡纳富利（Karnafuli）的多功能大坝，坐落在兰加马蒂（Rangamati）山区的开普泰，详见表3。坝顶高程为36m，总开挖土方11.34万m^3。水坝总集水面积1.1万km^2，坝址处多年平均年径流量148亿m^3。设计最高蓄水高度为33.2m，水面面积为777km^2，总库容65亿m^3；死库容蓄水高度为23.2m，库容14.5亿m^3；防洪最大库容10亿m^3。

表 3　　孟加拉国大坝建设情况

大坝名称	完成年份	所在河流	类型	功能	坝高/m	坝长/m	库容/亿 m^3	装机容量/MW
卡纳富利	1961	卡纳富利	土坝	发电、灌溉、防洪	45.7	670.6	65	230

资料来源：《2007 年国际水力发电和大坝建设年鉴》。

2. 供用水情况

2008 年，孟加拉国总用水量约为 358.7 亿 m^3，其中 315.0 亿 m^3 为农业用水，占 88%；36.0 亿 m^3 为家庭用水，占 10%；7.7 亿 m^3 为工业用水，占 2%。年人均用水量为 230m^3，总用水量中的 79%（284.8 亿 m^3）来自地下水，21%（73.9 亿 m^3）来自地表水。根据世界卫生组织的研究报告，2004 年，孟加拉国卫生设施覆盖率为 39%。

在孟加拉国，供排水服务主要由三个不同的机构来执行。在首都达卡和大城市吉大港（Chittagong），达卡供水和排污局、吉大港供水和排污局为家庭、工业和商业部门提供供水、排污和排水等服务。在其他城市，其市政部门负责所在地的供水、排污和排水。公共卫生工程局负责处理城市区域和农村地区的供用水系统开发。

（三）洪水管理

1. 洪灾情况与损失

孟加拉国有近 15 万 km^2 的国土在洪泛平原和由恒河、布拉马普特拉河、木耳纳河以及众多支流形成的三角洲平原上。特殊的地理位置和气候环境使得孟加拉国成为世界上洪水灾害最频繁的地方，境内几乎每年都有洪水灾害发生。历史上较大的洪水灾害记录包括：1944 年发生的特大洪水淹死、饿死 300 万人；1970 年 11 月孟加拉湾风暴潮，夺去 30 万人的生命、使 100 万人无家可归；1988 年的洪水灾害淹没 1/3 以上的国土，使得 300 多万栋房屋、5000 万人受灾；1991 年沿海地区遭受强台风袭击后，全国 64 个县中的 16 个县沦为灾区，受灾居民达 1000 万人，

死亡人数13.8万人，经济损失达30亿美元；2007年的洪水灾害造成了约千人死亡。

2. **防洪工程体系**

为防治洪水灾害，孟加拉国修建了一系列的防洪基础设施。

（1）海岸堤防工程。该工程是孟加拉国最大的工程之一，工程包括沿河岸和海岸筑堤、泄水口设翻板闸门挡潮。工程可保护138万hm^2沿海肥沃土地在洪水季节不受海水和洪水淹没。

（2）卡纳富利水电工程。工程位于吉大港的卡纳富利河上，库区总库容为65亿m^3，对吉大港地区防洪和发电效益均十分显著，在季风和多雨季节，水库可降低30%的洪峰流量。

（3）布拉马普特拉防洪堤。工程位于孟加拉国北部布拉马普特拉河右岸和蒂斯塔河右岸，堤长为217km，工程防洪和排水面积达23.5万km^2。

3. **防洪非工程措施**

1991年联合国开发计划署亚太经社理事会帮助孟加拉国利用遥感和GIS技术实施洪泛区制图和洪水监测。目前，孟加拉国有多套卫星地面接收设备，能够实时接受美国和日本提供的气象卫星遥感图像，并配备有交互式的数字图像处理系统。利用这些设备得到的信息，可以对整个流域内的降雨等气象状况作出估计。除此之外，孟加拉国还通过洪水保险等经济手段来管理洪水灾害，引导和增强人们的洪水风险管理意识。

4. **洪水灾害管理体系**

食品与灾害管理部是孟加拉国灾害管理的核心机构，下设灾害管理局、救助与安置理事会和食品总局三个具体执行机构。消防与民防局、武装部队灾害应急中心、孟加拉国气象局、洪水预报与预警中心、孟加拉国警察总局、快速行动营和飓风防备计划处等部门对食品和灾害管理部工作加以配合和支持。此外，空间研究与遥感组织、孟加拉国地理测量局、环境与地理信息体系中心、水资源计划组织、孟加拉国工程技术大学等则在多方面与食品和灾害管理部开展合作；各级地方政府以及中央政府的驻地方专员在灾害管理中也发挥着非常重要的作用。

（四）水力发电

孟加拉国土地平坦，水能资源不丰富。目前的主要水电站是位于吉大港地区卡纳富利河上建的装机容量为 80MW 的水电站。1995 年，孟加拉国所有发电厂的装机容量大约为 2907MW，其中约 230MW 是水力发电。2005 年年底孟加拉国水电装机容量仍维持在 230MW，年发电量约为 8 亿 kWh。2007—2009 年的水力发电呈逐步增加趋势，年度水力发电量分别为 13.92 亿 kWh、14.74 亿 kWh 和 15.52 亿 kWh。

（五）灌溉排水

2008 年孟加拉国的土地灌溉面积 505 万 hm^2，达到耕地面积的 60%，灌溉用水中 21%来自地表水，79%来自地下水，耕地面积的 17%装备有灌溉排水系统。

1. 灌溉排水发展情况

20 世纪 60 年代，孟加拉国开始采用移动式泵抽取河水的方式发展灌溉促进农业生产，1961—1965 年灌溉面积为 50 万 hm^2，到 1975 年用水泵和机井灌溉的总面积约 51.6 万 hm^2，到 1985 年发展到 207.3 万 hm^2。之后的灌溉工程快速发展，2008 年的灌溉面积达到 504.98 万 hm^2。

2. 灌溉与排水技术

孟加拉国的灌溉系统可分三类：引河水工程、低扬程灌溉工程以及地下水灌溉工程。

引河水工程一般都有灌溉、防洪和排水等多重效益，如恒河-柯巴达克工程、达卡-那拉扬贡-达姆拉工程等。低扬程灌溉工程主要从河流、渠道、洼地或水池中抽水灌溉。地下水灌溉工程主要采用管井方式灌溉，管井有深管井、浅管井和手动泵管井等三种。据统计，孟加拉国利用大型引河工程灌溉的面积约占总灌溉面积的 4.7%，用深管井灌溉的面积约占总灌溉面积的 11.4%，用浅管井灌溉的面积约占 2.8%，低扬程灌溉工程灌溉的面积约占 45.8%，用传统的方法灌溉的面积约占 33.7%。

四、水资源保护

（一）水体污染情况

根据孟加拉国国家水政策开展的水质评价，全国水质状况尤其是农村地区的水质总体较差。许多地表水受到生活垃圾和工业废水污染，人口增长和工业发展进一步加剧了水质恶化。目前，世界卫生组织估计仍有7000万的孟加拉国居民饮用水砷超标，3000万居民饮用水中砷超过了50mg/L。

（二）水污染治理

首都达卡供水和污水处理局是全国唯一的污水处理机构，机构设有一个日均处理能力12万m^3的污水处理厂，但污水处理系统仅覆盖30%的城市居民，尚有1/3的污水未经任何处理排放。

五、水资源管理

（一）管理模式

孟加拉国的水资源管理体制属于中央和地方相结合的管理模式。国家经济委员会作为水资源管理的最高机构，主要负责与水相关法律政策的制定等，具体管理工作由国家水资源委员会负责，水资源委员会由动力、水资源和防洪部等10多个部委和专家、代表共同组成。水资源部是国家水资源委员会的主要执行部门。

（二）管理体制、机构及职能

根据国家水管理计划，孟加拉国主要涉水管理部门包括：

（1）水资源委员会，成立于1972年，主要职责是：为水利工程建设、控制洪水和预防水资源遭盐碱化侵蚀制订计划；控制所有的河流、渠道和地下水资源的流量；为施工、维护灌溉、路堤、排水工程设定标准。

（2）水资源规划组织，成立于1992年，主要职能是：制订水资源发展规划；协助开展水资源调查；执行政府要求的其他

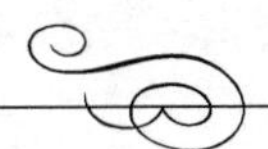

责任。

(3) 水资源部负责水力资源的开发、水利设施的总体协调、水资源的管理、涉水政策的制定等。

(4) 农业部主要负责农业灌溉项目建设和实施。

(5) 农村发展与合作部主要负责农村区域和城市（达卡和吉大港除外）的用水供应。

(6) 警察局负责颁发挖井许可证。

(7) 环境保护部落实涉及水方面的环保法律。

此外，水资源部下属的国际河流委员会主要负责跨境河流的协调。地方政府工程局负责相对较小的水利建设项目，超过 $10km^2$ 的工程项目由水资源开发委员负责。孟加拉国首都投资局负责达卡地区的涉水市政建设。

六、水法与水政策

孟加拉国主要涉水法律、政策制度如下：

(1) 蓄水池改善法案（Tanks Improvement Act）规定，为了提高水库水质条件，对于管理不善遭到破坏或停止使用的蓄水池，税款征收者有权勒令相关管理部门对其进行改进。

(2) 水资源规划法案（Water Resources Planning Act）规定，政府要在官方报纸上刊载通告，建立法人团体性质的水资源规划委员会。

(3) 1985 年制定的地下水管理条例（Ground Water Management Ordinance）规定，未经警察局许可，禁止在任何地方设置修建管井。

(4) 国家水管理计划是孟加拉国水资源开发和利用的总体规划，计划的主要任务是为水资源短期、中期、长期相关行动计划提供指导。

七、国际合作情况

(一) 参与国际水事活动的情况

孟加拉国是联合国成员国，参与联合国环境计划署、联合国

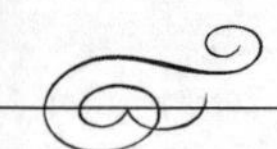

教科文组织、联合国粮农组织、世界银行、世界贸易组织、亚太经社会以及经济合作与发展组织等机构的有关水环境活动。孟加拉国参加的国际水机构有国际灌溉排水委员会、国际大坝委员会、全球水伙伴等。

（二）与水有关的国际条约

（1）1972 年 3 月 19 日，就国际河流开发问题与印度签订友好、合作和和平条约，两国商定为促进在防洪、河流开发、发电、灌溉方面合作，成立联合河流委员会，研究共有河流最优开发方案。

（2）1982 年 10 月 7 日，孟加拉国和印度就法拉卡地区恒河水流的分配达成谅解备忘录。

（3）1983 年 7 月 20 日，印度和孟加拉国就共享提斯塔（Tista）河流量达成一致意见，决定提斯塔河 36%的流量划归孟加拉国，39%的流量划归印度，剩下的 25%留待以后分配。

（4）1996 年 12 月 12 日，孟加拉国和印度达成法拉卡地区恒河分配协定。

（任金政，方浩）

缅　甸

一、自然经济概况

（一）自然地理

缅甸全称缅甸联邦共和国，位于中南半岛西北部，其西北与印度和孟加拉国接壤，东北与中国为邻，东南与老挝、泰国毗邻，西南濒临孟加拉湾和安达曼（Andaman）海。缅甸国土面积为67.658万km^2，海岸线长为3200km。

缅甸地势北高南低，以山地、高原和丘陵为主，大河的中、下游均为平原，山川呈南北走向。北部高山区海拔为3000m以上，东北部为掸邦（Shan）高原，介于西部山地和高原之间的伊洛瓦底江（Irrawaddy River）平原，是国内经济最发达的地区。沿海地区属季风型热带雨林气候带，北部属季风型亚热带森林气候带。全年分三季：3—5月为暑季、6—10月为雨季，11—12月为凉季。1月气温最低，平均气温为－25℃；4月最热，平均气温为25～30℃。海拔1000m以上山区3月偶有霜冻，海拔3000m以上山地和掸邦高原以北每年约有两个月降雪，其余大部分地区全年均为植物生长期。

全国分七个省、七个邦和一个联邦区，联邦区即首都内比都（Nay Pyi Taw）。2017年，缅甸人口约为5338.26万人，人口密度为81.7人/km^2，城市化率为30.3%。据联合国粮农组织资料，2017年，可耕地面积为1106.2万hm^2，永久作物面积为151万hm^2，永久草地和牧场面积为29.9万hm^2，森林面积为2849.46万hm^2。

（二）经济

缅甸经济以农业为主，积极发展工业和旅游业。2017年，

GDP为613.9亿美元，人均GDP约1150美元，其中农业增加值占国内生产总值的23%，主要农作物有水稻、小麦、玉米、花生、芝麻、棉花、豆类、甘蔗、油棕、烟草和黄麻等，畜牧业中的渔业也比较发达；工业增加值占国内生产总值的30%，主要工业有石油和天然气开采、小型机械制造、纺织、印染、碾米、木材加工、制糖、造纸、化肥和制药等；宜人的气候、秀美的自然风光，使缅甸的旅游业也比较发达。对外贸易方面，主要的贸易伙伴有泰国、中国、新加坡和印度等，主要出口天然气、大米、玉米、各种豆类、水产品、橡胶、皮革、矿产品、木材、珍珠、宝石等商品，主要进口燃油、工业原料、化工产品、机械设备、零配件、五金产品和消费品等商品，2018—2019财年缅甸对外贸易额为350.2亿美元，其中出口169.6亿美元，进口180.6亿美元。

二、水资源状况

（一）水资源

1. 降水量

缅甸境内降水丰富，多年平均降雨量约为2091mm。阿拉干（Arakan）海岸和丹那沙林（Ternasserim）海岸附近山地的年降水量高达3000～5000mm。伊洛瓦底江三角洲和北部为2000～3100mm，伊洛瓦底（Ayeyarwady）江中游平原降水量最少为500～1000mm。缅甸降水多为暴雨，即使少雨季节也有倾盆大雨。3月降水量最多，12月至次年3月为少雨的旱季。

2. 河川径流

缅甸是一个水资源丰富的国家，其中河川径流占比非常高，境内的江河均顺地势自北向南流入海。根据地势和区位可以分为6个主要流域，伊洛瓦底江（Ayeyarwady river）流域、萨尔温江（Salween river）流域、锡唐河（Sittaung river）流域、湄公河（Mekong river）流域、莱可汗（Rakhine coastal）流域和塔南他一（Tanintharyi）流域，主要河流有伊洛瓦底江、萨尔温江、锡唐河、勃固（Pegu ）河、勃生（Bassein ）河、

丹那沙林（Tenasserim）河、加功丹（Kaladan）河及莱茂（Lemro）河。

3. 天然湖泊

缅甸境内有2个主要的天然湖泊。最大的莱茵（Rhine）湖位于缅甸北部掸邦高原的良瑞盆地上，距离掸邦首府东枝（Taunggyi）约30km，是缅甸的高原湖泊，平均海拔在1300m左右，湖的南北长为24km，东西宽为13km，最大湖水面积达155km^2。第二大湖是英多儿（Indawgyi）湖也是东南亚最大的天然湖泊之一，该湖位于克钦（Kachin）邦的蒙茵（Mohnyin）镇，湖的南北长为22km，东西宽为11km。

（二）水资源分布

1. 分区分布

根据农业部的资料，缅甸多年平均降水量约为1.415万亿m^3，境内地表水资源量为0.992万亿m^3，境内地下水资源量为0.454万亿m^3，扣除水重复计算水资源量后，境内水资源总量为1.003万亿m^3。境外流入的实际水资源量为0.165万亿m^3，缅甸实际水资源总量为1.168万亿m^3。2017年，人均境内水资源量为1.879万m^3；考虑境外流入的水资源，人均实际水资源量为2.189万m^3。

2. 国际河流

缅甸主要的国际河流有伊洛瓦底江江、萨尔温江、湄公河。

伊洛瓦底江。该河流是流经中国、缅甸的国际河流，虽不是缅甸的第一长河，但却是缅甸最重要的河流，其上源分两支，即恩梅开（NmaiHka）江和迈立开（Mali Hka）江，在缅甸密支那（Myitkyina）以北会合后称伊洛瓦底江。该河南流与其最大支流亲敦（Chindwin）江汇合后（此处的地势平坦，平原最宽可达160km），继续南流注入印度洋的安达曼（Andaman）海，全长约为2288km，流域面积为42.093km^2，占全国面积的58%。主要支流亲敦江，多急流瀑布，蕴藏丰富的水能资源。它流经的中部平原及下游（第悦茂以下）三角洲是缅甸最富庶的地区，有灌溉和航运之利。由于每年有约3亿t的泥沙倾泻海内，

所以三角洲向外伸延的速度是惊人的，据测量，平均每年向海洋扩展 66m 左右。

萨尔温江。该河流为东南亚大河和缅甸最长河流，是流经中国、缅甸、泰国的国际河流。河流源于中国青藏高原唐古拉山南麓，称为那曲（Nagqu）。离开源头后改称怒江，南流经藏、滇入缅甸，始称萨尔温江。入缅后依次接纳了左岸的南定河、南卡江，右岸的南登（Teng）河、邦（Pawn）河等支流；干流纵穿缅甸东部，深切掸邦高原及南北向纵列山谷，谷深流急，是典型山地河流；下游部分河段为缅、泰界河；在毛淡棉（Moulmein）附近，分西、南两支入安达曼海的莫塔马（Moktama）湾，并在河口处两支流间形成比卢（Bilugyun）岛。河长 1660km（不含中国境内 1540km），流量受热带季风气候影响，年内变化大。流域面积 20.5 万 km^2（不含中国境内 12 万 km^2），占全国面积的占 18.4%。每年 6—10 月为雨季，河水暴涨，干湿季水位差为 15～30m。河口处年均流量为 8000m^3/s。全河水力资源丰富，因主要流经山地，不利航行，成为东西交通的巨大障碍。湍急的河水可浮运森林原木，是缅甸运送柚木的重要水道。毛淡棉以下是广阔肥沃的河口三角洲，人口密聚，农业发达，是缅甸重要产稻区。

湄公河。该河是世界第六大河流，是流经中国、老挝、缅甸、泰国、柬埔寨和越南的国际河流。总长约 4350km，主干流总长度为 2139km，其中老挝与缅甸界河为 234km，缅甸境内的流域面积为 2.4 万 km^2，占全国面积的 4.2%。

3. **水能资源**

根据《2010 年世界能源调查》统计，2008 年年底缅甸总的潜在发电量约为 3480 亿 kWh/年，技术上可行的潜在发电量约为 1300 亿 kWh/年。

缅甸利用水力发电潜力很大，据西方国家和国际组织勘测，缅甸蕴藏水力的装机容量为 1800 万 kW。2008 年 9 月，时任缅甸第一电力部长佐民上校称，缅甸蕴藏水力装机容量约 5000 万 kW。

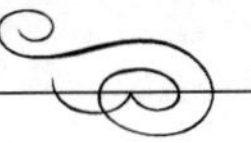

三、水资源开发利用

(一) 开发利用与供用水情况

1. 坝和水库

缅甸主要的大坝和水库见表1。缅甸的大坝主要建设在水资源丰富的伊洛瓦底江上，大坝的高度都不太高［没有超过100m以上的大坝，最高的金达（Kinda）大坝高72m］，大坝类型主要是土坝和堆石坝。大坝大都是多用途的，除了水力发电外，还有防洪和灌溉等目的。

表1　　缅甸的主要大坝和水库

大坝名称	建成年份	坝高/m	库容/亿 m^3	装机容量/万kW	作用
皎漂（Gyobyu）	1940	41	0.75	—	—
金达（Kinda）	1989/1990	72	10.7738	5.6	渔业、水电、灌溉
莱瓦（Laiva）	1994/1995	25.9	0.0215	0.018	灌溉、水电
莫拜（Mobye）	1971	26	8.26852	—	—
西达瓦依（Sedawgyi）	1987/1988	37.49	4.479	2.5	多目标
泰番夕（Thaphanse－ik）	2000/2001	32.92	35.5189	3	灌溉、水电
昭济（Zawgyi）	1997/1998	44.2	6.3868	1.2	灌溉、水电
科泰克（Kataik）	2007	71	0.7		

2. 供用水情况

根据农业部的统计资料，2000年，缅甸总用水量约为332.25亿 m^3，其中农业用水295.70亿 m^3，占89%；工业取水量3.32亿 m^3，占1%；市政取水量33.23亿 m^3，占10%。年人均用水量为704.9 m^3，总用水量中的91%（302.4亿 m^3）来自地表水，9%（29.9亿 m^3）来自地下水。

(二) 洪水管理

缅甸丰富的水资源和特殊的气候条件，使得尼泊尔洪水灾害

几乎年年发生，尤其是暴雨所引起的洪涝灾害和强风暴所引起的风暴潮。2008 年 5 月的热带风暴引起的洪水灾害导致的死亡人数超过 2.2 万人，超过 4 万人失踪。重灾区博葛礼已有逾 1 万人死亡，95%屋子被摧毁，19 万人无家可归。美国宇航局卫星图片显示，缅甸西南部沿海平原完全被水淹没。联合国则称，受灾人口约 2400 万人，接近全国一半人口。

为应对自然灾害，缅甸采取了以下措施包括：①实施工程措施（堤防、分洪道、水库）与非工程措施（例如早期警报，合理的土地利用规划，划定特大洪水期间人、畜转移地带等）来防洪；②加强军队领导下的灾害救援行动；③制定洪水灾后紧急重建计划。为此，缅甸军政府成立了以自然灾害管理委员会为中心的管理机构，负责对洪水等自然灾害的全面救援行动。此外，水利部门通过建设大坝、国家气象局和水文部门则通过提供气象水文预报等措施来加强洪水风险的应对。

（三）水力发电

1. 水电装机及发电量情况

缅甸的水力发电量占总发电量的 74%。世界能源委员会对缅甸境内的 4 条主要河流伊洛瓦底河，萨尔温江，钦敦江和西汤河的水电潜能进行了评估——约为 1 亿 kW，但是目前只开发利用了不到 10%。2013 年 7 月，缅甸联邦共和国电力部表示目前总装机容量为 373.5 万 kW。

2. 各类水电站建设概况

2013 年，缅甸联邦共和国电力部宣布已授权在缅甸掸邦、克伦尼（Karenni）邦和克伦（Karen）邦境内的萨尔温江上修建 6 座大坝。这些电站的总装机容量达到 1546 万 kW，包括 140 万 kW 的滚弄（Kunlong）水电站、700 万 kW 的塔桑（Tasang）水电站、联合装机容量 120 万 kW 的弄帕（Nong Pha）和曼吞（Man Tung）水电站、450 万 kW 的育瓦迪（Ywathit）水电站、136 万 kW 的哈希（Hatgyi）水电站。相关投资来自 5 家中国企业、泰国国际电力有限公司以及 3 家缅甸企业。此外，缅甸还有大约总装机 200 万 kW 的一批电站正在建设中，包括位于邦朗河

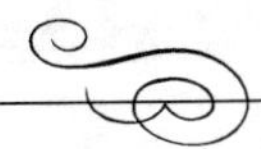

14 万 kW 的邦朗（Paunglaung）水电站、位于伯鲁桥河 5.4 万 kW 的伯鲁桥（Baluchaung）3 号水电站以及位于米坦格（Myitnge）河 28 万 kW 的上耶涯（Upper Yeywa）水电站。缅甸有许多开发中的水电站，但直到 2014 年 12 月才得到世界银行国际开发协会的 1 亿美元贷款，部分贷款将用于水电基础设施项目的可行性研究。截至 2017 年，缅甸已建有 15 座水电站。

3. **水电的管理与小水电**

缅甸的水电管理分属不同的部门，主要涉及市政管理局、灌溉局和电力公司，其中建设较早的水电站由市政管理当局和灌溉局来负责，新建的大型水电站由专门的电力公司负责管理。

《2016 年世界小水电发展报告》显示，缅甸的小水电潜力为 19.7 万 kW，总装机容量约为 3.4 万 kW。在偏远地区约有 30 多座超小型水电站运行，这些边境山区的居民可利用水电资源来提高农村和偏远社区的社会和经济水平。

(四) 灌溉与排水

据联合国粮农组织资料，缅甸的灌溉面积呈增长趋势，从 20 世纪 70 年代的 104 万 hm^2 增长到 2006 年的 277.5 万 hm^2。2016 年，缅甸潜在的灌溉面积为 1050 万 hm^2。为此，缅甸灌溉局已经建设了将近 200 个灌溉工程项目。

1. **灌溉情况**

缅甸的灌溉主要采取传统的堰、池塘、大坝等方式实行。自 20 世纪 80 年代起，一些新的灌溉方式如从水井或河水中泵抽水灌溉开始在缅甸运用。此外，风车、水车、运水车等方式也在运用。2000 年，灌溉面积 184.1 万 hm^2 中的 31%是灌渠灌溉（其中 57%由政府管理、43%由农民管理）、11%是池塘水灌溉（其中 93%由政府管理、7%由农民管理）、46%是泵抽水方式灌溉、4%是管道井方式灌溉、8%的其他方式灌溉。泵抽水方式灌溉的水源主要来自伊洛瓦底江、亲敦江和锡唐河。不过，电能的有限使得泵抽方式不能快速发展。2006 年的灌溉面积约为 277.5 万 hm^2。

缅甸的灌溉水源主要来自于地表水，约占全部灌溉的 90%

以上。不过，缅甸也有丰富的地下水资源，这些水资源的开发主要为市政供水和灌溉蔬菜以及高附加值农产品所用。2004年，地下水灌溉面积达10万hm^2，主要灌溉小麦、水稻、棉花、豆类作物。地下水中的77%采用柴油机泵抽、15%采用电力泵抽、8%采用自流井的方式。

缅甸的灌溉管理主要有公共和私人两种方式。政府系统管理了约53%的堰塘系统和81%的坝和池塘系统（几乎所有的大坝和超过6100万的池塘）。机井和泵抽系统主要由私人管理，虽然以前的农业部也为这些机井的建设提供了很多帮助。农民负责对私人拥有的灌溉系统进行管理、运营和维护、修理，不过灌溉局和水资源利用局也为农民提供技术和资金支持。

2. 排水情况

缅甸的伊洛瓦底江三角洲和位于沿海的部分区域容易遭受洪水和盐碱的侵害，因此这些区域的防洪堤坝和排水工程非常受关注。1995年，约有19.336万hm^2耕地配备有地表排水系统。

四、水资源与水生态环境保护

水环境的主要问题之一是沉降，出现在河流下游地区，主要是大坝所带来的负面影响。在河流上游地区的采矿和森林砍伐导致了严重的侵蚀问题，河流携带的泥沙减少了水库的容量，并且使下游地区的河床抬高，导致洪水的发生和航行的不便。政府正在重点实施梯田种植系统、减少轮垦的方式来保护植被系统。

工业的发展和人口密度的增加加重了河水污染，1998年，缅甸有机水污染物的排放为4479kg/d，平均每人每天的排放为0.09g。在这些排放物中，原料金属占11.4%，纸类占6.8%，化学品占29.6%，食品饮料类占18.5%，石头、陶瓷、玻璃类占1.5%，纺织品占3.9%，木材占27.1%，其他占1.2%。为了避免污染，人们需要仔细地管理地下水的抽取工作。

五、水资源管理

（一）管理机构及其职能

目前，农业与灌溉部是负责与水资源相关的主要管理部门。

农业与灌溉部是1996年在原农业部基础上改建的，目的是强调灌溉在农业发展中的重要性，以下是水资源的主要管理机构：①水资源利用局，主要负责地下水的管理（灌溉和农村用水）、泵抽灌溉以及发展喷灌和局域灌溉；②灌溉局，主要负责与地表水使用有关的事项，主要包括运营和维护灌溉工程，新工程计划的建立，建议工程方案的调查、设计和实施；③结算和土地记录局，主要负责统计农业数据和土地数据；④农业规划局，主要负责规划、控制和评价所有的农业工程项目，包括灌溉和排水项目。

通信、邮递和电报部下属的气象与水文局主要负责收集水文和气象数据。水力发电的监管则由电力部下属的缅甸电力公司负责。

此外，用水协会和用水组织也在水资源管理中扮演重要角色，他们在灌溉工程运营中的功能更加突出。

（二）用水管理

灌溉局负责维修和运营主要的灌溉设施，例如主要大坝、核心水利枢纽、重要的灌渠等。农民则负责维修和运营一些终端灌溉设施，例如田间沟渠和排水道等。为保证农业用水效率的提高和水源的充足性，农业与灌溉部采取了5项措施：①新建水库和大坝；②改造现存的大坝以提高储水量和灌溉效率；③地势较高地区的溪流水存储起来用于灌溉；④采用泵抽的方式从河流和溪流中灌溉；⑤有效利用地下水。在联合国经济社会组织亚太处和联合国粮农组织的协助下，缅甸灌溉局设立了全国性的用水协调组织，负责公共和私人部门的全国性水资源管理。

六、水法规与水政策

（一）水法规

缅甸没有一部涵盖水资源各方面的单独法律。不过，缅甸仍有多部法律的相关条款与水相关。这些法律条款的主要内容如下：

缅甸1905年11号法案是有关灌溉、渠道航运及排水工程的

法令。它授权政府为益目的利用和管理天然河道和湖泊的水，负责整个或部分灌溉、排水、防洪、水土保持方面的工程管理和维修。

缅甸 1947 年 9 月 2 日通过的宪法第 310 条 1 款规定“所有土地的最终所有者是国家”，所有自然资源，包括地上及地下的水也属国家所有。宪法第 42 条第 2 款说明，由国家、地方机构或人民合作组织制定开发自然资源的政策。

缅甸土地国有法案（1953）的颁布，所有的土地归国家所有。不过，农户是根据惯例可以从土地使用权中获益。

缅甸当局于 2006 年制定颁布了《资源与河流保护法》，之后又于 2012 年颁布了《环境保护法》，把水资源的开发纳入法制轨道。

（二）水价制度

灌溉部门对运用重力作用的灌溉系统和从大坝获取水资源的系统收费很低，以至于不能收回基本的维护成本，导致维护和修理设施的主要资金通过年度预算由政府支付。

水资源利用部管辖下的泵抽灌溉用水的收费要明显高于从大坝灌溉系统用水的收费。稻米耕作生产中通过大坝灌溉系统的收费比电力式和柴油式河流泵抽系统的水价偏低很多。不过，低价位水费也导致农民不注意节约水资源。

七、国际合作情况

（一）参与国际水事活动的情况

缅甸参加国际灌溉排水委员会、国际大坝委员会、全球水伙伴等国际水机构。

（二）与水有关的国际条约

1995 年 4 月 5 日，由柬埔寨、老挝、泰国和越南 4 国共同协定成立了湄公河委员会，并签署了湄公河流域可持续发展合作协议（Agreement on the Cooperation for the Sustainable Development of the Mekong River Basin），四方同意共同管理共享的

水资源并且共同开发河流的潜在价值。湄公河委员会是建立在50年的了解和经验的基础之上的，始于1957年联合国建立的湄公委员会。1996年，中国和缅甸成了该委员会的对话伙伴国，所有国家在一个合作框架下共事。

（任金政，代婉黎）

尼 泊 尔

一、自然经济概况

（一）自然地理

尼泊尔，全称尼泊尔联邦民主共和国，是喜马拉雅山脉中的一个内陆国家，北面与中国西藏毗邻，东、西、南与印度接壤。国土面积为14.72万km^2，国境线全长为2400km。境内大部分地区山坡陡峭，境内山地占全国面积的3/4以上，海拔900m以上的土地约占全国总面积1/2，素有“山国”之称。

尼泊尔地势北高南低，北部横贯着喜马拉雅山脉，中部为岭谷交错的山地，南部是起伏不大的一条狭长平原。尼泊尔气候因地势而异。全国分北部高山、中部温带和南部亚热带三个气候区。一般说来，北部高山终年寒冷，中部山区与河谷气候温和，南部平原则常年炎热。

2019年，尼泊尔总人口约为2900万人，城镇化率为63%。据FAO统计，2011年尼泊尔可耕地面积为211.4万hm^2，永久作物面积为21.2万hm^2，两项合计为耕作面积，共计232.6万hm^2，占总国土面积的15.8%。

（二）经济

尼泊尔为农业国家，80%的人口以农业为主，经济比较落后，是世界上最不发达的国家之一。农业方面，主要农作物有稻谷、玉米、小麦，经济作物主要是甘蔗、油料、烟草等；尼泊尔工业基础薄弱、规模较小，主要有制糖、纺织、皮革制鞋、食品加工等；宜人的气候、秀美的自然风光，使尼泊尔拥有丰富的旅游资源。20世纪90年代起，尼泊尔开始实行以市场为主导的自由经济政策，但由于政局多变和基础设施薄弱，收效不明显，公

共预算支出的1/4来自外国捐赠和贷款。2018年，尼泊尔国内生产总值为290.40亿美元，人均国内生产总值1033.9美元，国内生产总值增长率为6.7%。主要产业在GDP中的比重为：农业25.3%，工业（包括制造业）18.5%，各类服务业51.4%。

二、水资源状况

（一）水资源

1. 降水量

尼泊尔多年平均降水量为2208亿m^3，主要有2个雨季：一个在夏季的6—9月，西南季风带来了整年大约75%的降雨；另一个在冬季，带来其余的降雨。夏季雨水量及时间自东往西呈现下降趋势。

2. 河川径流

尼泊尔有6000多条河流，其特点是水流湍急，水能资源丰富。河流大都发源于中国的西藏，几乎所有河流都是自北向南奔流而下，注入印度恒（Ganga）河。

尼泊尔的河流分属5个流域，从西到东分别是：①马哈加利（Mahakali）河流，是与印度共有的国际边界河流，从印度一方支流汇入的年平均水量约150亿m^3，尼泊尔境内支流流入的年平均水量约为34亿m^3；②卡尔纳利（Karnali）河流域，年平均流量约为439亿m^3；③纳拉亚尼（Narayani）河流域，年平均流量约为507亿m^3；④科西（Kosi）河流域，年平均流量估计约为472亿m^3；⑤南部诸河流，年平均流量约为650亿m^3。

3. 地下水

粗略地估计地下水资源量相当于地表水资源量的10%，即多年平均地下水资源量约为200亿m^3，这相当于河川基本径流。尼泊尔地下水有很好的开发潜能，尤其是在南部特拉伊（Terai）低地平原和丘陵山地间的平原地区。特拉伊的大部分地区和西瓦克里（Siwalik）山谷的部分地区下面有或深或浅的蓄水层，许多蓄水层适合开采作为灌溉用水。

4. 大然湖泊

尼泊尔境内拥有众多湖泊，国家湖泊保护发展委员会的报告指出，尼泊尔共有5358个湖泊（包括2323个冰川湖），是拥有世界上海拔最高湖泊较多的国家之一，其中主要的湖泊如下：

（1）拉拉（Rara）湖。该湖是尼泊尔最大的湖泊，位于尼泊尔最西部卡纳里（Karnali）专区的姆咕（Mugu）县，平均海拔约为3060m。湖水平均表面积约为8～9.5km^2，最大积水面积可达16km^2；湖面长约为5km，宽约为2km，最深约为167m。

（2）菲瓦（Phewa）湖。该湖是尼泊尔的第二大湖，湖泊的平均海拔为784m，积水面积约为4.43km^2，平均水深为8.6m，最大水深约为22.8m，湖泊的最大容积约为4600万m^3。

（3）海拔比较高的湖泊。在尼泊尔有较多的山地湖泊，这些湖泊有较多是世界海拔最高的湖泊，例如海拔5010m的伊姆伽（Imja Glacier）湖、海拔4919m的提里错（Tilicho）湖等。

（二）水资源分布

1. 分区分布

根据2017年联合国粮农组织资料，尼泊尔境内地下水资源量为200亿m^3，境内地表水资源量1982亿m^3，重复计算的水资源量为200亿m^3。计入境外流入的实际水资源量，尼泊尔实际水资源总量为2102亿m^3，人均实际水资源量为7173m^3（表1）。

表1　　尼泊尔水资源量统计简表

序号	项　目	数量	备　注
①	境内地表水资源量/亿m^3	1982	
②	境内地下水资源量/亿m^3	200	
③	重复计算的水资源量/亿m^3	200	
④	境内水资源总量/亿m^3	1982	④=①+②-③
⑤	境外流入的实际水资源量/亿m^3	120	
⑥	实际水资源总量/亿m^3	2102	⑥=④+⑤
⑦	人均实际水资源量/(m^3/人)	7173	

2. 水能资源

尼泊尔有巨大的水力发电潜力。根据《2010年世界能源调查》，尼泊尔理论年均水能资源量约为7330亿kWh，技术上年均可开发量为1540亿kWh，经济上年均可开发量为150亿kWh。截至2013年，尼泊尔有大约4000万kWh的经济上可行的水电潜力。然而，目前尼泊尔的水电只开发了大约60万kWh，大部分经济上可行的发电尚未实现。

三、水资源开发利用

(一) 水利发展历程

尼泊尔有着丰富的水资源，为此早在几个世纪以前就开发运河和灌溉系统。许多小的运河早在17世纪和18世纪就出现在加德满都（Katmandu），1922年第一个覆盖面积达1万hm^2的巨型公共灌溉运河系统（钱德拉运河系统）建成，现在仍在使用。

水力资源方面，尽管尼泊尔早在1911年就已建成帕坪(Pharping)电站开始水力发电，但水电业发展非常缓慢。在印度、中国、俄罗斯的援助和世界银行、亚洲发展银行以及德国、日本政府贷款的支持下，尼泊尔在20世纪70—80年代建造了一系列中小型发电站，至1989年总装机容量达到了25万kW。进入21世纪，尼泊尔的水电装机容量有了较大发展。截至2018年，尼泊尔水力发电总装机容量达到约104.5万kW，但仅占总开发潜力的2.375%。

(二) 开发利用与供用水情况

1. 坝和水库

据国际大坝委员会2007年资料，尼泊尔注册的坝高15m以上的坝有4座，其中一座在100m以上。综合利用的坝有1座，3座是单目标坝，均用于发电。从坝型来看，有1座为堆石坝、有3座为重力坝。尼泊尔主要大坝建设情况见表2。

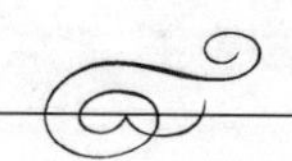

表 2　　尼泊尔主要大坝建设情况

坝　名	坝高/m	坝顶长/m	库容/万 m^3	建成年份
库勒珂哈尼（Kulekhani）	114	406	8530	1982
卡里甘达卡一级（Kligandaki A）	44	100	77	2001
玛瑞斯杨迪（Marsyangdi）	24	102	62.5	1990
菲瓦（Phewa）	16	96	5.3	1984

2. 供用水情况

根据联合国粮农组织的统计资料，2006 年，尼泊尔总用水量约为 94.97 亿 m^3，其中 93.20 亿 m^3 为农业用水，占 98.14%；1.48 亿 m^3 为家庭用水，占 1.56%；0.29 亿 m^3 为工业用水，占 0.3%。年均人均用水量为 362.3m^3。

（三）洪水管理

尼泊尔丰富的水资源和特殊的地势，使得尼泊尔洪水灾害几乎年年发生，尤其是暴雨之后山洪所引起的泥石流灾害和山体滑坡。例如 2007 年的洪水灾害导致 185 人死亡、近 7 万户家庭受灾、超过 4.8 万所房屋被毁或受损、约 1.6 万个家庭无家可归。2019 年 7 月初以来，在 32 个地区发生数起洪水和山体滑坡，约 17.68 万人的粮食安全因洪灾而受到严重影响。

为应对自然灾害，尼泊尔采取了以下措施包括：①加强灾害救援行动；②制订洪水灾后紧急重建计划；③实施工程措施（堤防、分洪道、水库）与非工程措施（例如早期警报，合理的土地利用规划，划定特大洪水期间人、畜转移的地带等）来防洪。尼泊尔政府成立了以自然灾害管理委员会为中心的管理机构，负责对洪水等自然灾害的全面救援行动。此外，水利部门也通过建设大坝、国家气象局和水文部门提供气象水文预报等措施来加强应对洪水风险。

（四）水力发电

1. 水电开发程度

尼泊尔通过水力发电调动水资源，提振经济。2002 年，尼

泊尔电站的装机容量大约为 38.2 万 kW，其中包括偏远地区小型电站的 2.161 万 kW 装机容量；2008 年年底，尼泊尔水电站的总装机容量为 59 万 kW，建设中的装机容量为 13.5 万 kW，计划建设的装机容量最高可达 2500 万 kW，当年实际发电量为 2.759 亿 kWh。截至 2018 年，尼泊尔水力发电总装机容量达到约 104.5 万 kW，仅占总潜力的 2.375%，尼泊尔大约 87%的人口可以使用电力设施。"繁荣的尼泊尔，幸福的尼泊尔"的国家倡议特别关注水资源和能源的可持续发展。此外，尼泊尔的可持续发展议程更加重视水电开发。

2. 水电站管理与建设情况

为便于单座小型水电站向僻远地区供电，尼泊尔 1975 年成立了小水电开发委员会，将水电站进行分类：微型水电站（容量小于 100kW）、小型电站（容量 100～5000kW）、中型电站（容量 5000～30 万 kW）、大型电站（容量大于 30 万 kW），不过实际运行时将装机容量为 100～1 万 kW 的水电站均被认为是小型电站。分类的目的在于：微型电站通常是为偏远地区建造、小型电站是为农村和输电网的连接而建造、中型电站是为了满足国家电力需求、大型电站是为满足国家远期电力需求和向邻国出口电力。截至 2018 年年底，尼泊尔主要水电站发展和建设情况见表 3。

表 3　尼泊尔主要水电站发展和建设情况

水电站名称	容量 /万 kW	发电量 /(万 kWh/年)	投运年份
卡里甘达卡一级（Kligandaki A）	14.400	8420.0	2002
玛瑞斯杨迪二级（Middle Marsyangdi）	7.000		
玛瑞斯杨迪（Marsyangdi）	6.900	4620.0	1989
库勒珂哈尼（Kulekhani）	6.000	1547.0	1982
希姆提市Ⅰ（Khimti-Ⅰ）	6.000		
玛瑞斯杨迪一级（Upper Marsyangdi A）	5.000		
波特科西（Upper Bhote Koshi）	4.500		

续表

水电站名称	容量/万 kW	发电量/(万 kWh/年)	投运年份
查米利亚（Chameliya）	3.000		
特里苏里（Trishuli）	2.400	1145.5	1968
森科西（Sunkoshi）	1.005	566.7	1973
甘达基（Gandaki）	1.500	438.0	1979
德维哈特（Devighat）	1.410	920.0	1983
库勒珂哈尼Ⅱ（Kulekhani-Ⅱ）	3.200	95.0	1986
莫迪河（Modi Khola）	1.480	870.0	2000
普瓦河（Puwa Khola）	0.620	410.0	1999
希姆提（Khimti Khola）	6.000	3530.0	2000
帕尔宾（Pharping）	0.005	32.9	1911
那加阔特（Sundarijal）	0.064	57.7	1936
帕瑙提（Panauti）	0.240	53.7	1965
博卡拉（Pokhara）	0.108	87.6	1967
蒂那乌（Tinau）	0.102	101.6	1974
安提河（Andhi Khola）	0.510	380.0	1991
希姆鲁克（Jhimruk）	1.230	810.0	1994
波特科西（Bhote Koshi）	3.600	2500.0	2000
印德瓦蒂（Indrawati）	0.750	—	2002

（五）灌溉与排水情况

截至 2014 年，尼泊尔配备灌溉设施的面积为 136.9 万 hm^2，占总耕地面积的 58.86%（表 4）。

表 4　尼泊尔灌溉地面积及比例

年　份	1992	1994	2002	2012	2014
灌溉地面积/万 hm^2	88.24	113.4	116.8	133.2	136.9
占耕地面积的比例/%	37.31	46.74	47.58	57.27	58.86

尼泊尔主要灌溉工程有：①纳拉亚尼（Narayani）第一、第二期灌溉工程，灌溉面积为 2.870 万 hm^2；②孙沙里·莫朗（Sunsari Morhange）灌溉工程，1986 年修复改建，灌溉面积为 0.970 万 hm^2；③朱达（Judha）渠，灌溉面积为 0.810 万 hm^2；④加德满都河谷的蒂卡巴拉布尔（Tikabhara - ble）渠、马哈杜柯尔（Mahadukoie）渠；⑤蒂那乌（Tinau）工程，灌溉面积为 1.393 万 hm^2 等。

四、水资源与水生态环境保护

尼泊尔的水污染相当严重，大致分为两大类：一类是由于河流沉积、土壤侵蚀、化肥、农田农药以及不当的废水管理等扩散源造成的；另一类问题来自加德满都和博卡拉等城市地区特有的点源和扩散源，包括直接向自然水体（河流、湖泊、池塘）排放生活和工业废水以及非法倾倒固体废物。城市扩张和废物管理设施的缺乏是缓解水污染问题的主要障碍。

为降低水源污染、保障水生态的可持续性。尼泊尔从 1992 年开始就立法保护水源，例如 1992 年水资源法案的 19（2）条款规定，禁止污染水资源，禁止向水中排放任何有毒物质。

五、水资源管理

（一）管理体制

尼泊尔的水资源管理体制属于中央集中管理模式，政府对水资源的调控负责：主要包括饮用水、灌溉、航海、娱乐使用、节水、控制洪水灾害和水土流失、收费、保护环境和组织水污染。政府也通过设定水质标准、用水者协会的规章和其他与水资源发展利用有关的规章来管理水资源。如果用水者希望形成组织则可以成立用水者协会，管理当局将会对协会进行登记注册。

（二）管理机构及其职能

尼泊尔有 8 个不同的部委处理与水有关的问题：①能源部，负责发电和整个电力部门发展；②灌溉部，负责灌溉发展；③城市发展部，负责饮用水供应和水卫生供应的；④农业和合作社，

负责农业作物生产；⑤森林和土壤保护部；⑥科学、技术和环境部；⑦有形基础设施和运输部；⑧联邦事务和地方发展部，负责农村地区的地方基础设施发展。

最初，水资源部和水能委员会秘书处被确定为负责促进水资源综合管理实施的主要政府机构。然而，在 2009 年，水资源部被分为两个部门：灌溉部和能源部。尽管其他部门实际上参与了水资源管理，但水资源部仍然是水资源管理中最主要的部门。

六、水法规与水政策

（一）水法规

尼泊尔与水相关的法律制定情况是：

（1）1992 年制定了《水资源法案》。该法案是对水资源合理利用和保护的一个法案框架，该法案通过 1993 年制定的《水资源条例》得到贯彻实施。

（2）2000 年颁布的《灌溉条例》。该条例废止了 1989 年颁布的《灌溉条例》，涉及的是有关灌溉系统管理的使用者协会的权利和参与。

（3）2002 年，尼泊尔政府制定了《国家水资源发展战略》，目标是“以可持续的方式大大改善尼泊尔人民的生活条件”。该战略本身是在一个严格的过程中编写的，该过程首先确定了不同分部门的问题，并为短期（2007 年以前）、中期（2017 年以前）和长期（2027 年以前）确定了可客观核实的目标。随后采取了若干战略来实现这些不同的分部门目标。

（4）2003 年签署第 2060 号灌溉方针，目的是通过有效地利用水资源获得全年的灌溉能力；为了灌溉部门的发展增强技术人员、水使用者和非政府组织的知识、技能和制度能力。

（5）2005 年签署《全国水计划》来落实 2002 年签署的《国家水资源发展战略》，目的之一是保护自然环境，用一种完整综合的方式为所有发展和管理水资源的利益相关者提供一个指导框架，形成了一系列与水部门有关的短期、中期和长期的行动计划，包括项目活动、投资和制度等方面。

(二) 水政策

1. 水价制度

尼泊尔是一个以农业为主的国家，国内有一个传统的信仰认为水是上帝赐予的无价之物。在 1999 年，对城市地区的用水按照体积收费。灌溉用水只计收服务费，这个服务费用于公共灌溉系统的建设，收取的价格根据供水的类型和水源的不同从 1.3 美元/hm^2 到 8 美元/hm^2 不等。

2. 水权与水市场

根据 1992 年水资源法案，尼泊尔的地表和地下水归尼泊尔政府所有，没有许可证任何人不得使用地表水和地下水资源。不过，群众有权在没有许可证的情况下使用饮用水、灌溉、经营水磨和航海。该法案还规定进行地下水的探测需要许可证。土地所有者可以在没有许可证的情况下使用其所有土地的水流量。

许可证按照以下的优先顺序发放：①饮用水和家庭使用；②灌溉用水；③农业用水；④水力发电；⑤工业和矿业用水；⑥航海用水；⑦娱乐用水。同时管理当局应该在发放许可证前合理估计可能对环境造成的影响。

如果许可证所有人没有遵守水资源法案的规定或者是在管理当局警告之后没有改善其经营设施，可以吊销其许可证；在管理当局批准的情况下，许可证可以转让给他人使用。

在通知的前提下，管理当局可以进入任何经营场所检查经营设备；如果经营者被怀疑滥用水资源，管理当局可以在没有通知的前提下进入经营场所。许可证持有人必须支付费用或者年费才能使用水资源。

七、国际合作情况

(一) 参与国际水事活动的情况

尼泊尔参加的国际水机构有国际灌溉排水委员会、国际大坝委员会、全球水伙伴等。

(二) 与水有关的国际条约

(1) 1966 年 12 月，印度和尼泊尔政府签订关于戈西工程的

修订协议。

（2）1978 年 4 月，印度和尼泊尔就钱德拉运河的整修和拓展及西戈西运河的分配签署协议。

（3）1996 年 2 月，尼泊尔和印度政府就马哈加利（Mahakali）河的全面发展签订条约，包括沙拉达（Salad）拦水坝、从塔那普（Tanakpur）拦水坝和潘切什瓦尔（Pancheshwar）工程。该条约的目的是保证双方关于马哈加利河利用的共同权利和义务并确保平等地参与。

（任金政，郭姝姝）

日　本

一、自然经济概况

（一）自然地理

日本全称日本国，位于太平洋西岸，是一个由东北向西南延伸的弧形岛国，西隔东海、黄海、朝鲜海峡、日本海与中国、朝鲜、韩国和俄罗斯相望。全国陆地面积约为 37.79 万 km^2，由北海道、本州、四国、九州 4 个大岛和其他 6800 多个小岛屿组成，因此也被称为“千岛之国”。日本境内多山，山地约占总面积的 70%，其中著名的活火山富士山海拔为 3776m，是日本最高的山，也是日本的象征。日本位于环太平洋火山地震带，地震、火山活动频繁日本属温带海洋性季风气候，终年温和湿润，6 月多梅雨，夏秋季多台风。全国横跨纬度达 25°，南北气温差异十分显著。绝大部分地区属于四季分明的温带气候，位于南部的冲绳则属于亚热带，而北部的北海道却属于亚寒带。1 月平均气温北部为－6℃，南部为 16℃；7 月北部为 17℃，南部为 28℃。全国分为 1 都（东京都：Tokyo）、1 道（北海道：Hokkaido）、2 府（大阪府：Osaka、京都府：Kyoto）和 43 个县（省），下设市、町、村，其中首都为东京（Tokyo）。2017 年，日本人口约为 1.27 亿人，人口密度为 347.8 人/km^2，城市化率 91.5%。全国人口主要民族为大和族，北海道地区约有 1.6 万阿伊努族人，通用日语。2017 年，日本可耕地面积为 416.1 万 hm^2，永久农作物面积为 28.3 万 hm^2，永久草地和牧场面积为 42.8 万 hm^2，森林面积为 2495.64 万 hm^2。

（二）经济

2017 年，日本 GDP 为 48597.9 亿美元，人均 GDP 为 38330

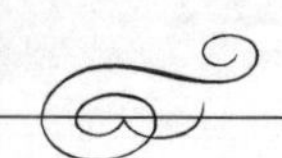

美元。GDP 构成中，农业占 1%，采矿、制造和公用事业占 24%，建筑业占 6%，交通运输业占 10%，批发、零售和旅馆业占 17%，其他占 42%。外贸在日本国民经济中占重要地位，有贸易关系的国家（地区）数约 200 个。据日本财务省统计，2017 年日本进出口总额约为 153 万亿日元，其中出口约 78 万亿日元，进口约 75 万亿日元。主要进口商品有原油、天然气、煤炭、服装、半导体等电子零部件等；主要出口商品有：汽车、钢铁、半导体等电子零部件、塑料、科学光学仪器等。

二、水资源状况

（一）水资源

1. 降水量

日本是世界上降水量较多的地区之一，根据联合国粮农组织统计，截至 2017 年，多年平均年降水深为 1668mm，约是世界平均降雨量的 2 倍。日本降水量季节差异较大，6 月的梅雨期和 9 月、10 月的台风期，降雨量约占全年的 40%。

2. 水资源量

根据联合国粮农组织的统计数据，2017 年，日本年平均降水量为 6305 亿 m^3，其中境内地表水资源量为 4200 亿 m^3，地下水资源量为 270 亿 m^3，重复计算的水资源量为 170 亿 m^3，实际水资源总量为 4300 亿 m^3，人均实际水资源量为 3373m^3，日本水资源量统计见表 1。

表 1　日本水资源统计表

序号	项　目	数量
①	年平均降水量/亿 m^3	6305
②	境内地表水资源量/亿 m^3	4200
③	境内地下水资源量/亿 m^3	270
④	重复计算的水资源量/亿 m^3	170
⑤	实际水资源总量/亿 m^3	4300
⑥	2017 年人口/万人	12748.4

续表

序号	项　目	数量
⑦	人均境内水资源总量/(m^3/年)	4300
⑧	人均实际水资源量/(m^3/年)	3373

资料来源：FAO《1997年世界各国水资源评论》。

3. **河川径流**

根据日本总务省统计局及统计研修所《2007年统计年鉴》，全国共有干流流程100km以上的河流40余条，干流流程200km以上的河流仅有10条。其中，最长的河流是信浓（Shinan）川，长度为367km，发源自埼玉、山梨、长野三县交界处的甲武信岳南侧，在新潟市注入日本海。流域面积最广的河流是利根（Tone）川，流域面积为16840km^2，主流发源于群马县和新潟县交界处的大水上山，在千叶县铫子市和茨城县神栖市之间注入太平洋，利根川流域面积占了关东平原的大部分地区。其他主要河流还有北海道的石狩（Ishikari）川、天盐（Teshio）川；东北地区的北上（Kitakami）川、阿武隈（Abukuma）川、最上（Mogami）川；关东地区的荒（Ara）川；中部地方的木曾（Kiso）川；四国地区的四万十（Shimanto）川；九州地区的筑后（Chikugo）川等。

由于特殊的地形和气象条件，日本的河流展现出独特的自然特征。①河流流域坡度陡峭，河流流速较大，易发生洪水；②洪峰流量与流域面积之比相对较大，是其他国家主要河流的10倍至100倍之多；③河流最大与最小流量比值是大陆河流的200～40000倍，河流泥沙径流量较大。

4. **湖泊**

日本的湖泊数量不是很多，全国共有大小湖泊600余个，大部分分布在日本列岛的关东、东北和北海道地区。其中，面积最大的湖泊是位于滋贺（Shiga）县的琵琶（Biwa）湖，其面积达670.3km^2，琵琶湖属于构造湖，其历史长，生态系统多样，是关西地区重要的水源。最深的湖泊是秋田（Akita）县的田泽（Tazawa）湖，最大水深为423.4m。海拔最高的湖泊是枥木

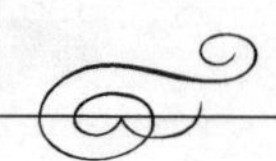

（Tochigi）县的中禅寺（Chuzenji）湖，湖面海拔为1269m。

因日本火山活动频繁，湖泊中火山口湖和断层湖较多，如屈斜路（Kussharo）湖、支笏（Shikotsu）湖、洞爷（Toya）湖、十和田（Towada）湖等。沿海地区则有一些湖泊是海迹湖，如霞浦（Kasumigaura）、滨名（Hamana）湖、中（Naka）海等。

（二）水资源分布

1. 分区分布

根据日本《河川法》规定，按水系在国民经济中的地位，全国河流水系划分为一级水系、二级水系、准法定河流和普通河流。全国一级水系109个，由中央政府直接管理，一级水系的流域面积约为24万km^2；二级水系2636个，由都、道、府、县负责；准法定河流有1.189万条；普通河流有11.29万条，由市、町、村负责。

2. 水能资源

日本水能理论蕴藏量为7176亿kWh/年，技术可开发的水能资源为1350亿kWh/年，经济可开发的水能资源为1090亿kWh/年，技术可开发的水能装机容量为3282.8万kW，可开发的水能装机容量为2514.7万kW。

三、水资源开发利用

（一）水利发展历程

日本的治河历史十分悠久。在奈良时代（710—794年），大多数农田都位于小山谷，人们开始在大河附近移动并修建堤防；从战国时代（16世纪）到江户时代（17—19世纪），人们搬到大河口附近的广阔平原地区，开始尝试通过建造堤坝、挖掘河道等方法来改善和控制河流；江户时代（17—19世纪），耕地的数量大大增加，人们开始在低地上建造环堤，然后沿着大型主要河流将环堤连接起来形成连续的堤防。

明治时代至二战前期是日本现代化和社会经济发展基础的形成时期，随着日本政府促进工业产业政策的实施，重工业和化学工业快速发展，随之工业需水量迅猛增加，现代供水系统得以较

快发展。同时，随着城市化和工业化进程加快，电力需求增加，水力发电也取得了重大进展。二战结束至今是日本社会经济发展的重要时期，需水量迅速增长，为了确保供水，水资源的综合开发被提上议事日程，与水资源有关的法律开始制定。

（二）开发利用与水资源配置

1. 坝和水库

自 1950 年，为满足市政、工业、农田灌溉等不断增长的用水需求，日本开始修建大量大型多功能水坝。截至 2012 年，日本已建成 789 座多功能水库和 1878 座为农业、生活和工业供水的单目标水库，总（有效）库容为 204 亿 m^3。日本主要的大坝特征值见表 2。

表 2　日本主要的大坝特征值

大坝名称	水系	坝型	最大坝高/m	建成年份
黑部（Kurobe）水坝	黑部川	拱坝	186.0	1961
高濑（Takase）水坝	信浓川	堆石坝	176.0	1979
德山（Toduyama）水坝	木曾（Kiso）川	堆石坝	161.0	2008
奈良俣（Naramata）水坝	利根川	堆石坝	158.0	1991
奥只见（Okutadami）水坝	阿贺野（Agano）川	重力坝	157.0	1960
浦山水坝	荒川	重力坝	156.0	1998
宫濑水坝	相模（Sagami）川	重力坝	156.0	2000
温井水坝	太田（Ota）川	拱坝	156.0	2001
佐久间（Sakuma）水坝	天龙（Tenryu）川	重力坝	155.5	1956
新大洞水坝	荒川	重力坝	155.0	—
奈川濆水坝	信浓川	拱坝	155.0	1969

资料来源：建设省河川局监修·基金会水坝技术中心“日本の多目的ダム 付表编 1990 年版”。

2. 供用水情况

根据联合国粮农组织统计数据，2009 年日本总用水量为 814.5 亿 m^3。其中农业（含畜牧业）用水量为 544.3 亿 m^3，占总用水量 66.83%；工业用水量为 116.1 亿 m^3，占总用水量 14.25%；市政用水量为 154.1 亿 m^3；占总用水量 18.92%。日本人均年用水量为 634.2m^3。淡水抽取总量为 812.2 亿 m^3，其中开采地表水 718.5 亿 m^3，抽取地下水 93.7 亿 m^3。年淡化水量为 0.4 亿 m^3。

3. 废水处理

根据联合国粮农组织统计数据，日本 2011 年产生市政废水量为 169.3 亿 m^3，年收集市政废水量为 120.2 亿 m^3，处理过的市政废水量为 115.6 亿 m^3，处理后的市政废水回用量为 1.95 亿 m^3。市政废水处理设施数量为 2148 座，市政废水处理设施的处理能力为 147.1 亿 m^3，未经处理的市政废水量为 53.7 亿 m^3，处理后的市政废水排放量为 113.7 亿 m^3，直接使用经过处理的市政废水量为 1.95 亿 m^3。

（三）洪水管理

日本是一个洪水灾害多发国家，历来重视洪水灾害防御。经过战后几十年的经济发展和基础设施建设，日本洪水灾害发生的频率大为减少，灾害损失对国民经济和社会的影响也呈大幅下降趋势。不过，由于日本自然地理环境的特点和高度城市化的影响，日本发生巨大洪水灾害的可能性仍然较大。为了减少巨大洪水灾害影响，日本对洪水风险管理进行了不断的探索和实践，走在了世界前列。当前，日本防洪主要思路包括研究对象巨大化（巨灾）、洪水灾害预测实时化、洪水灾情评估内容充实化、基于公众参与的洪灾防御社会化（包括洪水风险认知、洪水灾害防范行为和洪水风险沟通等领域）以及洪水风险管理综合化。

具体防洪措施方面，日本在重视工程措施（如河堤、城市下水道管网）的同时，非常重视非工程措施（如公民防洪意识、实时预警系统、灾害保险等）的防灾研究。另外，日本特别重视信

息技术在洪水风险管理中的应用，强调洪水风险沟通和洪灾保险的作用，注重洪水风险防范与城市区域发展的结合，强化洪水风险的综合管理。

(四) 水力发电

1. 水电装机及发电量

日本燃料资源贫乏，煤、油、气都要靠进口，但水能资源丰富，日本过去执行水主火辅的电力方针，水电比重曾达到80%～90%。随后，因进口廉价石油而大量发展火电，70年代以来又积极发展核电，水电比重开始逐年下降。目前，日本水电每年提供的发电量约925亿kWh，占全国电力总量的6%。日本国内运行的水库有2794座。运行中的水电装机容量约2213.4万kW，在建装机容量85.4万kW。

此外，为满足迅速增长的用电需求，日本大量发展了高参数火电机组和核电站，然而这些电站只适宜于担负电力系统基荷，缺乏调峰容量，因而必须兴建一大批抽水蓄能电站。1960年日本抽水蓄能电站装机仅有6万kW，到2006年已发展到2515.9万kW，在建装机约625万kW，增长了400多倍。这些抽水蓄能电站装机大都在20万kW以上，已建成的100万kW以上的有10多座，而且水头都在200～700m。2006年，抽水蓄能电站发电81.39亿kWh。

2. 主要水电站

日本水坝和水库的建造历史可追溯到多个世纪前，目前许多古老的土坝仍用于稻田灌溉。日本已建成的主要常规水电站如下：

黑部第Ⅳ坝，位于富山县，黑部川（Kurobegawa）、支流御前泽川汇口以下，距河口55km。混凝土双曲拱坝，最大坝高为186m，水库总库容为1.99亿m^3。电站装机容量为38.5万kW。工程于1956年开工，1963年6月完工，主要目的是发电。大坝坝顶全长为489m，坝顶高程为1454m。

德山堆石坝，位于岐阜县、木曾川水系揖斐川上。最大坝高为161m，坝顶长为440m，坝体积为1467万m^3。坝址控制流域

面积为254.5km^2。水库总库容为6.6亿m^3，有效库容为3.51亿m^3。工程用于防洪、维持河道正常功能、城市用供水、工业用水和发电。

川治（Kawaji）混凝土抛物线拱坝，位于盐谷郡、利根川水系支流鬼怒（Kinu）川上，最大坝高为140m，水库总库容为0.83亿m^3。位列国内第四高拱坝，1970年开工，1983年建成，是一座具有防洪、保护东京地区约500km免受洪水袭击，兼具灌溉、城市供水和工业用水功能的工程。坝址流域面积为323.6km^2，多年平均流量为12.6m^3/s，有效库容为0.76亿m^3。

五十里（Ikari）混凝土重力坝，位于盐谷郡藤原町、利根川水系左支流鬼怒川河支流上，最大坝高112m，水库总库容为0.55亿m^3，有效库容为0.46亿m^3。电站最大装机容量为1.53万kW。年发电量为0.673亿kWh。1941年开工，1956年建成，是一座具有防洪、发电和灌溉等综合效益的工程。坝址控制流域面积为271.2km^2，水库面积为310hm^2。

今市（Imaichi）抽水蓄能电站，位于今市北部山区、利根川水系支流鬼怒川上。电站上水库栗（Kuriyama）山坝高为97.5m，坝型为黏土心墙堆石坝。

下水库今市坝建在鬼怒川支流砥川上，坝高为75.5m，坝型为混凝土重力坝。上水库、下水库用长3.1km的引水道连接，最大有效水头524m。装机为105万kW，主要是满足东京高峰用电需求。

（五）灌溉排水

1. 灌溉发展情况

根据联合国粮农组织统计数据，2010年日本配备完全控制灌溉设施的面积为250万hm^2，其中配备完全控制地面灌溉设施的面积为201万hm^2，配置完全控制喷灌设施的面积为43万hm^2，配备完全控制局部灌溉设施的面积为6万hm^2。

据联合国粮农组织统计，日本灌溉作物收获总面积为295.7万hm^2，其中临时收获作物灌溉面积为262.5hm^2。永久灌溉的

草地和牧场为 33.2hm²。日本主要临时收获作物的灌溉面积见表 3。

表 3　日本主要临时收获作物的灌溉面积　单位：万 hm^2

作物名称	小麦	水稻	其他谷物	蔬菜	大豆
灌溉面积	12.7	169.1	5.6	26.9	7.1
作物名称	马铃薯	豆类作物	甜菜	甘蔗	棉花
灌溉面积	4.6	3.5	4.7	1.6	26.7

2. **灌溉与排水技术**

自 20 世纪 40 年代以来，日本中央政府、地方政府和土地改良区，通过财政补贴在全国范围内广泛实施了许多灌溉项目，灌溉项目主要分为旧灌溉系统现代化改造和新灌溉系统建设两大部分。

20 世纪 70 年代，日本的灌溉系统从水稻扩大到旱地作物，1993 年非稻田灌溉面积达到 34.7 万 hm^2。日本大多数稻田灌溉系统是重力式的，小部分灌溉系统配有泵站以从河流或其他水源提水。对于旱田，日本通常采用喷灌、滴灌等灌溉方式。据统计，日本的地面灌溉率为 90%，喷灌占比为 8%，微灌占比则为 2%。

四、水资源保护

(一) 水资源环境保护历程

日本水环境变迁与治理的历程大致可以划分为四个阶段。

第一阶段：水环境不断恶化，环境治理未得到重视。在 20 世纪 60 年代以前，经济发展优先，对环境保护并不重视。二战后随着工业化城市化进程的不断加快，工业污染加剧，日本水环境质量不断恶化。水环境质量达标率于 1974 年达到最低点 54.9%，近乎 50%的水质处于不达标状态，水环境质量状况差。

第二阶段：环境治理与经济发展并重，实施一系列环保政策，水环境质量得到改善。20 世纪 70 年代完成工业化后，日本水环境质量达标率呈波动性上升趋势。这一时期，日本实施了一

系列环境保护政策，如 1971 年颁布《水质污染防治法》、1972 年发布《环境污染控制基本法细则》等；产业结构也开始优化升级，摒弃先污染后治理的污染治理模式，开始转入以防为主的阶段。1993 年日本水环境质量达标率达 76.5%，比 1974 年（水质达标率 54.9%）提高了 21.6 个百分点。

第三阶段：环境治理技术为主导蓬勃发展。20 世纪 90 年代，日本企业开始由“被动治污”转向“主动治污”。这一时期由于日本经济处于衰退状态，经济发展带来的污染量相对较少，而环境技术水平的发展进一步提升了水环境质量。

第四阶段：调整产业结构，发展循环经济。进入 21 世纪后，随着环保投资的不断增加、环境治理技术水平不断进步，日本对水环境的治理则致力于产业结构的调整，朝着构建循环型社会的方向快速推进。

（二）水污染防治

1. 水污染现状

由于执行严格的排污标准和法律管制，目前日本全国城市工业污水和生活污水的处理率在 98%以上，从 1999 年至 2006 年，河流水质达标率从 81.5%升至 91.2%，湖泊水质达标率从 45.1%升至 55.6%。当前，由于营养物等的流入而引起的富营养化问题，已成为影响日本湖泊和沼泽水质的主要因素。

2. 水污染防治措施

为了预防河流、湖泊和沼泽水污染，日本采取了各种措施，如制定水污染的环境标准，调控工厂和商业场所排水，改善生活废水处理设施以及净化河流等。

五、水资源管理

（一）管理模式

日本政府对水资源问题十分重视，重大水资源政策以及相关法律的出台都由内阁会议和总理大臣亲自审定。水资源的管理实行以国土交通省为主，其他相关部门协同管理的水资源管理体系，具体管理部门包括国土交通省、厚生劳动省、农林水产省、

经济产业省、环境省等部门，各部门按照中央政府赋予的职能各负其责，衔接配合。“治水与用水分离，多龙管水”是日本水资源管理体制的最大特点。

（二）管理体制、机构及职能

日本水资源管理由五个部门具体承担，部门之间既有分工又有合作，它们一方面分别承担着不同的具体职能，另一方面又通过省际联席会等形式进行合作，制定与水资源相关的综合性政策。

国土交通省土地水资源局负责水资源开发与管理政策、法律、库区发展及水供求计划、水资源开发基本规划的制定，以及与水资源开发利用有关的其他省、厅、局、机构间的综合协调；河流局负责河流超大型堤防、水坝等的建设管理，河流环境保护以及与水灾害相关的防灾、统计等事宜；都市地域维护局负责都市下水道维护及相关立法、实施等工作。

厚生劳动省主要负责与生活用水供给有关的事务，具体包括：对生活供用水单位的监督和对生活用水供给设施的管理，对负责运营、维护和管理城市水务单位和设施的地方政府机构进行监管。

经济产业省主要负责与工业用水供给有关的事务，具体包括：工业用水供给单位的监督和对工业用水供给设施的管理，对负责运营、维护和管理城市水务单位和设施的地方政府机构进行监管。

环境省主要负责涉水环境事务管理，具体包括：制定有关水资源保护的指导意见、政策和规划，水污染检测，地面下沉检测及环境质量标准制定等。

农林水产省主要负责与农业用水供给有关的事务。

此外，地方级的都、道、府、县均有相应的水利管理机构。

六、水法规与水政策

（一）水法规

日本水资源的法律调控起步较早，法规相当完善，执法经验

丰富。日本水资源管理的法律框架可以分为5个领域：①水资源开发的总体规划；②与水资源相关设施的开发建设，包括政府补贴的建设项目；③水权和水交易；④水务企业的运营和管理，包括私营部门通过签订合同参与运营和管理的企业；⑤水环境保护。相关法律有《河川法》《供水法》《污水法》《水污染防治法》《水资源开发促进法》等。目前，日本已有一套较为系统的水法律法规，并以此来制约、规范全国的水事活动。

在快速的经济增长时期，由于工业的快速发展，城市人口的迅速增加和集中以及生活水平的提高，东京和大阪等主要大城市的用水需求激增。必须全面、有效地发展和改善水系统以确保供水。因此，在1961年日本颁布了《水资源开发促进法》和《水资源开发公司法》，作为促进水资源开发的法律和体制措施。

从稳定的增长期到泡沫期，发展水资源的要求十分迫切，而设施的建设则需要较长的时间。因此，日本从长远全面的角度制定了《国家水资源综合计划》。迄今为止，日本还于1978年8月制定了长期的水供需计划，1987年10月制定了国家综合水资源计划)，1999年6月制定了新的国家综合水资源计划，提出了以下3个基本目标：①建立可持续用水系统；②保护和改善水环境；③复兴和促进水文化，提高公众参与水平。

（二）水政策

水权水市场方面，日本《河川法》规定河川和水流是公共财产，不能占为私有，明确了水权的存在。水权根据其创立起源、使用目的进行划分。根据起源分为惯例水权（法律创立前就承认的水权）和依照《河川法》取得的水权；根据不同的用水目的，分为灌溉水权、工业水权、市政水权、水电水权、渔业水权等。水权的取得遵循“占有优先”的原则，法律允许水权有偿转让给其他人或团体，但必须向河川管理机构提出申请，得到批准，且不能改变水的用途，如灌溉用水不能改变为工业用水等。

取水许可方面，为了保证河水在自然循环中的净化能力，日本政府规定只有在河水超过河流正常流量时才可取用，正常流量则从航运、景观、保洁、渔业、水生动植物的保护等方面来确

定。在干旱来临时，优先引水权要经过当地用水协调委员会的协商，先满足抗旱灌溉的需要，再兼顾其他方面。目前日本国民的水环境意识已很强，一般能自觉维护良好的水事秩序，违反取水许可及水法规的事件比较少。一旦发现水事违法、侵权行为，先是劝诫、警告；若不听，便在新闻上曝光；对严重违法、侵权者依法惩处。

水价方面，日本水价较高，是节制用水的有力经济杠杆，也是供水公司持续运转的保证。不同用途的水有不同的价格，皆高于其他发达国家。如日本每月 $20m^3$ 市政生活用水的价格，是伦敦的 1.36 倍，巴黎的 1.17 倍，纽约的 3.25 倍。日本几乎所有的供水公司都归市政当局所有，独立核算，但政府无权按供、需的市场法则来定价，水价的涨落一律由当地的市政议会负责决定。日本水费标准按水表口径的大小来制定，水表的口径分为小、中、大、特大 4 种，每一种口径再细分为几个等级，口径越大者收费标准越高。不同的口径即使用水量相同，大口径也比小口径的水费多。这样就有效地节制了大户的用水，同时以较低费用保障最基本的生活用水。

中水回用方面，日本把自来水称为上水，把下水道的水称为下水，将下水加以处理分离得到中水，用于冲洗火车、汽车、工厂，浇洒道路，灌溉绿地，冲厕，森林、城市消防等。日本从 20 世纪 80 年代起就从下水中提取中水，已建成城市下水道废水处理厂 1300 处。在农村，随着生活水平的提高废水增多，有半数以上兴建了废水处理设施，用经过净化的水灌溉农田，水质有严格控制标准，以防止对农作物和人体产生不利影响。在缺水地区，建设中水设施成为强制性的规定。东京规定面积在 3 万 m^2 或计划用水量每天 100t 以上的新建项目，都必须有中水设施。政府通过减免税金、提供低息融资和补助金等手段支持中水设施的投资修建。

（二）新水资源政策的目标

为了促进水资源政策问题研究，基于东日本大地震汲取的教训，以及公众意识的变化，日本政府在《2014 年日本水资源》

白皮书中提出了“新一代水政策方向”。该水资源政策旨在通过加强水利基础设施网络建设，建立一个“有广度社会体系”，即努力构建一个无论发生什么情况都能够实现安全与稳定的系统，以确保即使在缺水和大规模灾害等危机时期，也能确保最低限度的用水，并妥善解决各种水安全事件中的问题。

借助新的水资源政策，日本政府致力于使全社会从“努力确保供需平衡”过渡到“享受水利利益”。为了更好顺利完成新水资源政策，日本政府从以下三个方面采取了相应措施：①构建安全的水资源利用社会；②促进水资源的可持续利用；③鼓励与水和能源相关的公司企业的发展。

七、关于水的国际合作

自1977年联合国水务会议以来，日本积极参与各种有关水问题的国际会议讨论，包括联合国水与卫生咨询委员会、世界水论坛和亚太水峰会、促进有关水与灾难的国际讨论以及2013国际水合作年会等。

作为国际水和卫生部门的最大捐助国，日本提供了全面的支持。2006年3月，日本发布了“水和卫生设施扩展合作计划”，该计划提出，日本政府将与国际组织、其他捐助者、非政府组织等合作，利用其在水和卫生设施方面的丰富经验、知识和技术，更有效地支持和帮助发展中国家。

（樊霖，代婉黎）

沙特阿拉伯

一、自然经济概况

(一) 自然地理

沙特阿拉伯，全称沙特阿拉伯王国，位于亚洲西南部的阿拉伯半岛，国土面积为 225 万 km^2，东濒海湾，西临红海，同约旦、伊拉克、科威特、阿拉伯联合酋长国、阿曼、也门等国接壤。沙漠约占全国面积的一半，无常年流水的河流、湖泊。沙特阿拉伯地势西高东低，西部是希贾兹（Hejaz）—阿西尔（Asir）高原，其南段的希贾兹山脉，海拔 3000m 以上；中部为纳季德（Nejd）高原；东部为平原，红海沿岸地区是宽约 70km 的红海低地。西部高原属地中海式气候，其他广大地区属亚热带沙漠气候。夏季炎热干燥，冬季气候温和。

2017 年，沙特阿拉伯人口为 3309.91 万人，人口密度为 15.4 人/km^2，城市人口为 2583 万人，农村人口为 710.8 万人。伊斯兰教为国教，逊尼派占 85%，什叶派占 15%。官方语言为阿拉伯语，通用英语。沙特阿拉伯可耕地面积为 346.6 万 hm^2，永久作物面积 14.6 万 hm^2，两项合计为耕作面积，共计 361.2 万 hm^2，占全国总面积（不包括沿海水域）的 1.683%，永久草地和牧场面积为 17000 万 hm^2，森林面积为 97.7 万 hm^2。

(二) 经济

2018 年，沙特阿拉伯 GDP 约为 7865 亿美元，人均国民生产总值为 2.33 万美元，国内生产总值增长率为 2.4%。主要产业在 GDP 中的比重为：农业占 2.2%，工业（包括制造业）占 49.5%，各类服务业占 48.3%。石油和石化工业是沙特阿拉伯的经济命脉。近年来，沙特阿拉伯大力推行经济多元化政策，努

力扩大非石油生产，发展采矿和轻工业，同时重视发展农业，依赖石油的单一经济结构有所改观。沙特阿拉伯的出口以石油和石油产品为主，进口主要是机械设备、食品、纺织等消费品和化工产品。

二、水资源状况

（一）水资源

1. 降水量

沙特阿拉伯年均降水量为59mm，折合水量为1268亿m^3。各地区的年均降水量都很低，在吉达（Jiddah）为65mm，在利雅得（Riyadh）稍大于75mm，在达曼（Ad Damān）为75mm。降水量分布不均，在阿西尔（Asir）高原，年降水量可达480mm以上，主要集中在5—10月夏季季风盛行时；在鲁卜哈利（Rub'al-Khali），可能十年都没有降水。

2. 水资源量

根据联合国粮农组织统计，沙特阿拉伯水资源量情况见表1。2017年，沙特阿拉伯境内水资源总量为24亿m^3，其中境内地表水资源量为22亿m^3，境内地下水资源量为22亿m^3，重复计算的水资源量为20亿m^3，考虑境外流入的实际水资源量为0m^3，沙特阿拉伯实际水资源总量为24亿m^3，人均实际水资源量为72.86m^3。

表1　沙特阿拉伯水资源统计表

序号	项　目	单位	数量	备注
①	年平均降水量	亿m^3	1268	
②	境内地表水资源量	亿m^3	22	
③	境内地下水资源量	亿m^3	22	
④	重复计算的水资源量	亿m^3	20	
⑤	境内水资源总量	亿m^3	24	⑤=②+③-④
⑥	境外流入的实际水资源量	亿m^3	0	
⑦	实际水资源总量	亿m^3	24	⑦=⑤+⑥
⑧	人均实际水资源量	m^3	72.86	

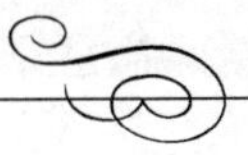

3. **河川径流**

沙特阿拉伯遇暴雨可能导致短时间内骤发洪水，其余时候河床都是干的。部分地表径流通过山谷中的沉积层渗透补给地下水，而部分径流则通过蒸发流失。最大的径流在西部地区，占全国径流总量的60%，但仅占全国总面积的10%。其余40%的总径流在西部海岸塔哈马（Tahama）的最南部，仅占全国总面积的2%。

4. **湖泊**

沙特阿拉伯的湖泊主要有沙博科海特马蒂（Sabkhat Matti）湖、艾斯法尔（Al－Asfar）湖等。沙博科海特马蒂湖是位于沙特阿拉伯和阿拉伯联合酋长国边界上的一个干湖。艾斯法尔湖位于哈萨（Al－Hassa）绿洲东边13km处，距离达兰（Dhahran）约130km，是沙特阿拉伯东部省最重要的浅水湿地湖之一，艾斯法尔湖拥有湿地、盐沼、沙丘以及大面积开阔水域。由于盐分积累和湖水蒸发，目前艾斯法尔湖盐度很高。

（二）水资源分布

1. **分区分布**

沙特阿拉伯是世界上最干旱的区域之一，它的水资源主要来源于：深处化石含水层的不可再生地下水、浅层冲积含水层的可再生地下水、海水淡化水以及地表水，其中地下水占40%，海水淡化水占50%，地表水占10%。地表水以及可再生含水层水集中于降雨较多的西部和西南部。因此，沙特阿拉伯沿海地区主要采用海水淡化水，西南区域主要采用地表水，其他区域则主要采用地下水。首都利雅得的水资源供应很大程度上依靠波斯湾的海水淡化。

沙特阿拉伯可分为红海流域、叙利亚沙漠流域以及内志流域。沙特阿拉伯建造了超过200个水坝用于拦截频发的短暂洪水，水库每年可拦截4.5亿m^3径流，主要用于农业灌溉。较大的水坝位于季赞（Jizan）干河床，法蒂玛（Fatima）干河床，比沙（Bisha）干河床以及纳季兰（Najran）。

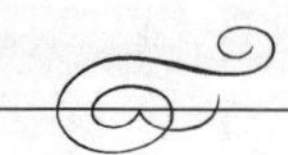

2. 国际河流

沙特阿拉伯无常年流水的河流，只有一些干河床。巴廷(Al－Batin) 干河床上的河流曾是一条国际河流。巴廷干河谷为东北—西南走向，长 75km，自 1913 年起，它被认为是西科威特与伊拉克的边界。

三、水资源开发利用

(一) 水利发展历程

20 世纪 60 年代以来，沙特阿拉伯政府兴办水利发展农业。第一个发展计划（1970—1974 年）中，包含建造各种灌溉及排涝工程，修建水库；第三个发展计划（1980—1984 年）中，增加了海水淡化厂、水坝、水利系统设施的建设；第五个发展计划(1990—1994 年）中，开始制定措施节约使用水资源，又建造了一些水利设施。

据 2013 年《阿拉伯新闻》报道，沙特阿拉伯在未来 20 年内，投入超过 7000 亿沙特里亚尔用于水电设施的升级以及相关基础工程建设。

2014 年，沙特阿拉伯国家水公司宣布，为改善首都利雅得的供水和污水处理服务，计划投资 40 亿沙特里亚尔（约合 10.6 亿美元）实施一系列水利基础设施项目。除利雅得外，沙特阿拉伯水电部与多家单位签订了一系列水利和污水处理项目合同，项目地点覆盖全国各个地区，总合同额超过 3.12 亿沙特里亚尔，具体项目内容包括新建污水处理厂、翻新扩建水利管网、新建大型储水设备、水利项目的经营和维护等。

(二) 开发利用与水资源配置

1. 坝和水库

沙特阿拉伯现有 258 个大坝，其中有 54 个正在运行，大坝总容量为 9.08 亿 m^3。沙特阿拉伯主要大坝见表 2。

2. 供用水情况

根据联合国粮农组织统计，2017 年，沙特阿拉伯全国总取水量约为 233.50 亿 m^3。其中农业取水量为 192.00 亿 m^3，占总

取水量 82.23%，工业取水量为 10 亿 m^3，占总取水量 4.28%，城市取水量为 31.50 亿 m^3，占总用水量 13.49%。沙特阿拉伯人均年取水量为 708.9m^3。从来源看，地下水供水量为 210.0 亿 m^3，占总供水量的 89.94%，地表水供水量为 1.9 亿 m^3，占总供水量的 0.81%，淡化水供水量为 21.6 亿 m^3，占总供水量的 9.25%。

表 2　　　　沙特阿拉伯主要大坝

大坝名称	坝型	用途	建成年份	坝高 /m	库容 /万 m^3
阿布哈（Abha）	重力坝	供水	1974	33	213
艾斯（AlEis）	土坝	其他	1982	15	100
萨拉特（AlSarat）	堆石坝	补偿	1980	22	150
纳季兰干河床	拱坝	补偿	1980	73	8600
阿里达哈（Aridah）	—	供水	1984	24	2100
伊特瓦德（Itwad）	土坝	补偿	1982	22	624
季赞（Jizan）	重力坝	灌溉	1970	35	5100
塞姆南（Samnan）	堆石坝	补偿	1980	21	150
塔拉巴哈（Tarabah）	重力坝	其他	1981	21	2000
腾达哈（Tendaha）	重力坝	补偿	1984	25	2200
图拉巴（Turaba）	—	供水	1984	15	280
安南（Anam）	—	其他	1985	24	200
费思（Feth）	—	其他	1985	25	250
萨拉巴（Saraba）	—	其他	1985	15	100
贝达（Beda）	—	其他	1985	24	300
阿拉奎库（Alaquiqu）	—	供水	1988	31	2250
巴斯尔（Bsl）	—	其他	1988	15	150
科尔恩（Qrn）	—	其他	1988	27	150
谢尔拉（Sheyra）	—	其他	1988	26	330

续表

大坝名称	坝型	用途	建成年份	坝高/m	库容/万 m^3
罗德哈（Rodha）	—	补偿	1990	15	250
瓦斯塔（Wasta）	—	其他	1990	15	1500
法赫德王（KingFahd）	—	其他	1998	103	32500
海尔瓦赫（Helwah）	—	其他	2002	15	1000
巴德瓦赫（Bdwah）	—	供水	2002	30	200
格尔拉巴（Ghraba）	—	供水	2005	25	150

3. **跨流域调水**

沙特阿拉伯首都利雅得的供水很大程度上来源于波斯湾的海水淡化水，泵送距离约为467km。除此以外，目前未见沙特阿拉伯有跨流域调水工程。

（三）洪水管理

1. **洪灾情况**

防灾网统计数据显示，沙特阿拉伯的洪灾频发，并且造成的损失也比较严重，1980—2010 年，沙特阿拉伯共发生 10 次洪灾，影响人口为 2.86 万人，死亡人数为 316 人，造成经济损失 135 万美元（经济损失只有 2 场洪水有统计数字）。沙特阿拉伯最大的两个城市利雅得和吉达洪水灾害较多。2009 年 11 月 25 日，吉达发生了 27 年来的最大洪水，造成 161 人死亡。

2. **防洪工程体系**

沙特阿拉伯最主要的大坝大都用于防洪，主要包括：哈利、木尔瓦尼、利斯、巴伊什以及拉比赫。

2011 年，沙特阿拉伯与美国艾易康公司签订了约 1.71 亿美元的合同，以获取吉达的防洪、污水处理等问题的解决方案。2013 年，沙特阿拉伯与中国港湾工程有限责任公司签订了 5 亿美元的吉达防洪项目合同，解决吉达因春季降水造成的洪水灾害，内容主要包括建设城市基本公共设施，如：渠道、大坝、管

道、桥梁、涵洞和公路等。

(四) 水力发电

1. 水电开发程度

沙特阿拉伯的水资源以地下水、淡化海水为主，水电蕴藏量很少。据世界银行统计，截至 2015 年，沙特阿拉伯水力发电量在总发电量中的占比为 0，说明沙特阿拉伯没有水电开发。

2. 各类水电站建设概况

沙特阿拉伯目前拥有的大坝都不具备发电功能，在全球能源观测台的水电站数据库中，没有沙特阿拉伯的水电站记录。

(五) 灌溉排水

1. 灌溉与排水发展情况

根据联合国粮农组织统计，2004 年，沙特阿拉伯配备灌溉设施的土地总面积为 162 万 hm^2。2000 年灌溉取水中没有地表水，167.9 万 hm^2 为地下水，占 97.0%，5.192 万 hm^2 为直接使用处理污水，占 3.0%。2006 年，作物的总灌溉面积约为 121.4 万 hm^2。

由于浅层不透水层的存在，沙特阿拉伯的几个地区出现了排水问题，1.085 万 hm^2 灌溉面积有受政府管理的排水设施，占配备灌溉设施面积的 0.6%。在一些项目里，如东部的哈萨灌溉项目，农业排水在与地下水混合后被重新用于灌溉。

2. 灌溉与排水技术

沙特阿拉伯现代灌溉包括局部灌溉和喷灌，占沙特阿拉伯灌溉面积的 66%；剩下的 34%采用表面灌溉，称为传统灌溉。国际灌排委员会的数据显示，2004 年，沙特阿拉伯配备灌溉设施的土地中喷灌面积为 71.6 万 hm^2，微灌面积为 19.8 万 hm^2，两者共 91.4 万 hm^2，占配备灌溉设施的土地总面积的 56.4%。

排水系统主要由排水明沟组成。

四、水资源保护与可持续发展状况

(一) 水环境现状

沙特阿拉伯很重视农业，在很多发展计划中都给予了农业优先

权，大部分农场位于拥有良好水质的地下含水层区域，然而，许多农场缺乏节水意识，对水资源使用缺乏计划和管理，导致了含水层消耗以及农场因不经济而弃置。在过去20年间，许多古老的泉水和浅含水层已经枯竭，一些商业农场的地下水位下降了超过200m。

主要城市及其周边地区过度用水导致过去20年浅水水位一直在上升。过度的家庭、灌溉用水，供水和污水系统的渗漏，缺少表面排水设施，导致了此局部问题的出现。同时，过量的用水也产生了过量的污水，导致水污染并影响公共卫生和生活标准。过度的地下水使用导致了东部海岸许多沿海含水层发生海水入侵。

此外，未经处理的工业废水导致了许多环境问题，包括地下水污染、土壤污染、水资源浪费等。

（二）水质评价与水质监测

利雅得和阿萨地区的地下水都是中度盐化的，包含了大量氯化物。利雅得地区的水没有碱性问题，而阿萨地区14%的水体存在碱性问题。两个地区的酸碱度和碳酸氢盐值都在正常范围内，硼和微量元素也基本在容许水平内，然而硝酸盐浓度都比地下水正常范围高，表面地下水易受农业扩张带来的硝酸盐污染。水质监测主要由计量与环境部门或者任何其他指定机构负责实施，监测方案包括监测参数、采样地点和频率、采样方法和设备、质量保证和结果验证方法、工作人员的责任和必要的资格证书以及记录和报告要求。

（三）水污染治理与可持续发展

沙特阿拉伯建设了大约覆盖500万人的污水处理设备，并且计划建设更多的污水处理设备。美国沙特阿拉伯商业委员会出版的《沙特阿拉伯水行业》中提到了多个污水处理项目：利雅得污水处理计划、吉达污水处理计划、其他污水处理项目等。

五、水资源管理

（一）管理模式、管理体制、机构及职能

2001年，沙特阿拉伯水利部成立，包含城市和农村事务部的

一部分和前农业和水利部的一部分业务。新成立的水利部主要负责管理水行业，制定与水相关的政策，建立管理水资源和高效、可持续提供水服务的机制。2004 年，水利部开始负责电力行业，于是重建为水利和电力部，以此保证在海水淡化和电力生产之间的优化协调。水利和电力部有两个主要计划：水资源开发，包括所有与地质、水文研究，废水再利用调查，钻井和大坝建设，以及编制国家水资源规划相关的活动；饮用水供应，包括通向各个没有地方水务局的城市和乡镇或者直辖市的饮用水供应网络的建设。

农业部负责方案的运行和维护计划，其负责灌溉网络、排水、害虫防治等，而农场内的水资源管理由农民负责。2005 年 1 月，农业部建立了灌溉事务总署，继承原属农业部的水资源部门。灌溉事务总署负责组织、计划、监测、发展、运行和维护灌溉和排水项目和计划，同时负责现代化系统的应用、作物需水量的确定，并确保灌溉水不会对公共卫生产生危害。

国家灌溉局自 1982 年起在利雅得省开始运行，对沙特阿拉伯最大量（占总年均处理污水的 33%）的处理污水进行再利用，主要用于农业灌溉。国家灌溉局负责基础设施的运行、再生水的监测及标准和指导方针的制定。

咸水转化公司负责海水淡化厂的建设、运行和维护。

（二）取水许可制度

沙特阿拉伯的水源是公共财产，要求钻井人取得政府当局的许可，即获得钻井许可证。

（三）涉水国际组织

沙特阿拉伯参与的涉水国际组织主要有联合国粮农组织、国际灌排委员会、联合国教科文组织、联合国环境规划署、世界水理事会等。

六、水法规与水政策

水利和电力部创立之后，不同的水法规都在修订和重新制定，以确保和新的制度结构的兼容性。同时，由农业部审阅农业政策。

2012年，沙特阿拉伯公布了《国家环境水质标准》和《废水排放标准》。前者通过保护供水和自然水生环境建立了一个周围环境水质的可持续管理框架，标准适用于所有沿海水、地下水以及任何永久或临时的地表淡水；后者适用于排放废水的公司和个人，规定废水排放必须遵守排放限制、许可证要求以及水的重用和保护要求。

沙特阿拉伯推进的两项政策为：①对经处理污水进行监测以供农业和工业使用；②国家水法及其附则的执行政策。

2009年3月，沙特阿拉伯启动了卡特拉（Qatrah）计划，要求公民减少用水量，从每人每天用水量0.263m^3减至0.150m^3（2030年）。

七、国际合作情况

沙特阿拉伯与周边国家共享地下含水层，预计每年从沙特阿拉伯含水层流向约旦、巴林王国、伊拉克、科威特和卡塔尔的水量为3.94亿m^3，其中流向约旦的为1.8亿m^3。从沙特阿拉伯通向约旦有一个320km长的独立化石含水层，两国自20世纪80年代起都从此含水层中抽水，并有一个协议约定约旦每年从此含水层中取水2000万m^3。

沙特阿拉伯与日本有较多合作：水利和电力部与日本国土交通省签订了谅解备忘录；水利和电力部与日本经济贸易产业省形成了谅解备忘录草案；日本国际协力机构在沙特阿拉伯西南地区完成了总体规划研究；水利和电力部与日本国家协力机构基于共享成本模型展开了技术合作。

2009年5月16日，沙特阿拉伯与巴西政府在利雅得签订了《巴西政府与沙特阿拉伯王国政府技术合作协议》。此协议是能源和排水技术合作的双边协议，由15项条款组成，指定了为共享技术信息而将要开展合作的技术领域，比如水力资源技术知识、排水处理和管理、利用水进行能源生产等。此协议将取代1975年签订的技术和经济合作协议。

（范卓玮，郭姝姝）

斯 里 兰 卡

一、自然经济概况

（一）自然地理

斯里兰卡，全称斯里兰卡民主社会主义共和国，首都科伦坡(Colombo)，是南亚次大陆东南印度洋中的一个热带岛国，北隔宽 32km 的保克海峡与印度相望，地理位置十分重要，为印度洋北部东西航线的必经之地，是西北太平洋地区与西亚、欧洲、非洲之间海上交通的要冲。主岛似梨状，形如印度半岛的一滴眼泪，镶嵌在广阔的印度洋海面上。南北长 434km，东西宽 225km，包括沿海的若干个小岛在内，国土面积约为 6.56 万 km^2，海岸线全长为 1770km。

2017 年，斯里兰卡可耕地面积为 130 万 hm^2，永久农作物面积为 100 万 hm^2，永久草地和牧场面积为 44 万 hm^2，森林面积为 206.34 万 hm^2。

斯里兰卡地势以中部偏南最高，向四周沿海地区逐渐递降。斯里兰卡习惯将海拔 300m 以下地区称为低地（包括沿海平原)，将海拔 300m 以上地区称为高地（包括山区)。中部山区包括海拔 500m 以上的低山丘陵和海拔 1000m 以上的高山。中部山区约占斯里兰卡总面积的 1/5，属断块山区。隆起的山块受夷平作用，山顶平坦，形似高原，如哈通高原、威利马达高原等。最高峰皮杜鲁塔加拉峰，高达 2527m。

沿海平原在全岛做环状分布，根据地理位置的不同分为三部分：①西南平原——位于岛的西南部，北起代杜鲁（Deduru）河，东南止于瓦勒韦（Walawe）河，是河流下游的冲积平原。②东南平原——介于瓦勒韦河与玛哈韦利（Mahaweli）河之间，

背靠150～300m的低矮台地。在玛哈韦利河、基林迪河与瓦勒韦河流经的地区，冲积平原较宽。沿海多潟湖，其中巴提卡洛亚潟湖最著名。有些潟湖被流入其中的河流冲积物所淤塞，已开垦成稻田。③北部平原——是斯里兰卡三个平原中的最大的一个，包括从代杜鲁河往北，绕过贾夫纳半岛，一直到玛哈韦利河这一带的沿海平原。平原的西北部有一系列北西走向的低矮的石山。

斯里兰卡岛上一年两次季风，4—9月有来自西南方向的季风，10月至次年3月有来自东北方向的季风。斯里兰卡虽然面积不大，但由于西南部有中部山区的阻挡，西南季风期和东北季风期降雨的地区，气候有明显差异。西南部为潮湿区，东北部及其他地区为干燥区。西南部在西南季风期有大量的降雨，降水量约占全年降水量的56.3%。在东部和北部地区，西南季风已变性成焚风，这些地区通常比较干燥。10月以后，斯里兰卡为东北季风所控制，一直延续到次年3月底。这时斯里兰卡岛的北部和东北部多雨，雨量集中，占全年降水量的75.7%。全年降雨量西南部为2540～5080mm，西北部和东南部则少于1250mm。斯里兰卡的年平均相对湿度一般在70%以上。在西南地区，相对湿度较大，如科伦坡平均相对湿度达80%以上。其他地区相对湿度稍低，如东北部的亭可马里为72%，西北沿海的漫纳尔为77%。

由于斯里兰卡靠近赤道，全国除少数山区外，气候终年炎热，年平均气温为26～28℃。在西南季风期前夕，全国气温较高，平均最高气温在29℃以上；西南季风来临时，降雨较多，气温下降。在东北部广大地区，受西南季风影响较小，气温一般比西南地区略高。

2017年，斯里兰卡人口为2144.4万人，人口密度为342人/km^2，城市化率为18.4%。僧伽罗族占74.9%，泰米尔族15.3%，摩尔族9.3%，其他0.5%。僧伽罗语和泰米尔语同为官方语言和全国语言，居民约70%信奉佛教。

（二）经济

斯里兰卡以种植园经济为主，主要作物有茶叶、橡胶、椰子

和稻米。工业基础薄弱，以农产品和服装加工业为主。2017 年，斯里兰卡可耕地面积为 130 万 hm^2，永久农作物面积 100 万 hm^2，永久草地和牧场面积 44 万 hm^2，森林面积 206.34 万 hm^2。谷物产量约为 258 万 t，人均约为 121kg。

旅游业是斯里兰卡经济的重要组成部分，是斯里兰卡第四大收入产业。游客主要来自欧洲、印度、东南亚等国家和地区。2012 年入境人数为 100.6 万人次，同比增长 17.5%，旅游业收入 10.4 亿美元，同比增长 25.1%。但近年来由于斯里兰卡国内局势动荡，入境游客急剧减少。

2017 年，斯里兰卡 GDP 为 880.1 亿美元，人均 GDP 为 4104 美元。GDP 构成中，农业占 9%，采矿、制造和公用事业占 22%，建筑业占 9%，交通运输业占 13%，批发、零售和旅馆业占 13%，其他占 34%。

二、水资源状况

（一）水资源

根据 2011 年联合国粮农组织数据，斯里兰卡多年平均降水量为 1712mm，折合水量为 1123 亿 m^3。境内水资源总量为 528 亿 m^3，其中境内地表水资源量为 520 亿 m^3，境内地下水资源量为 78 亿 m^3，重复计算的水资源量为 70 亿 m^3；境外流入的实际水资源量为 0。实际水资源量为 528 亿 m^3，人均实际水资源量为 $2529m^3$。

全岛共有大小河流 103 条，其中有 39 条是集水面积超过 $259km^2$ 的主要河流，有 94 个小海湾。河流自中部山地向四周呈放射状流入印度洋，其中向东、向西和向南的河流比向北的河流短。可根据河流所在区域，将其分为 3 类：①受西南季风影响的潮湿区河流；②受东北季风影响干燥区河流；③同时受到两种季风影响的过渡区河流。各区主要河流流域面积及径流量，见表 1。这些河流有较大的灌溉和发电潜力。

（二）水资源分布

全岛包括 5 个地下水分区：①中部高原区，地下水资源不丰

表1　　各区主要河流流域面积及径流量

分区	河　名	流域面积 /km^2	年径流总量 /亿 m^3
潮湿区	凯拉尼（Kelani）河	2292.0	71.66
	博尔戈达（Borgoda）河	378.0	8.25
	卡卢（Kalu）河	2720.0	77.66
	本托塔（Bentota）河	629.0	17.61
	金（Gin）河	958.0	19.13
	尼尔瓦拉（Nilwala）河	971.0	14.93
	乌鲁博卡（Uruboka）河	352.0	2.54
	卡兰巴拉（Karambala）河	596.0	3.60
	马哈（Maha）河	1528.0	19.37
	阿塔纳加卢（Atanagaru）河	735.0	7.62
过渡区	马哈韦利（Mahaweli）河	10448.0	53.13
	瓦勒韦（Walawe）河	2470.0	22.0
	代杜鲁（Deduru）河	2647.0	15.07
干燥区	马拉拉（Malala）河	404.0	1.62
	基林迪（Kilindi）河	1178.0	6.62
	梅尼克（Menik）河	1287.0	6.46
	昆布坎（Kumbukan）河	1233.0	7.22
	维拉（Vila）河	490.0	2.36
	赫达（Kheda）河	611.0	3.73
	卡兰达（Kalanda）河	427.0	2.42
	加尔（Gal）河	1813.0	17.49
	安代拉（Andela）河	528.0	3.99
	温尼奇查伊（Winichayi）河	350.0	1.88
	蒙代尼（Mondani）河	1295.0	7.51
	马杜鲁（Maduru）河	1560.0	13.98
	坎塔莱（Kantale）河	450.0	2.72

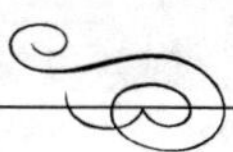

续表

分区	河　名	流域面积/km^2	年径流总量/亿 m^3
干燥区	潘库兰（Pankhuram）河	331.0	2.75
	扬（Yan）河	1538.0	7.85
	马（Ma）河	1036.0	4.74
	珀（Po）河	378.0	2.28
	卡纳卡拉扬（Kanakarajan）河	905.0	4.15
	曼代卡尔（Mandekar）河	300.0	1.49
	珀里（Puri）河	456.0	2.01
	珀兰吉（Perange）河	862.0	3.28
	纳伊（Nye）河	567.0	1.79
	阿鲁维（Aruvi Aru）河	3284.0	12.38
	莫代拉戈马（Mordaeragoma）河	943.0	3.1
	卡拉（Kala）河	2805.0	10.6
	米（Me）河	1533.0	1.48

资料来源：《各国水概况》，1989。

富。虽然地处潮湿区，雨量较多，但该地区系火成岩，只在裂隙和覆盖层内含少量水。②干燥带地区，地下水资源亦不大。该区雨量少，由数种基岩组成，在基岩裂缝里和岩石低凹处、冲积土内有一些地下水。③北部石灰岩区，地下水资源较丰富。该区位于西部沿海，北起普塔兰，呈狭窄带状，一般在石灰岩上覆盖一层红色冲积土，厚达 6m 左右，在石灰岩岩溶和水道的连接和断裂处可望有大幅地下水，但由于靠近海岸，受到海水入侵的影响。④沿海区，该区的渗透性土壤层含有淡水，这种淡水一般浮在入侵海水层上面，若大量抽取这种淡水会抽到海水，不宜利用。⑤贾夫纳半岛区，是石灰岩地带，地下水最丰富。该地区地表平坦，土层薄，岩溶内积蓄大量地下水，已大量利用于种植蔬菜和经济作物。

三、水资源开发利用

（一）水利发展历程

斯里兰卡的水利发展经历了以下几个重要时期：早在公元前五六世纪，在阿努拉达普拉（Anuradhapura）已建有小水库。到12世纪（1153—1186年），水利事业发展较快，如巴拉克马海水库，至今仍有纪念意义。后来，由于殖民统治，水利事业发展缓慢，甚至停滞不前。

1948年独立后，制定了1948—1954年的计划，兴建了一批水利工程。如加尔河水力发电工程，1949年开始兴建，1951年12月10日建成并发电。

斯里兰卡各区河流的情况不同，水利开发程度和重点不一。潮湿区雨量充沛，灌溉问题不大，重点是利用水力发电和解决低地的防洪除涝问题；干燥区则灌溉问题比较突出。

（二）开发利用与水资源配置

斯里兰卡大坝网络由将近350座大型、中型坝和12000多座小型坝组成。超过15m的大坝共有50个，其中大部分的用途是灌溉，只有17个是用来发电。英国曾在1805—1948年统治该国。斯里兰卡独立后，发现了这些坝的价值，并对其进行了修复和重建。1938—1985年兴建的近代坝大多是土坝和土石坝，主要用于发电、灌溉和防洪。现代坝主要为多目标的混凝土重力坝、拱坝、混合坝和土石坝，这些坝建于1973—1988年，采用了新的大坝设计技术和施工工艺，是马哈韦利河开发计划的一部分，该计划是斯里兰卡实施的最大的流域开发计划。其他12000座小型坝通常被称为乡村蓄水池，库容很小，可进行季节性蓄水，用于满足当地农民的生活、灌溉以及环境用水。斯里兰卡部分大型水库情况见表2。

（三）供用水情况

斯里兰卡的供用水主要来源有地表水和地下水。目前，斯里兰卡广泛地使用地下水。由于人口增长、变化无常的降雨妨碍了

稳定使用地表水，以及地表水源逐渐被污染，在过去的二三十年

表2　斯里兰卡部分大型水库情况

水库名称	所在河流名称	坝高/m	库容/亿 m^3
加尔奥耶（Gal Oya）	加尔河	33.5	9.50
维多利亚（Victoria）	马哈韦利河	106	7.3
马杜鲁奥耶（Maduru Oya）	马杜鲁河	30	—
西开普（Samanalawewa）	瓦勒韦河	110	2.18
卢努加姆韦赫拉（Lunugamwehera）	基林迪河	12.5	2.26
坎塔莱（Kantale）	坎塔莱河	11.8	1.4
明内里亚（Minneriya）	马哈韦利河	11.6	1.36
考杜拉（Kaudulla）	马哈韦利河	9.1	1.28
帕拉克拉马斯穆德拉（Parakrama Samudraya）	马哈韦利河	7.62	1.34
帕朗奥耶（Pallan Oya）	加尔河	16.76	1.15
帕达维亚（Padaviya）	卡纳卡拉扬河	7.3	1.05
拉詹加纳（Rajan Gana）	卡拉河	10.67	1.0

资料来源：FAO 统计数据库，http：//www.fao.org/aquastat/en/countries-and-basins/country-profiles/country/LKA

中，地下水得到大力开发。2005 年，斯里兰卡用水总量为 130 亿 m^3，其中农业用水量占 87%，工业用水量占 6%，城市用水量占 6%。人均年用水量为 654m^3。

据统计，斯里兰卡约有 72%的农村人口（约占总人口 79%）和 22%的城镇人口的生活用水为地下水，共占总人口的 60%。科伦坡和康迪（Kandy）两大主要城市用水大部分依赖地表水，但某些中心城镇是依靠地下水源。300 个城镇和乡村的供水系统中，约有 1/3 取自浅层和深层的地下水源，这不包含 1600 万 m^3 私人水井的水量。在无供水系统地区，私人水井（多数为浅层）抽取的地下水量（约 4 亿 m^3/年）和用户数量（1100 万人或过半人口）都很惊人。

通过管道系统用于工业的地下水量总体上少于生活用水。许

多公司有自己的水井，这些水井有可能登记过，但多数没有计量水量，包括用途最大的灌溉用水，全国每年抽取的地下水量估计达 150 亿 m^3。

在北部西北低地干旱区域，由于农业发展，以及自 20 世纪 80 年代中期开始的补贴地下水灌溉或地表-地下水结合灌溉，地下水资源面临很大压力。在以提高用水效率为目标的资助计划的帮助下，农场主们正逐步采用微灌技术。20 世纪 90 年代农业井由无到有，直至增加至 5 万多个，干旱地区大约有 55%的农场主使用地下水。

斯里兰卡地表水也有一定的开发利用，大量的水坝满足了一定的生产、生活、灌溉以及环境用水需求。目前，马哈威利工程是斯里兰卡已建的最大的多用途开发项目。为治理马哈威利河流，1964—1968 年制定了马哈威利总体规划，开发农业用地 36.5 万 hm^2。

（四）水力发电

斯里兰卡有着悠久的水电发展历史。自从斯里兰卡茶园工厂开始利用微水电发电以来，水电已成为该国最主要的能源资源。斯里兰卡一年只有两个季风雨季，因此直到 2010 年以后水电才成为主要的电力资源。水电开发主要利用马哈韦利、凯拉尼、瓦勒韦及卡卢等四大河流的水力资源，总装机容量达 120.8 万 kW。该国水电理论总蕴藏量约为 82.5 亿 kWh/年，其中经济可开发的约为 72.55 亿 kWh/年；技术可行的约为 207.7 万 kW，目前已开发其中的 74%。

现有水电站总装机为 140.1 万 kW，在平均水文条件下具备 44.65 亿 kWh/年的发电能力。现有水电站 50 年的运行经验表明，即使在干旱年份，其最低发电能力也可达到约 31 亿 kWh/年。该国水电站主要拥有者是锡兰电力局，形成如下三大类水利枢纽：①马哈威利电站，位于该国最长、最重要的河流马哈威利河上，总装机为 66 万 kW；②凯拉尼电站，位于该国第二大河凯拉尼河上，总装机为 33.5 万 kW；③其他水电站，分布在不同河流上，其中包括萨马纳拉（Samanala）电站。

斯里兰卡并网小水电发展迅速，总装机从 1996 年的 120kW 增至 2013 年的 23 万 kW。这些小水电站的单机容量均低于 1 万 kW，由私营业主负责运营，锡兰电力局通过与私营业主签订购买电力标准协议来购买电力。斯里兰卡还有 12 万 kW 小水电或微水电的开发计划。斯里兰卡部分小水电站见表 3。

表 3　　斯里兰卡部分小水电站

水电站名称	所在河流名称	装机台数	装机容量/万 kW
拉克萨帕纳（Laxapana）（一期）	凯拉尼	3	2.5
拉克萨帕纳（二期）	凯拉尼	2	2.5
诺顿（Norton）	凯拉尼	2	5.0
波尔皮蒂亚（Porpitiya）	凯拉尼	2	7.5
因吉尼亚加拉（Inginiyagala）	加尔	4	1.1
新拉克萨帕纳（New Laxapana ）	凯拉尼	2	10.0
乌达瓦勒韦（Uda Walawe）	瓦勒韦	3	0.6
柯特马尔（Kothmale）	马哈韦利	2	15.0
维多利亚（Victoria）	马哈韦利	3	21.0
兰德尼加拉（Randenigala）	马哈韦利	—	12.0
昌德里卡韦瓦（Chandrika）	瓦勒韦	—	12.9
萨马纳勒韦拉（Samanalawewa）	瓦勒韦	—	12.0
加尔奥耶（Gal Oya）	加尔	—	1.1

四、水资源保护与可持续发展状况

（一）水体污染情况

尽管斯里兰卡有丰富的水资源，但其可用水资源因为污染而在日趋减少。农业是斯里兰卡农村人口的主要谋生之路，但是较差的农业管理却对水质造成了负面影响。工业废弃物、城市垃圾和家庭垃圾也造成了水污染。

1. 农业

农业是斯里兰卡的支柱性产业，并且农业作为一个面源污染源，其对水体产生的影响更大。一些农耕区平均每公顷用化肥

120多kg，这个用量远远高于亚洲其他的国家。随着水稻种植和茶种植工业的发展，杀虫剂的用量也同时增加。该国每年的杀虫剂用量是2800t。据估计大约的25%杀虫剂最后都进入了海里。

2. 生活垃圾和工业废物

在斯里兰卡，不断增加的城市和工业垃圾是个很严重的环境问题。该国几乎每个城市都面临着缺少合适的倾倒和回收工业废物的办法。例如：科伦坡是其中被工业废物影响最大的一个城市，每天不得不处理大约1500t的固体垃圾。由于缺乏合理的城市垃圾管理及垃圾回收设施，造成了城市垃圾随地倾倒的现象。这些必然会造成水体的污染。

（二）水污染治理

为了应对日益严峻的水污染问题，斯里兰卡政府制定了诸多的政策和法规，例如《国家环境政策法案》《分水岭管理法案》和《国家环境条例》。这些法规产生了一定的积极作用，例如：计划将种水稻的农民所用的有机化肥的比率增加到所有化肥使用量的25%，这不仅能有效的缓解农业带来的水体污染，也能增加农民的环保意识。

但是，目前这些政策法规在很多方面缺乏必要的实施细则，斯里兰卡的水污染治理工作任重而道远。

五、水资源管理

斯里兰卡的水资源作为免费的公共产品，由国家管理。水权与土地所有权相关联，土地所有者同时拥有其土地下的水，并有权抽取地下水，土地所有者也可利用降落在他们土地上的雨水。但是，斯里兰卡所有的河流属于公共所有。

1994年，斯里兰卡国家规划部联合30多个与水资源开发和管理有关的机构和组织，在亚洲开发银行和美国国际开发署的援助下，完成了水资源综合管理制度评价，主要包括以下3个方面9项内容：①政策法规基础。国家政策和目标，水行业政策和目标，法律法规。②参与方。国家机构，社会团体，私人组织，合

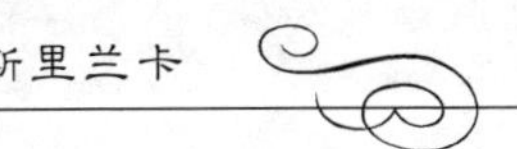

作机构。③信息和技术基础。技术研发，信息和技术。在此基础上，斯里兰卡拟定了一项行动计划：制定国家水政策；颁布国家水法，修订与水务有关的法例；组建一个独立的水资源管理机构；制定流域综合规划；建立完善的数据信息系统。1995 年 7 月，政府批准了该行动计划，并成立了水资源委员会来监督行动计划的执行。

2004 年，斯里兰卡政府为提高灌溉农业的生产力，减少政府在灌溉方面的支出，出台了一项“参与式管理”的政策，将灌溉管理责任转移给农民组织。

斯里兰卡大约有 50 多部水相关的法律，这些法律多是为了满足特定的需要而制定的，由不同的机构管理，存在许多重叠、空白或者相互矛盾的地方。

目前，斯里兰卡涉及水资源管理的部门主要有以下几个：斯里兰卡水利灌溉和水资源管理部、斯里兰卡马哈韦利管理局、锡兰电力委员会、国家给排水局。

该国灌溉和水资源管理部、电力与能源部负责水电发展方面工作。只有 74%的农村人口能够使用到安全的供水系统，城市供水系统可以覆盖 98%的城市人口。在城市和农村的人均用水量是 180L/天和 140L/天。

六、国际合作情况

2009 年年末，国家农业发展部与贝利（Poyry）集团签订了一个新的项目，项目包括 32 个已有大坝的安全评估、修复工作的设计等。这个项目是由世界银行大坝安全项目所资助。

2011 年中工国际与斯里兰卡灌溉和水资源管理部签署了约合 11.1 亿元人民币的斯里兰卡延河灌溉项目合同。2014 年，中工国际与斯里兰卡灌溉和水资源管理部签署斯里兰卡南部调水项目商务合同。合同金额为 6.9 亿美元，约合 42.39 亿元人民币。此次的项目位于斯里兰卡南部省汉班托塔区，内容为新建四座大坝、四条总长度为 44km 的输水隧洞和一座 2 万 kW 的水电站。

（罗琳，代婉黎）

塔吉克斯坦

一、自然经济概况

（一）自然地理

塔吉克斯坦，全称塔吉克斯坦共和国，国土面积为 14.31 万 km^2，位于中亚东南部。东部与中国毗邻，南与阿富汗接壤，西邻乌兹别克斯坦，北接吉尔吉斯斯坦。塔吉克斯坦境内多山，山地面积约占国土面积的 93%，有“高山国”之称，北部山脉属天山山系，中部属吉萨尔-阿尔泰（Guisar-Altai）山系，东南部为冰雪覆盖的帕米尔（Pamirs）高原，最高峰为共产主义（Communism）峰，海拔为 7495m。北部是费尔干纳（Fergana）盆地的西缘，西南部有瓦赫什（Vakhsh）谷地、吉萨尔（Guisar）谷地和喷赤（Pyandzh）谷地等。群山上的冰川和积雪融化形成了条条奔腾不息的河流，大部分河流属咸海水系，主要有锡尔（Syr Darya）河、阿姆（Amu Darya）河、泽拉夫尚（Zeravshan）河、瓦赫什（Vakhsh）河和菲尔尼甘（Finnigan）河等。境内湖泊颇多，其总面积为 10.05 万 hm^2，约占领土面积的 1%，喀拉湖最大，为盐湖。全境属典型的大陆性气候，高山区随海拔高度增加大陆性气候加剧，南北温差较大。夏季干燥炎热，降水多集中在冬、春两季。1 月平均气温为 −1～3℃，7 月平均气温为 27～30℃。据 2016 年联合国粮农组织统计，塔吉克斯坦可耕地面积为 73 万 hm^2，永久作物面积 13.3 万 hm^2，耕作面积共计 86.3 万 hm^2。

2017 年，塔吉克斯坦人口为 892.1 万人，人口密度为 63.10 人/km^2，城镇化率 27.295%。共有 86 个民族，塔吉克族占 80%，乌兹别克族占 15.3%，俄罗斯族约占 1%，此外，还有鞑

靼、吉尔吉斯、土库曼、哈萨克、乌克兰、白俄罗斯、亚美尼亚等民族。塔吉克语（属印欧语系伊朗语族）为国语，俄语为通用语。居民多信奉伊斯兰教，多数属逊尼派，帕米尔一带属什叶派伊斯玛仪支派。

（二）经济

2018年，GDP约为75.23亿美元，人均国民生产总值826.6美元，GDP增长率为7.3%。主要产业在GDP中的比重为：农业占19.2%，工业（包括制造业）占37.9%，各类服务业占42.1%。

二、水资源状况

（一）水资源概况

1. 降水量

塔吉克斯坦年均降水量为691mm，折合水量为976.9亿m^3。在温暖带谷地，年降水量较少，为150～250mm，在吉萨尔谷则更高一些。在高原地区，年降水量只有50～75mm，其中大部分降水发生在夏季。潮湿的气团从西部向山谷上方移动，突然到达低温地区而产生局部强降雪，年累积量高达75～1500mm。

2. 水资源量

据联合国粮农组织2017年统计（见表1），塔吉克斯坦境内水资源总量为634.6亿m^3，其中境内地表水资源量为604.6亿m^3，境内地下水资源量为60亿m^3，重复计算的水资源量为30亿m^3，考虑境外进入的部分水资源，塔吉克斯坦实际水资源总量为219.1亿m^3，人均实际水资源量为2456m^3。

表1　　塔吉克斯坦水资源统计表

序号	项　　目	单位	数量	备注
①	年平均降水量	亿m^3	976.9	
②	境内地表水资源量	亿m^3	604.6	
③	境内地下水资源量	亿m^3	60	
④	重复计算的水资源量	亿m^3	30	

续表

序号	项　目	单位	数量	备注
⑤	境内水资源总量	亿 m^3	634.6	⑤=②+③-④
⑥	境外流入的实际水资源量	亿 m^3	-415.5	
⑦	实际水资源总量	亿 m^3	219.1	⑦=⑤+⑥
⑧	人均实际水资源量	m^3	2456	

3. **河川径流**

塔吉克斯坦共有四个主要流域：阿姆（Amu Darya）河流域、锡尔（Syr Darya）河流域、马坎西（Marcansy）河流域以及小型封闭流域。塔吉克斯坦境内大小河流总共有985条，流程总长度超过2.5万km。

阿姆河大约有76%的流量产生于塔吉克斯坦。阿姆河最大的支流喷赤河发源于帕米尔山脉，形成了塔吉克斯坦和阿富汗的国界。在与瓦赫什河汇流之前，喷赤河的年径流量为334亿 m^3。瓦赫什河是塔吉克斯坦最大的河流，从东北到西南贯穿全国，源于吉尔吉斯斯坦，名为克孜勒苏（Kyzyl Suu）河，进入塔吉克斯坦后名为苏尔霍布（Surkhob）河，当与奥比金布（Obikhingob）河汇流之后成为瓦赫什河，当瓦赫什河与喷赤河汇流之后，成为阿姆河。科法尔尼洪（Kofarnihon）河是阿姆河的另一大支流，发源于塔吉克斯坦，是塔吉克斯坦与乌兹别克斯坦的界河，然后再次进入塔吉克斯坦，汇入阿姆河。塔吉克斯坦每年汇入阿姆河的水量约为594.5亿 m^3。锡尔河流域位于塔吉克斯坦西北部，流域1%的水量来自塔吉克斯坦境内的浅水河考扎巴其根（Khodzhabakirgan）河、伊斯法拉（Isfara）河以及伊斯法纳（Isfana）河，总流量为10.1亿 m^3。塔吉克斯坦极端东北有一条马坎西（Marcansy）河，流入中国。还有一些小型封闭流域，如由卡特所依（Kattasoy）河与巴斯曼德所依（Basmandasoy）河形成的流域，年径流量可以忽略。绝大多数从东向西流的河流最终注入咸海流域。塔吉克斯坦主要河流特征值见表2。

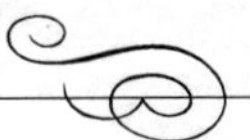

表 2　　塔吉克斯坦主要河流特征值

河流名称	长度/km	流域面积/万 hm^2	注入
阿姆河	2620	5350	咸海
锡尔河	2212	2190	咸海
喷赤河	1125	1140	阿姆河
瓦赫什河	786	390	阿姆河

4. **湖泊**

塔吉克斯坦有 1300 个天然湖，总面积为 7.05 万 hm^2，总容积为 500 亿 m^3，其中约 78% 的湖都位于海拔 3500m 以上的山区。塔吉克斯坦最大的湖是位于东北部的拉库尔（Karakul）湖，湖面面积为 3.8 万 hm^2，容积为 265 亿 m^3；第二大湖是萨雷兹（Sarez）湖，湖面面积为 0.865 万 hm^2，容积为 175 亿 m^3。

（二）水资源分布

1. **国际河流**

阿姆河流域的主要国际河流为喷赤河、瓦赫什河、科法尔尼洪河、苏尔汉（Surkhandarya）河以及泽拉夫尚河。

喷赤河发源于帕米尔山脉，形成了塔吉克斯坦和阿富汗的国界。瓦赫什河是塔吉克斯坦最大的河流，源于吉尔吉斯斯坦，名为克孜勒苏河，进入塔吉克斯坦后名为苏尔霍布河，当与奥比金布河汇流之后成为瓦赫什河。科法尔尼洪河是阿姆河的另一大支流，发源于塔吉克斯坦，是塔吉克斯坦与乌兹别克斯坦的国界，然后它再次进入塔吉克斯坦，汇入阿姆河。苏尔汉河发源于塔吉克斯坦，然后进入乌兹别克斯坦，并在乌兹别克斯坦和阿富汗的国界上汇入阿姆河。泽拉夫尚河发源于泽拉夫尚山脉与吉萨尔山脉之间，预计每年在塔吉克斯坦产生的水量为 30.9 亿 m^3，之后进入乌兹别克斯坦。

2. **水能资源**

塔吉克斯坦理论水能资源为 2635 亿 kWh/年，但只有 6% 被开发利用。喷赤河存在巨大的水能资源，最终可开发量为 0.187 亿 kW。

三、水资源开发利用

（一）水利发展历程

2011 年，塔吉克斯坦外交部宣布在水力发电领域已经有了新的进展。喷赤河拥有经济合理水能资源量 850 亿 kWh/年，大约可建造 14 个水电站，总计 1872 万 kW。已有的水电项目大都位于国家西南部的瓦赫什河，包括该国最大的水电站——300 万 kW 的努列克水电站，其发电量满足了国内大部分家庭用电。塔吉克斯坦与伊朗政府已经达成协议，伊朗将为桑格图达 2 号项目投资 1.82 亿美元。同时，塔吉克斯坦政府正在对泽拉夫尚河的水能资源开发做研究，以便解决国家北部能源短缺问题。

（二）开发利用与水资源配置

1. 坝和水库

据世界能源理事会 2013 年统计，塔吉克斯坦总的水电装机容量为 550 万 kW，实际年发电量 112 亿 kWh。塔吉克斯坦主要大坝见表 3。

表 3　　塔吉克斯坦主要大坝

大坝名称	坝型	用途	建成年份	最大坝高 /m	库容 /万 m^3
大格那萨伊（Daganasay）	土坝	灌溉、补偿	1981	62	4200
高勒夫那亚（Golovnaya）	土坝	发电、灌溉	1963	33	9500
凯拉库姆（Kairakkum）	土坝	灌溉	1957	32	416000
卡塔萨伊（Kattasay）	土坝	发电、灌溉	1966	65	5500
穆尼那巴德（Muninabad）	土坝	发电、灌溉	1965	35	3014
法尔哈德（Farkhad）	—	导航	1948	24	17500
塞尔布尔（Selbur）	—	灌溉、供水、发电、补偿、导航、娱乐	1964	18.2	2070
玻意沟兹（Boygozi）	—	供水、导航	1989	54	12500
桑格图达（Sangtuda）1 号	—	补偿、导航、娱乐	2009	58	2500

2. 供用水情况

据联合国粮农组织统计，2006 年塔吉克斯坦全国总取水量为 114.9 亿 m^3，占实际可再生水资源总量的 51%。其中农业取水量为 104.4 亿 m^3，占总取水量 90.86%；工业取水量为 4.1 亿 m^3，占总取水量 3.57%；城市取水量为 6.4 亿 m^3，占总用水量 5.57%。塔吉克斯坦人均年总取水量为 1607m^3。总淡水取水量为 111.9 亿 m^3，直接使用农业排水量 3 亿 m^3。

3. 跨流域调水

水是塔吉克斯坦分布最广泛的资源，但全境的水资源分布不均匀，超过 14 万 hm^2 的土地供水不足，因此需要水库以及跨流域调水工程。在阿姆河以及锡尔河上，建有水库来调节水流、发电以及促进灌溉改道。

(三) 洪水管理

塔吉克斯坦由于多山地形及气候条件，长期以来易受洪水的影响。洪水是塔吉克斯坦导致死亡人数最多的灾害。1998 年 4—5 月发生了重大洪水灾害，许多河的水位均超过了过去 75 年的纪录。2007 年，亚洲开发银行为哈特隆风险管理项目提供了 2200 万美元的贷款，在喷赤河上修建超过 11km 的防洪堤，增强了脆弱地区对洪水的防护能力。

(四) 水力发电

1. 水电开发程度

塔吉克斯坦理论水能资源为 2635 亿 kWh/年，但目前只有 6%被开发利用。

2. 水电装机及发电量情况

据世界能源理事会 2013 年统计，塔吉克斯坦总的水电装机容量为 550 万 kW，实际年发电量为 112 亿 kWh。水电提供了塔吉克斯坦 95%的电力。

3. 各类水电站建设概况

目前，塔吉克斯坦的主要水电站见表 4。

4. 小水电

《2016 年世界小水电发展报告》显示，塔吉克斯坦的小型水

电站装机容量为25MW。

表 4　　塔吉克斯坦的主要水电站

水电站名称	所在地	建成年份	装机容量/万 kW	设计年发电量/亿 kWh
努列克（Nurek）	努列克，瓦赫什河	1972	300.0	112.0
桑格图达1号（Sangtuda）	哈特隆州，瓦赫什河	2009	67.0	27.0
白派扎（Baipaza）	哈特隆州，瓦赫什河	1985	60.0	35.0
高勒夫那亚（Golovnaya）	哈特隆州，瓦赫什河	1962	24.0	13.0
凯拉库姆（Kairakkum）	粟特（Sogd），锡尔河	1957	12.6	

（五）灌溉排水

1. 灌溉与排水发展情况

灌溉对塔吉克斯坦的农业发展和国民经济具有重要意义。据联合国粮农组织统计，2009年，塔吉克斯坦配备灌溉设施的土地总面积为74.21万hm^2，均为配备完全控制灌溉设施，配备灌溉设施的灌溉面积占耕地面积的84.91%，占潜在可灌溉土地（灌溉潜力）总面积的46.97%。大型灌溉地（>3000hm^2）有65.2万hm^2，占88%；中型灌溉地（500～3000hm^2）有5.01万hm^2，占7%；山地地区的小型灌溉地（<500hm^2）有4.0万hm^2，占5%。2009年，作物的总灌溉面积约为72.93万hm^2，占配备完全控制灌溉设施的土地总面积的98.28%。灌溉取水中69.65万hm^2为地表水，占93.86%，3.25万hm^2为地表水，占4.38%，1.31万hm^2为混合的地表水和地下水，占1.76%。

2009年，总排水面积约为34.52万hm^2，包括6.92万hm^2的浅地表排水，占20%。由于运行和管理不充分，很大一部分的浅地表排水没有被使用。需要建造新排水系统的土地面积为7000hm^2，需要进行排水系统复原的土地面积为2.34万hm^2。表面排水平均花费1500～1800美元/hm^2，浅地表排水平均花费1500～2000美元/hm^2。

灌溉和排水使用和维护的年度支出约为0.688亿美元。由于需要泵以及侵蚀控制，塔吉克斯坦的灌溉发展和修复成本比下游

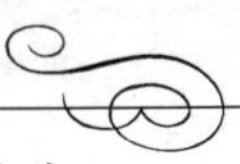

国家高，如果要在现存的灌溉土地上发展局部灌溉，预计花费为 2500～5000 美元/hm^2。

2. **灌溉与排水技术**

表面灌溉是塔吉克斯坦唯一使用的灌溉技术。滴灌、喷灌以及微喷灌只在小面积上进行试验层面的使用。提高电价有望加速现代节水技术在泵送灌溉地区的推广。1994 年，超过 96.3%的配备灌溉设施的灌溉面积使用沟灌，1.7%的配备灌溉设施的灌溉面积使用畦灌，2.0%的山地斜坡灌溉传递网络由管道组成。田里使用的也是表面灌溉技术。在大约 1.4 万 hm^2 的水稻种植区使用梯级灌溉。所有的灌溉均为全部控制灌溉。

3. **盐碱化治理**

据联合国粮农组织统计，2009 年，塔吉克斯坦中度盐碱地面积为 1.94 万 hm^2，重度盐碱地面积为 3871hm^2，其中因灌溉造成的盐化面积为 2.32 万 hm^2。

四、水资源保护与可持续发展状况

(一) 水资源环境问题现状

塔吉克斯坦淡水资源丰富，但因水利基础设施不完善，目前水资源没有得到充分利用，水资源浪费现象较严重。地表水和地下水既受到生活、工业点源污染的影响，也受到农业面源污染影响。

灌溉将肥料带入淡水水体是扩散污染的一个重要来源。每年多达 10%～30%的矿物肥料最终排入河流，导致水体的矿化和富营养化，最终导致咸海的矿化（高硝酸盐、硫酸盐和钾）。

该国污染最严重的工厂是南部的亚万（Yavan）化工厂和瓦赫什（Vakhsh）氮肥厂（地下水的铵和硝酸盐污染）以及北部的伊斯法拉（Isfara）化工厂。在塔吉克斯坦北部，矿石开采（锶、银、汞、钨、锑、金、铅、锌、萤石、非金属和放射性元素和盐矿）导致尾矿（如汞、锌或磷）中的有毒物质浸出到地表水，然后通过渗滤进入地下水。

在丘陵地带尤其是多石地区，灌溉发展增加了地下水补给，加剧了低洼地区的水涝和盐碱化，并且增加了含沙排水径流。低

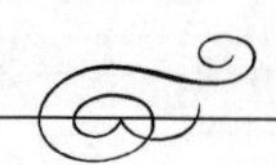

洼地区由于排水系统不完善，灌溉土地盐碱化加剧，灌溉效率低下又导致了水资源浪费。泥石流主要发生在泽拉夫尚河流域，平均每年发生 150 次；瓦赫什河和喷赤河流域，平均每年 70 次，主要发生在 4 月（35%）和 5 月（28%）。

（二）水质评价与水质监测

塔吉克斯坦饮用水通常直接从浅井、池塘和灌溉渠、泉水和河流中抽取。2004 年，40%的自来水质量差，存在流行病风险。因生活污水未经处理就排放到饮用水的上游，地表水体中的饮用水经常引起腹泻、痢疾以及肝炎。据世界卫生组织统计，塔吉克斯坦高达 60%的肠道感染是由水传播的。

2004 年，塔吉克斯坦有 6 个不同的机构监测水：①国家水文气象局负责管理水文观测网，监测水量和质量（物理和化学参数），有 97 个水监测站，其中 81 个正在运行。自 1991 年以来，由于预算减少，测量频率、观测类型和控制参数的数量都大大减少。②土地复垦和水资源部监测不同经济用水户，即农业、水电、工业和家庭用水户从基础设施中抽取的水量。③地质当局负责每年两次监测 15m 深度以下地下水的水位和质量，还保存着国家地下水地籍。④农村和城市供水当局监测向人口供水的水质。⑤73 个卫生流行病学站和实验室监测饮用水，特别是细菌质量。⑥州监察局负责监测污染源，并在浓度超过允许水平时采取惩罚行动。

（三）水污染治理与可持续发展

塔吉克斯坦几乎所有的污水基础设施都处于老化状态，需要重建，超过 70%的现有系统具有高损耗特点。约 80%的污水处理设施达不到技术要求，城市污水在直接排入水体前，仅经过部分生物或机械处理。自 2010 年以来，没有建造、规划或修复过主要污水系统或污水处理厂。

五、水资源管理

（一）管理模式

塔吉克斯坦水部门的改革目标是在健全的政策、联合分析和

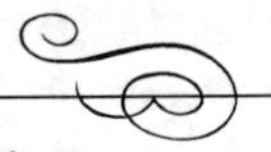

管理地下水和地表水的基础上，建立一个有效规划、发展和管理的水部门。把流域作为管理区域，平衡各用水部门，在不破坏生态完整性的条件下，确保塔吉克斯坦的经济利益。这次水行业改革采用了水资源综合管理的指导原则。

区域水平的国家水管理单元将被纳入流域水管理组织，流域水管理组织将把所有二级和三级河道的水管理职责转移到用水者协会，在某些情况下，用水者协会将直接管理初级河道。建立新的流域水管理+用水者协会的串联结构是塔吉克斯坦引入水资源综合管理的基础。政府期望在 11 个流域建立水管理组织：锡尔河、伊斯塔拉夫尚（Istarafshan）、泽拉夫尚、吉萨（Ghisa）、拉什特（Rasht）、雅万（Yavan）、丹哥拉（Dangara）、库洛布（Kulob）、科法尔尼洪河下游、瓦赫什和巴达赫尚（Badakhshan）。

（二）管理体制、机构及职能

政府协调不同部门对水资源进行管理。水管理涉及土地复垦和水资源部、能源和工业部、国家供水统一组织、国家环境保护委员会等诸多政府机构。

水管理遵循州、省、地区、农场或用水者协会的层级关系。前三个层级被归入土地复垦和水资源部，其职能为：农业水资源的计划和管理，水资源的分配和运输，帮助用水者实施先进技术以及控制水利用和水质；在省级层面提供特殊开垦服务，监测灌溉地（地下水位，排水流量，土壤盐度），计划维护和改善土壤条件（包括淋洗，对收集器和排水网的清洁和修复）。

农业部控制农业研究与推广，同时控制农场层级的农业和土地复垦的发展以及灌溉网的使用和维护。国家统一企业负责民用供水和污水处理。自然保护委员会负责水资源保护。

（三）取水许可制度

根据《塔吉克斯坦水法规》，塔吉克斯坦建立了水资源利用的正式注册和交付许可系统。《塔吉克斯坦水法规》第 74 条指出，用水者协会和其他社会团体在具备用水执照的基础上，根据

与负责水供应的当地供水组织的协议，可以进行灌溉。

（四）涉水国际组织

塔吉克斯坦参与的涉水国际组织主要有联合国粮农组织、世界银行、全球水伙伴、国际灌排委员会。

六、水法规与水政策

塔吉克斯坦水资源管理的法律基础是 2000 年的《塔吉克斯坦水法规》，主要目标是确保为用户提供优质水资源。《用水者协会法》于 2007 年被采用，它为用水者协会的建立与发展提供了法律基础，改善了已被私有化的集体农庄和国有农场的田间水管理。塔吉克斯坦与水资源管理相关的法律有 50 个左右。

七、国际合作情况

1992 年，中亚的州际水协调委员会成立，每两年举行一次，根据主要河流的预测流量设定地表水取水流量。在过去几年中，州际水协调委员会的主要成就是向所有用水者无冲突地供水。塔吉克斯坦的土地复垦和水资源部参与州际水协调委员会的会议，并就阿姆河和锡尔河水资源的州际管理做决策。

1993 年，随着咸海流域计划的发展，出现了咸海州际水协调委员会和挽救咸海国际基金两个新的组织。1997 年，两个组织合并。1996 年，中亚五国首脑签署了《解决咸海问题以及咸海流域社会经济发展联合行动协议》。

2002 年，在可持续发展世界首脑会议上，欧盟与东欧-高加索-中亚（EECCA）的国家建立了合作关系。欧盟水倡议（the European Union Water Initiative，EUWI）及其 EECCA 计划寻求改进 EECCA 地区水资源管理的方法。一个重要组成部分是“包括跨界流域管理和地区海洋问题在内的综合水资源管理”。

2002 年，中亚国家和高加索在全球水伙伴之下组成了 CACENA 区域水伙伴，在这个框架之下，国家部门、当地和地区组织、专业组织、科学研究机构、私营部门和非政府组织可以对威胁区域水安全的危机问题达成共识。

2004 年，来自哈萨克斯坦、吉尔吉斯斯坦、塔吉克斯坦和乌兹别克斯坦的专家在联合国中亚经济特别计划的框架下制定了一个区域水和能源战略。同时，正在与欧盟水倡议和联合国欧洲经济委员会合作，发展中亚国家的综合水资源管理。

（郭姝姝，范卓玮）

泰　国

一、自然经济概况

（一）自然地理

泰国全称泰王国，位于东南亚地区中南半岛中南部，与柬埔寨、老挝、缅甸、马来西亚接壤，东南临泰国湾（太平洋），西南濒安达曼海（印度洋）。国土面积为51.31万km^2，边境线总长为7941km，陆地边境线长为5326km，海洋边境线为2615km（泰国湾1660km，安达曼海955km）。

泰国大部分地区属热带季风气候，主要受西南季风和东北季风的交替影响。泰国全年分三季：即热季（3—5月）、雨季（6—10月）和凉季（11月至次年2月）。年平均气温为27.7℃，最高气温可达40℃以上。北部地区多山区和森林，气候较凉爽；东北部地区为高原地区，毗邻湄公河，气候干燥；中部地区是广阔的平原地区，多洪水灾害。泰国多年平均年降水量为1622mm，折合水量为8323亿m^3。泰国的降水量分布不均匀，多年平均降水量从中央平原和东北地区的1100mm，到靠近安达曼海的南部半岛的4000mm范围变化。泰国蒸发量较大，平均空气湿度达66.0%～82.8%。

全国分中部、南部、东部、北部和东北部五个地区，共有77个府（直辖市）。首都曼谷（Bangkok）。

2017年，泰国人口为6920.99万人，人口密度为135.5人/km^2，城市化率49.2%。全国共有30多个民族。泰族为主要民族，占人口总数的40%。泰语为国语。90%以上的民众信仰佛教，马来族信奉伊斯兰教，还有少数民众信仰基督教、天主教、印度教和锡克教。

2017年，泰国可耕地面积为1680.83万hm^2，永久作物地面积450万hm^2，永久牧场面积80万hm^2，林地面积1643万hm^2。

(二) 经济

泰国是一个外向型经济国家，主要依赖美国、日本及中国等外部市场。泰国是一个传统的农业国和世界天然橡胶最大出口国，其他主要作物有稻米、玉米、木薯、橡胶、甘蔗、绿豆、麻、烟草、咖啡豆、棉花、棕油、椰子等。工业为出口导向型，在国内生产总值中的比重不断上升，主要门类有采矿、纺织、电子、塑料、食品加工、玩具、汽车装配、建材、石油化工、软件、轮胎、家具等。泰国旅游资源丰富，主要旅游点有曼谷、普吉、清迈、帕塔亚、清莱、华欣、苏梅岛等。近年来泰国大力发展旅游业，旅游业成为国民经济的支柱产业之一。

2017年，泰国GDP为4553亿美元，人均GDP为6578美元。GDP构成中，农业占8%，采矿、制造和公用事业占33%，建筑业占3%，交通运输业占8%，批发、零售和旅馆业占21%，其他占27%。

2017年，泰国谷物产量为3802万t，人均为549kg。

二、水资源状况

(一) 水资源

1. 水资源量

2017年，泰国境内多年平均可再生水资源总量达到2245亿m^3，其中，境内地表水资源量为2133亿m^3和境内地下水资源量为419亿m^3，重复计算的水资源量307亿m^3。境外流入的实际水资源量达到2141亿m^3。泰国人均境内水资源量为3251.8m^3/年，人均实际水资源量达到6353亿m^3。

表1　　泰国水资源量统计简表

序号	项　目	单位	数量	备　注
①	境内地表水资源量	亿m^3	2133	
②	境内地下水资源量	亿m^3	419	

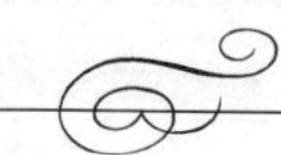

续表

序号	项 目	单位	数量	备 注
③	重复计算的水资源量	亿 m^3	307	
④	境内水资源总量	亿 m^3	2245	④=①+②-③
⑤	境外流入的实际水资源量	亿 m^3	2141	
⑥	实际水资源总量	亿 m^3	4386	⑥=④+⑤
⑦	人均境内水资源量	m^3/人	3251.8	
⑧	人均实际水资源量	m^3/人	6353	

资料来源：FAO 统计数据库，http：//www.fao.org/nr/water/aquastat/data/query/index.html。

2. **河流**

泰国分为7个流域，大小河流共计66条，总长为15262km。湄南河、麦功河和蒙河是泰国三条主要河流，流域面积占泰国国土面积的65%。

按区域划分，泰国主要的河流如下：在北部地区，主要有宾（Ping）河、汪（Wang）河、庸河、难（Nan）河、麦果河、录河、因河和白河。其中，宾河长度为600km，与其他三条河流交汇成为湄南河；麦果河与湄公河在清莱府昌盛县交汇，在泰国境内的长度约为110km；录河全长约为200km，在泰国境内长约为120km；因河全长约为180km，在泰国境内长约为135km；汪河全长约为400km，庸河全长约为550km，难河全长约为740km，白河全长约为215km。

在东北地区，有蒙（Mun）河、栖河和颂堪河。其中，蒙河全长约为641km，有很多支流，如帕普拉支流、达空支流、瑟支流、期支流、东雅支流、东瑙支流和埔莱玛支流等。栖河全长约765km，颂堪河全长约420km。

在中部地区，有湄南（Menam）河、素攀河、麦功河、邦巴功河、巴萨河和萨盖甘河。湄南河是由宾河、汪河、庸河和难河在那空沙旺府交汇而成，自那空沙旺府到泰国湾的河段长约360km。素攀河全长约为300km，麦功河全长约为550km，邦巴功河全长约为230km，巴萨河发全长约为500km，萨盖甘河

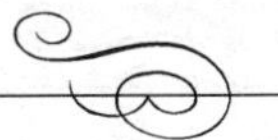

全长约为180km。

在南部地区有蓬敦河、达比河、朗宣河、董里河、北大年河、哥洛河和甲武里河。蓬敦河全长约120km，达比河全长约232km，朗宣河全长约100km，董里河全长约175km，北大年河全长约190km，哥洛河全长约80km。

另外，澜沧江-湄公河是一条连接中国、柬埔寨、越南、泰国、老挝、缅甸的国际河流。在泰国境内，流经里程约976km。

（二）水能资源

根据统计数据，泰国水能理论蕴藏量约180亿kWh/年，技术可开发量163亿kWh/年，经济可开发量超过152亿kWh/年。

三、水资源开发利用

（一）开发利用与水资源配置

1. 坝和水库

据联合国粮农组织的统计资料报告，截至2007年，泰国总的水库库容量为682.8亿m^3，约占泰国年径流量的32%。与每年获得的水力发电量相比，泰国的大坝还没有得到充分利用。泰国目前有4类大坝：

（1）由泰国电力局、皇家灌溉司或者是由泰国电力局管理的能源发展和推广部门建设的大坝和水力发电机组。这些大坝的总库容大约在628.7亿m^3，都是多用途坝，灌溉职能优先于其他职能。

（2）不具备水力发电功能的大型水坝。这些大坝主要用于灌溉，主要由泰国皇家灌溉司管理。到2003年，这类水坝的总库容约为54.1亿m^3。

（3）与没有水力发电功能的大型水坝类似的中型水坝，也是由泰国皇家灌溉司管理。这些水坝的规模与大型水坝的规模相当，不把它们划分为大型水坝的原因是：①回避环境评估；②减少预算评估和建设时间。

（4）小型水坝现由地方政府管理。大部分小型水坝用于灌溉。

泰国有5座总库容超过50亿m^3的水坝：诗那卡邻水坝（Srinagarind Dam）库容为177.5亿m^3，普密蓬水坝（Bhumipol Dam）库容为134.6亿m^3，诗丽吉水坝（Sirikit Dam）库容为95.1亿m^3，瓦奇拉隆功水坝（Vajiralongkorn Dam）库容为88.6亿m^3和拉差吧趴水库（Ratchaprapa Dam）库容为56.4亿m^3。

在湄公河流域，泰国有5座主要的水坝。诗琳通水坝（Sirindhorn Dam）库容为19.66亿m^3，朱拉蓬水坝（Chulabhorn Dam）库容为1.88亿m^3，乌汶叻水坝（Ubol Ratana Dam）库容为22.64亿m^3，帕穆水坝（Pak Mun Dam）库容为1.14亿m^3，拉姆达贡水坝（Lam Ta Khong Dam）库容为3.1亿m^3。

2. 供用水情况

据FAO统计资料报告，泰国用水量不断增加。在1990年，取水总量为331亿m^3，其中大约91%用于农业生产、5%用于城市用水、4%用于工业用水；2007年，泰国取水总量估计为573亿m^3，其中农业生产用水、城市用水、工业用水分别占90.4%、4.8%及4.8%。2007年，总取水量的82.9%是地表水，17.1%为地下水。

（二）洪水管理

1. 洪灾情况与损失

泰国是一个洪水灾害频发的国家。主要缘由是其地形北高南低，中部有一条自北而南纵贯全境的大河流湄南河，流域面积约占国土面积的1/3，在中部形成了冲积平原，河曲纵横、地势低洼等自然地理因素造成的。

近40年来，洪涝灾害给泰国造成不少的社会经济损失。例如，在1983和1995年，曼谷遭受两次重大洪灾，造成重大社会经济损失。在2011年7月底，在泰国南部地区因持续暴雨而引发的洪灾，至少造成了366人死亡，严重影响到年产值31.9亿美元的泰国虾出口；受灾土地面积达16万hm^2和稻谷产量预计减少350万t；泰国政府下令关闭共逾200间工厂和疏散约2万工人，冲击到工业和服务业。据统计，2011年水灾将导致31.9亿美元损失，占全国国内生产总值逾1%。在2012年7月，泰

国15个府48个区的1526个村落受灾，稻农约损失100万t稻米。

2. 防洪工程体系

为了减缓洪涝灾害，泰国政府陆续兴建了防洪系统。在湄南河两岸，修建了77km长的防洪堤、200个水门、158个抽水站、21个滞洪池（总容量1200万m^3）、7条大型下水道及长达2606km的1655条人工渠道（其中54条人工渠道宽度超过20m）。另外，在渠道系统末端的抽水站系统，排水能力可达1531m^3/s。该工程体系有效地阻止湄南河洪水进入曼谷市区，减少了洪涝灾害事件发生。

3. 防洪非工程措施

除了构建防洪工程体系之外，泰国采取一系列非工程措施。从法律上，从1979年颁布的《民防法》到2007年11月19日新颁布的《灾害预防与减灾法》，旨在从法律上规定抢险救灾的分工架构和防洪法律责任。从部门职能上，构建了较完善的管理机构体系，直接参与洪水灾害管理的机构有公共防灾与减灾部、水利部、公共工程与城乡规划部等和明确规定各部门在防洪救灾的职能。此外，建立了灾害预警信息系统。例如，构建了国家灾害预警系统、泰国洪水监测系统、曼谷水监测系统、泰国洪灾地图、公路通阻系统、谷歌危机反应系统等。为预防和解决水患问题，泰国在2013年构建了国家水资源和气候数据库，以及时获悉相关的水资源和天气状况。

（三）水力发电

1. 水电开发程度

根据《世界能源调查2013》显示，泰国理论水电总蕴藏量约为157.04亿kWh/年，技术可开发量约为135.64亿kWh/年，经济可开发量约为116.69亿kWh/年。到目前为止，开发量占技术可开发量的30%左右。

2. 水电装机及发电量情况

泰国所有水电站总装机容量为349.9万kW，2012年水电站发电量为84.08亿kWh，占该国总发电量的4.9%。

3. 各类水电站

运行中装机超过 1 万 kW 的水电站有 13 座，总装机 338.2 万 kW。在建水电装机为 1.2 万 kW，另已规划 3 万 kW。

小水电可开发量约为 23.7 万 kW，运行中的小水电站有 39 座，总装机 6.77 万 kW。已规划 20 座小水电站和 251 座小型灌溉坝，总装机分别为 6.72 万 kW 和 17 万 kW。

（四）灌溉与排水

泰国从河流和水库引水灌溉始于公元 7 世纪前。20 世纪初开始，用于灌溉的人工河道的建设开始起步。与此同时，为保证灌溉和通航的要求及洪涝灾害期间稻田的排水工作正常进行，泰国成立皇家灌溉司。除此之外，设定 4 个层次的灌溉用水组织：①水用户组，负责三级灌溉渠，2004 年有 1.493 万个水用户组，35.88 万名农民成员；②由水用户组构成的综合用水户组，负责一级灌溉渠和二级渠道，2004 年共有 410 个综合用水户组，拥有 23.42 万名农民成员；③用水户协会，这是一个法律承认的综合用水户组，2004 年共有 40 个用水户协会，1.76 万名农民成员；④用水合作社，这是用水户协会的合作形式，以业务为导向。

泰国的灌溉潜力约为 950 万 hm^2。2007 年实际灌溉面积为 509 万 hm^2，占设备面积的 79%。旱季的设备灌溉面积从 1994 年的 18%上升到 2007 年的 60%。雨季灌区面积分布：中部地区为 54%，北部地区为 18%，东部地区为 14%，南部地区为 14%。

四、水资源管理

泰国设立各级专门机构对水资源进行管理。国家水资源管理委员会是国家最高的水资源管理机构，同时设立流域委员会、支流域委员会对流域进行专门管理。流域委员会和支流域委员会直接由国家水资源管理委员会领导，不隶属于流域所经过的任何地方政府。在地方，设立水资源厅，主要负责本地方的水资源管理。水资源用户为维护自己的权益有权成立用水协会。

目前，在国家层面，有 10 个部委下属的 31 个部门、一个专

门机构和6个参与水资源开发的国家委员会参与水资源管理，主要管理部门包括国家水资源管理委员会、自然资源与环境部、皇家灌溉司等。

五、水法规与水政策

泰国于2007年制定了《泰国水资源法》。其主要明确规定水资源的所有权、使用、开发、管理，与水资源相关的环境保护，相关主体的权利义务，洪涝灾害的预防，对违反水资源法行为的处罚等重要问题。具体包括：设定泰国相关水资源及相关权力；设定国家各级专门机构对水资源的管理权力；预防和解决洪涝及水资源短缺的相关制度；构建专用水资源制度等。

另外，水资源管理部门负责人按照既定计划或原则和规定对水利资源覆盖地区流域委员会或支流流域委员会提出的水利专用水分配和取水申请进行审批。如果上述水资源配置和取水许可涉及跨流域，那么由相关负责人按照国家水资源管理委员会制订的计划或规定执行。

泰国构建了防洪救灾法制体系，1979年颁布了《民防法》，2007年新颁布了《灾害预防与减灾法》，从法律上规定了抢险救灾的分工架构和防洪法律责任。

六、国际合作

在泰国的积极倡导和参与下，1995年湄公河下游4国签署了《湄公河流域可持续发展合作协定》，成立湄公河委员会。

2010年，在泰国华欣举办首届湄公河委员会峰会，加强湄公河委员会成员国间的合作。

2013年5月，泰国政府在清迈组织了主题“水资源安全和水资源相关灾害的挑战：领导力与承诺”的第二届亚太水资源峰会，来自37个亚太国家的政府代表、国际组织、学术机构以及企业界人士共计逾2000人出席此次峰会，交流和分享水资源管理经验。

（严婷婷，池欣阳）

土 耳 其

一、自然经济概况

（一）自然地理

土耳其，全称土耳其共和国，地跨亚、欧两洲，位于地中海和黑海之间。国土面积为 78.36 万 km^2，其中 97%位于亚洲的小亚细亚半岛，3%位于欧洲的巴尔干半岛。东界伊朗，东北邻格鲁吉亚、亚美尼亚和阿塞拜疆，东南与叙利亚、伊拉克接壤，西北和保加利亚、希腊毗连，北濒黑海，西南隔地中海与塞浦路斯相望。海岸线长 7200km，陆地边境线长为 2648km。土耳其位于北温带，由于沿海山脉的影响，呈现出不同的气候特征。地中海、爱琴海沿岸属地中海式气候，夏季炎热干燥，冬季凉爽多雨；安纳托利亚高原腹地属大陆性气候，夏季炎热少雨，冬季寒冷而多雪；东部山区属内陆山地式气候，夏季炎热干旱，冬季寒冷。地中海和东南安纳托利亚地区平均温度为 16°C，最寒冷的东部地区平均温度为 9°C。

2018 年，土耳其人口为 8200 万人，人口密度为 104.65 人/km^2，城市人口占 72.05%，农村人口占 27.95%。其中，土耳其族占 80%以上，此外还有库尔德、亚美尼亚、阿拉伯和希腊等族。根据联合国粮农组织统计，2016 年土耳其耕地面积为 2371.0 万 hm^2，其中，季节性作物面积 2038.1 万 hm^2，永久性作物面积 332.9 万 hm^2，耕地面积占全国总面积的 30.19%。

（二）经济

2018 年，GDP 为 7840 亿美元，同比增长 2.6%，人均 GDP 为 9632 美元。农业占国内生产总值的近 1/5。大部分可耕地用来种植粮食作物，其中小麦和大麦的种植面积最大，经济作物

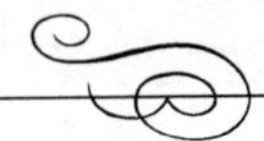

（棉花和烟草）是重要的出口商品。土耳其工业基础好，主要有食品加工、纺织、汽车、采矿、钢铁、石油、建筑、木材和造纸等产业。土耳其旅游业是国民收入的一个重要来源。

二、水资源状况

（一）水资源量

土耳其多年平均年降水深为 593mm，折合水量为 4657 亿 m^3。土耳其境内水资源总量为 2270 亿 m^3，其中地表水量为 1860 亿 m^3，地下水量为 690 亿 m^3，地表水与地下水重复计算量为 280 亿 m^3，人均水资源量为 2811m^3。土耳其实际可再生地表水资源总量为 1718 亿 m^3，可再生地下水资源总量为 678 亿 m^3，可再生水资源总量为 2116 亿 m^3。土耳其拥有天然湖泊 120 多个，内陆湖面积约为 100 万 hm^2，占国土面积的 1.3%。

（二）水资源分布

1. 水资源分区

土耳其有 26 个主要水文流域单元，见表 1。

表 1　　土耳其主要水文流域单元

水文流域	流域面积 /万 hm^2	灌溉面积 /万 hm^2	年径流量 /亿 m^3	注入
幼发拉底（Euphurates）河	1273	37.77	316.1	叙利亚、伊拉克、伊朗（波斯湾）
底格里斯（Dijla）河	576	3.19	213.3	伊拉克、伊朗（波斯湾）
南地中海	220	3.97	110.7	地中海
安塔利亚（Antalya）	196	9.67	110.6	地中海
西地中海	210	4.71	89.3	地中海
塞伊汉（Seyhan）河	205	13.47	80.1	地中海
杰伊汉（Ceyhan）河	220	16.27	71.8	地中海
阿西（奥龙特斯）［Nahr al－Asi（Orontes）］河	0.78	3.49	11.7	地中海

续表

水文流域	流域面积/万 hm^2	灌溉面积/万 hm^2	年径流量/亿 m^3	注　入
大门德雷斯（B. Menderes）河	250	17.67	30.3	爱琴海
北爱琴海	100	2.75	20.9	爱琴海
盖迪兹（Gediz）河	180	11.86	19.5	爱情海
马里查-埃尔盖内（MeriçErgene）	146	8.05	13.3	爱情海
小门德雷斯（Menderes）河	0.69	1.61	11.9	爱情海
马尔马拉（Marmara）	241	4.25	83.3	马尔马拉海
苏苏尔鲁克（Susurluk）	224	10.52	54.3	马尔马拉海
东黑海	241	0.48	149.0	黑海
西黑海	296	3.63	99.3	黑海
克孜勒（K,z,l,rmak）河	782	11.47	64.8	黑海
萨卡里亚（Sakarya）河	582	12.08	64.0	黑海
绿（Yeşil,rmak）河	361	11.45	58.0	黑海
库拉（Çoruh）河	199	1.35	63.0	经格鲁吉亚流入黑海
阿拉斯（Aras）河	275	8.19	46.3	经亚美尼亚、阿塞拜疆、伊朗流入里海
科尼亚内陆（Konya）湖	539	38.52	45.2	内陆湖
凡（Van）湖	194	4.73	23.9	内陆湖
布尔杜尔（Burdur）湖	0.64	4.75	5.0	内陆湖
阿卡萨亚（Akarçay）湖	0.76	6.07	4.9	内陆湖
总计	7797	251.97	1860.5	

2. 国际河流

土耳其有五个跨界河流流域。从北向南依次为切鲁（Cheru）河流域、阿拉斯河流域、幼发拉底格里斯河流域、阿西（奥朗特斯）河流域；西部为梅里萨（马里扎）河流域。土耳其35%以上的潜在水资源是由跨境流域构成的。

3. 水能资源

土耳其的水电潜力约为4320亿kWh/年，约35%的水电潜力用于发电，2011年发电量为5700万kWh。许多私营公司正在开发中小型水电项目。另有820万kW的产能正在建设中，预计总平均产量约为250亿kWh/年。计划在较长时期内开发约230亿kWh的新增产能。

三、水资源开发利用

（一）水利发展历程

土耳其第一座水电站是建在塔尔苏斯河（Tarsus）上的60kW水电站，仅用于为当时处于建国初期的土耳其提供照明用电。全国总装机容量为2.97万kW，而用电仅限于伊斯坦布尔（Estambul）、伊兹米尔（Lzmir）、塔尔苏斯（Tarsua）和阿达帕扎勒（Adapazal）。公共工程部于1932年启动了多个水电项目。电力资源勘测开发署（EIE）于1935年成立，开展水资源及水电潜力年发的调查研究。那个时期的重要项目包括：塞伊汉（Seyhan），萨利亚（Sariyer），何凡利（Hirfanli），凯斯克咯（Kesikkopro），德门克咯（Demirkopro）和凯梅（Kemer）大坝和水电站。工矿银行（Etibank）和各省级银行均参与了小水电站的建设以及农村和城镇的电气化。1950年，总的装机容量达到4.08亿kW，水电的份额（总量为0.18亿kW）仅占4.4%。然而，在国家水力工程局于1954年组建后，水电装机容量在10年内达到了4.12亿kW（占总装机容量的34%），占总发电量的44%。

（二）开发利用与水资源配置

1. 坝和水库

根据土耳其国家水利工程总局统计资料，截至2013年，土耳其已建超过15m的大坝有770座，主要用于供水、灌溉、发电、防洪。另有325座坝在建或者处于规划当中。其中，坝高100m以上的有32座，这些坝高超过100m的大坝，大多采用堆石坝，其次是混凝土拱坝，混凝土重力坝很少。土耳其的阿塔图

尔克（Ataturk）水坝是世界十大水坝之一，建在土耳其东南部的幼发拉底河上，水库库容为487.0亿m^3，水库面积达817km^2，为堆石坝。土耳其主要的大坝见表2。

表2　　土耳其主要的大坝

大坝名称	所在河流	建成年份	坝高/m	库容/亿m^3
阿塔图尔克（Ataturk）	幼发拉底河	1992	169.0	487.0
卡拉卡亚（Karakaya）	幼发拉底河	1987	173.0	95.8
克班（Keban）	幼发拉底河	1975	207.0	310.0
阿尔廷卡亚（Altinkaya）	克孜勒河	1988	195.0	57.6
比雷吉克（Birecik）	幼发拉底河	2000	63.5	12.2
欧玛皮纳尔（Oymapinar）	马纳夫加特河	1984	185.0	3.0
伯克（Berke）	杰伊汉河	2001	201.0	4.3

2. 供用水情况

2008年，土耳其用水总量为420亿m^3，其中农业用水量占81%，工业用水量占5%，城市用水量占14%，人均年用水量为730m^3。

土耳其主要供水工程有：伊斯坦布尔的耶斯力凯（Yeslicay）和麦伦（Myron）供水工程、马那夫加特河（Manavgat）供水工程、赛普勒斯（TRNC）共和国供水工程。耶斯力凯工程（Yeslicay）主要是为引距奥梅利（Omerli）大坝60km阿格瓦镇的可可苏河（Coksu）和恰纳卡莱河（Canak）的水资源满足伊斯坦布尔的中期水需求而设计。第一阶段耶斯力凯和麦伦供水工程完成后，伊斯坦布尔市区每年将会有4.15亿m^3的供水总量。马那夫加特河供水工程为土耳其和其他国家的海上交通提供50万m^3的饮用水，其中25万m^3为经过处理的水，其余为未经处理的水。这个工程将会为其他国家相似工程树立先例，并且最终会在土耳其的领导下建立起国际性的水资源交换机制。土耳其北部赛普勒斯共和国供水工程的目标是从索古苏河传送700万m^3

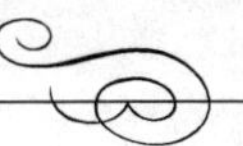

的水量。

3. **跨流域调水**

土耳其有25个主要流域，具有明显的水势、经济、文化和人口特征。由于一些流域不具备满足社会经济系统不断增长和用水需求之间矛盾的潜力，规划并实施了跨流域调水项目（表3），以便向大城市、工业和农业活动密集的流域供水。

表3　　土耳其跨流域调水项目

项目名称	调水量/(亿 m^3/年)	调水距离/km	调水目的
伊斯传卡（Istranca）	3.65	—	城市，工业
耶斯力凯（Yesilcay）	3.35	60	城市，工业
梅伦（GreatMelen）	1.18	185	城市，工业
阿那穆龙（Anamur-Dragon）	0.75	81	灌溉，城市
马那夫加特（Manavgat）	1.80	—	灌溉，城市
科尼亚（KonyaPlain）	4.14	17	灌溉，城市
格雷德（Gerede）	2.30	30	城市，工业
克孜勒（K,z,l,rmak）	3.00	125	城市，工业
吉姆波（Gembos）	1.30	4	灌溉

（三）洪水管理

为了加强洪水管理，减少长期风险，土耳其政府在世界银行的帮助下，建设了洪水地震应急救援项目（TEFER）。作为一个综合项目，TEFER包括相关的咨询服务、必要的硬件设施以及一系列用于预告的相关技术。监测、预报、示警、反应系统是TEFER的重要组成部分，由土耳其最高工程执行部以及国家水利工程总局、国家气象总局、国家电力调查厅等机构负责构建。技术的恰当合理运用会准确预测洪水的发生频率、大小程度和发生时间，为公众与相关组织提供有价值的预测信息。

（四）水力发电

1. **水电装机及发电量情况**

土耳其拥有丰富的水能资源。其水能理论总蕴藏量为4330

亿 kWh/年，占欧洲总蕴藏量的 16%，占全球的 1%。技术可开发量约为 2160 亿 kWh/年，经济可开发量为 1640 亿 kWh/年。2014 年年底，土耳其的水电装机容量为 2360 万 kW，年发电量为 404 亿 kWh。土耳其三座最大的水电站分别是阿塔图尔克（Atatürk）水电站，装机 240 万 kW；卡拉卡亚（Karakaya）水电站，装机 180 万 kW；科班（Keban）水电站，装机 133 万 kW。

为了满足日益增长的电力需求，土耳其在考虑各种环境影响的情况下，持续、可靠和经济地开发电力资源。根据土耳其国家长期能源开发计划，预计至 2023 年，所有的水电经济可开发量将被开发完。

2. 小水电

《2016 年世界小水电发展报告》显示，土耳其小水电潜力估算为 650 万 kW，装机容量为 115.5 万 kW。

（五）灌溉排水

1. 灌溉与排水发展情况

据 2012 年联合国粮农组织统计，土耳其配置灌溉设施的土地总面积为 534 万 hm^2，占耕地面积的 22.45%，均为完全控制灌溉，其中，配备完全控制地面灌溉设施的面积为 469 万 hm^2，配备完全控制喷灌灌溉设施的面积为 50 万 hm^2，配备完全控制局部灌溉设施的面积为 15 万 hm^2。

国家农业服务总局发展建设了排水基础设施，共 20716km 的排水渠道，其中，一级渠道 5133km，二级渠道 6499km，三级渠道 9084km。

2. 灌溉与排水技术

由国家水利工程总局主持发展的总灌溉面积（277.4 万 hm^2）的 80%采用的是地表水资源灌溉，20%采用地下水灌溉。根据国家水利工程总局最近的灌溉运行活动统计数据，其灌溉比与灌溉效率分别为 65%和 45%。国家水利工程总局正在开放渠道灌溉系统中采取一系列措施来使灌溉效率达到 50%。

3. 盐碱化

据 2004 年联合国粮农组织统计，土耳其因灌溉造成的盐化

面积为 150 万 hm^2。

四、水资源保护与可持续发展状况

（一）水资源环境问题现状

土耳其约 73％的水资源用于灌溉，大多数农业用地仍采用传统的灌溉方法，导致大量水损失。随灌溉水、肥料和杀虫剂一起运送的化学物质也污染了地表水和地下水。水污染物以沉积物、植物营养、可溶性盐、农用化学品、有毒元素和病原体的形式出现。

在地表水（河流和湖泊）不足的地区不加控制地使用地下水资源是另一个问题。尽管有关于水井的法律规定，但除制裁和检查外，其他措施不太可能禁止非法开采地下水。地下水资源主要用于农业用途，由于过度开采，大部分地下水资源面临枯竭。降水不足和不加控制地利用地下水灌溉也对地表水资源构成了类似的威胁。例如，科尼亚的梅克湖和克尔希尔的塞夫湖已经完全干涸。根据国家水利工程总局统计资料，已有 14 个湖泊从地图上消失。

（二）水体污染情况

在马尔马拉、马里查、萨卡里亚、耶希尔、塞伊汉、盖迪兹、北爱琴海及大门德雷斯等流域，水污染已经到了很严重的程度。

马尔马拉流域水资源并不丰富，工业企业污染威胁到了地下水与地表水资源，从亚硝酸盐氮（NO_2—N）参数来看，几乎所有的地表水都属于Ⅲ类或Ⅳ类，而根据溶解氧（DO）水平看，则属于Ⅰ类或Ⅱ类。马里查流域有 221 家工业企业，主要进行食品生产与纺织品生产，大部分工业企业没有污水处理系统，排出的污水直接流入埃尔盖内河与马里查河。根据国家水利工程总局的观测报告，氮与磷是影响梅里克河与埃尔盖内河水质的主要因素，过度的工业应用与农业生产造成了埃尔盖内流域的水污染问题。夏季降雨量少，河道流量减小，因此，污染物浓度增加。从有机质污染来看，萨卡里亚河属于Ⅲ类水质；从 NO_2—N 参数

来看，水资源属于Ⅲ类和Ⅳ类（表4）。此外，由于工业生产密集，存在严重的重金属污染。耶希尔流域由于工业化程度较低，工业污染并不严重。从有机质污染来看，涅希尔河及其支流属于Ⅰ类水；但是，在某些地方，由于食品工业和生活污水流入，水质已经降为Ⅳ类。由于托卡特省和阿马西亚省的工业生产而导致耶希尔河受到严重的重金属污染。塞伊汉流域由于工业与农业生产，存在过度的重金属污染与NO_2—N污染。另外，开矿对谢伊汗流域也已经产生不利的影响。盖迪兹河的水质为Ⅲ类与Ⅳ类，大城镇排放的生活污水、农业生产所用的化肥与农药以及地热资源已经严重影响了水质。北爱琴海流域的工业污染程度比其他流域的低，造成污染的工业有褐煤厂与橄榄油厂，而不是有机质污染。农业施肥对巴克尔河及其他小流域的水质有重要的影响。大门德雷斯流域正受到局部污水、农业施肥与农药、工业污水及地热井污水的污染。污染源有工业、集约农业以及生活污水。另外一个原因是该地区近年来出现了干旱，因干旱而导致流量减少，污染物浓度增加。此外，地热水抬升了大门德雷斯河河水的温度，从而造成盐碱化，特别是硼浓度增加。

表4　　部分流域的水质情况

流　域	浓　度			重金属
	BOD_5	DO	NO_2—N	
马尔马拉	Ⅰ、Ⅱ	Ⅰ	Ⅲ、Ⅳ	Ⅱ
马里查	Ⅳ	Ⅰ	Ⅲ、Ⅳ	Ⅱ
萨卡里亚	Ⅲ、Ⅳ	Ⅰ	Ⅲ、Ⅳ	Ⅱ、Ⅲ
耶希尔	Ⅱ、Ⅲ	Ⅰ	Ⅲ、Ⅳ	Ⅱ、Ⅲ
塞伊汉	Ⅰ	Ⅰ	Ⅲ、Ⅳ	Ⅲ、Ⅳ
盖迪兹	Ⅰ、Ⅱ	Ⅰ	Ⅱ、Ⅲ	Ⅱ、Ⅲ
北爱琴海	Ⅰ	Ⅰ	Ⅰ、Ⅱ	Ⅱ
大门德雷斯	Ⅲ	Ⅰ	Ⅳ	Ⅲ

（三）水质评价与监测

土耳其国家水利工程总局和电力资源勘察与开发管理局负责

建立全国性的水质监测网。国家水利工程总局监测1000多个站点，按月进行测量，有几个间隙与漏测值，而可用的资料记录系列很短（最长只有10～14年)。285个水文站中只有79个观测水质，按统一标准每月观测一次。土耳其已经启动了盖迪兹河(Gediz)与萨卡里亚河流域（Sakarya）的水质评价程序。

五、水资源管理

(一) 管理模式、机构及其职能

根据1982年土耳其宪法第168条，“自然财富和资源”应置于国家的控制和支配之下。开发利用自然资源的权利属于国家。因此，土耳其有许多直接以水为目标或与水资源开发和保护间接相关的组织。水资源管理委员会负责确定“整体”保护水资源的措施，确保不同部门之间的协调与合作，加强与水有关的投资，并履行流域管理计划中规定的机构责任。

国家水利工程总局隶属于林业和水利部，成立于1954年，负责向居民点提供生活和工业用水，采取必要的防洪措施，配备所有经济上可灌溉的土地，开发技术上可行的水力发电潜力。国家水利工程总局有根据流域建立的区域单位。直到20世纪90年代初，灌溉设施的运行和维护都是由政府机构进行的。根据1993年世界银行贷款的条款，将这些设施的管理权转让给了几个组织，其中大多数是用水者协会，这些协会占地约152万hm^2。2011年3月，通过颁布新的灌溉协会法，加强了国家水利工程总局对用水协会的监督作用。新的法律承认国家水利工程总局是主要的公共水资源管理机构，对用水者协会起着“咨询和控制”的作用。

(二) 取水许可制度

对于土耳其的每个水库，国家水利工程总局应潜在用户的要求颁发使用地下水的许可证。许可证只包括使用权，不能转让或出售。

(三) 涉水国际组织

土耳其参与的政府间涉水国际组织主要有联合国粮农组织、

世界银行等。

六、水法规

1982年《土耳其共和国宪法》规定，水是国家托管的公共物品，这是一项基本原则。根据第168条，“自然财富和资源应由国家管理和支配。勘探和开发这些资源的权利属于国家”。第43条第（2）款还规定，“在利用海岸、湖岸或河岸以及沿海地带和湖泊时，应优先考虑公共利益”。

《地下水法》涉及地下水资源的使用（地表以下10m以上）。关于地下水的第1465号细则规定了地下水使用的优先顺序。根据《民法典》第756条，“地下水对公众有利，因此，任何土地的所有权不应涵盖该土地下的水”，以及“根据宪法，地下水和矿泉水归国家支配和占有”。《民法典》中没有对泉水的定义，但第756条和随后的条款规定，泉水归私人所有。

新的《灌溉协会法》加强了国家水利工程总局对用水协会的监督作用。新的法律承认国家水利工程总局是主要的公共水资源管理机构，对用水者协会起着“咨询和控制”的作用。

七、国际合作情况

（一）参与国际水事活动的情况

土耳其主要参与世界水论坛、国际灌溉排水委员会等国际水事活动。2009年3月16—22日，由世界水理事会和土耳其政府共同举办的第五届世界水资源论坛暨世界水展在土耳其举办，主题是“架起沟通水资源问题的桥梁”，议题涵盖干旱、全球气候变化以及与水问题相关的健康、能源和农业问题，并探讨解决水问题的新技术和方法。

（二）水国际协议

1981年，土耳其和伊拉克成立了联合技术委员会，以有效、明智和公平地利用水资源。叙利亚于1983年加入了联合技术委员会。1992年联合技术委员会第16次会议后，谈判中止。然而，2007年在技术和政治层面再次举行了三方会议。2001年8

月，土耳其和叙利亚就边界水资源共享签署了《土耳其GAP项目与叙利亚GOLD项目联合声明》。2004年，以色列和土耳其签订了一项淡水购买合同，以色列在未来20年内每年从土耳其购买2000万m^3的淡水。2009年，土耳其与叙利亚和伊拉克签署了一项谅解备忘录，包括监测水资源、联合项目和议定书以及应对气候变化。2012年，土耳其与中国签订了土耳其卡亚贝水电项目合同，该项目总装机89MW。

（郭姝姝，范卓玮）

土库曼斯坦

一、自然经济概况

（一）自然地理

土库曼斯坦位于中亚西南部，国土面积为 49.12 万 km^2。北部和东北部与哈萨克斯坦、乌兹别克斯坦接壤，西濒里海与阿塞拜疆、俄罗斯相望，南邻伊朗，东南与阿富汗交界。全境大部是低地，平原多在海拔 200m 以下，80%的领土被卡拉库姆（Karakum）大沙漠覆盖。南部和西部为科佩特山脉和帕罗特米兹山脉。主要河流有阿姆（Amu）河、捷詹（Tedzhen）河、穆尔加布（Murghab）河及阿特列克（Atrek）河等，主要分布在东部和南部。横贯东南部的卡拉库姆大运河长达 1450km，灌溉面积约为 39 万 hm^2。土库曼斯坦 80%的国土被卡拉库姆大沙漠覆盖。除里海沿岸地区和山地以外，属典型的大陆性气候，冬冷夏热，春秋短促，干燥少雨。年平均气温在 0℃以上，北部平均气温为 12～17℃，东南部为 15～18℃。

2019 年，土库曼斯坦全国人口为 566 万人，人口密度为 11.44 人/km^2，城镇化率 49.35%。土库曼斯坦由 120 多个民族组成，其中土库曼族占 94.7%。土库曼语为官方语言，俄语为通用语。根据 2016 年联合国粮农组织统计，土库曼斯坦可耕地面积为 194 万 hm^2，永久作物面积为 6 万 hm^2，耕作面积共计为 200 万 hm^2，占全国总面积的 4.098%。

（二）经济

2018 年，土库曼斯坦 GDP 约为 407.6 亿美元，人均 GDP 为 6966.6 美元，国内生产总值增长率为 6.2%。

二、水资源状况

(一) 水资源

1. 降水量

土库曼斯坦年均降水量为 161mm，折合水量为 785.8 亿 m^3。年降水量为 95～398mm。

2. 水资源量

据联合国粮农组织统计，2017 年，土库曼斯坦境内水资源总量为 14.05 亿 m^3，其中境内地表水资源量为 10.0 亿 m^3，境内地下水资源量为 4.05 亿 m^3，重复计算的水资源量为 0，考虑境外进入的部分水资源，土库曼斯坦实际水资源总量为 37.41 亿 m^3。土库曼斯坦水资源统计情况见表 1。

表 1　　土库曼斯坦水资源统计表

序号	项　目	单位	数量	备　注
①	年平均降水量	亿 m^3	785.8	
②	境内地表水资源量	亿 m^3	10.0	
③	境内地下水资源量	亿 m^3	4.05	
④	重复计算水资源量	亿 m^3	0	
⑤	境内水资源总量	亿 m^3	14.05	⑤=②+③-④
⑥	境外流入的实际水资源量	亿 m^3	23.36	
⑦	实际水资源总量	亿 m^3	37.41	⑦=⑤+⑥

3. 河川径流

土库曼斯坦有数条河流，但绝大多数由邻国流入。土库曼斯坦主要河流特征值见表 2。

表 2　　土库曼斯坦主要河流特征值

河 流 名 称	长度 /km	流域面积 /万 hm^2	注入
阿姆河	2400	5350	咸海
捷詹河	1150	700	卡拉库姆沙漠

续表

河流名称	长度/km	流域面积/万 hm^2	注入
穆尔加布（Murghab）河	850	600	卡拉库姆沙漠
阿特列克河	669	273	里海
库什克（Kushk）河	277	107	穆尔加布河
桑巴（Sumbar）河	245	83	阿特列克河

4. **湖泊**

土库曼斯坦有大约80个人工湖，是由灌溉地区的排水出流形成的。其中最大的一个是位于咸海西南约200km的萨雷卡梅什（Sarygamysh）湖，容积8km^3，湖面面积约50万hm^2。

（二）水资源分布

1. **分区分布**

土库曼斯坦可分为5个流域：阿姆河流域、阿特列克河流域、穆尔加布河流域、捷詹河流域以及其他流域。

阿姆河流域位于东北部，面积占全国的73.7%，内部产生可再生地表水6.8亿m^3/年，占全国的68%，考虑入流出流之后的实际总可再生地表水量为220亿m^3/年。阿特列克河流域位于西南部，面积占全国的4.4%，内部产生可再生地表水0.2亿m^3/年，占全国的2%，实际总可再生地表水量为0.6亿m^3/年。穆尔加布河流域位于东南部，面积占全国的9.6%，实际总可再生地表水量为12.5亿m^3/年。捷詹河流域位于南部，面积占全国的11.3%，实际总可再生地表水量为7.5亿m^3/年。其他流域位于南部，面积占全国的1.0%，实际总可再生地表水量为3亿m^3/年。穆尔加布河流域、捷詹河流域以及其他流域总的内部可再生地表水为3亿m^3/年，占全国的30%。所有流域总的实际总可再生地表水量为243.6亿m^3/年。

2. **国际河流**

土库曼斯坦的主要国际河流为阿姆河、阿特列克河、桑巴

河、捷詹河、穆尔加布河和库什克河。

阿姆河发源于塔吉克斯坦的雪山，沿着阿富汗-乌兹别克斯坦边界进入土库曼斯坦，流向西北，然后成为与乌兹别克斯坦的边界，最后进入乌兹别克斯坦并注入咸海。阿特列克河发源于伊朗东北部的山区，向西流动 563km 之后与桑巴河汇流成为伊朗与土库曼斯坦的边界，最后注入里海，由于农业用水使用量大，只有在洪水阶段才能有水流入里海。桑巴河发源于伊朗北部的科佩特（Kopet Dag）山区，流入土库曼斯坦，然后在伊朗与土库曼斯坦的边界上流入阿特列克河。捷詹河发源于阿富汗中部山区，原名哈里（Hari）河，进入土库曼斯坦后被称为捷詹河，是伊朗和土库曼斯坦的边界，河上建有伊朗-土库曼斯坦友谊大坝，2000 年，由于遭遇 30 年来最大的干旱，捷詹河断流达 10 个月之久。穆尔加布河发源于阿富汗中西部的高原上，流经穆尔加布，然后向西北流入土库曼斯坦的卡拉库姆沙漠，最后逐渐消失。它的支流库什克河发源于阿富汗西北部，先向西北流动，在库什克镇向北流动，之后的 16km 河道成为阿富汗-土库曼斯坦边界，然后向东北流入土库曼斯坦，最后注入穆尔加布河。

3. **水能资源**

《2010 年世界能源调查》显示，土库曼斯坦水电总蕴藏量约为 240 亿 kWh/年，技术上可开发利用的潜在水电量为 50 亿 kWh/年，经济上可开发利用的潜在水电量为 20 亿 kWh/年。

三、水资源开发利用

（一）水利发展历程

20 世纪 30 年代，土库曼斯坦开始兴建土库曼大运河，用于从阿姆河向里海边的克拉斯诺夫斯克（Krasnovodsk）输水。1954 年，土库曼斯坦开始了卡拉库姆水道的建设。卡拉库姆水道长为 1400km，灌溉了土库曼斯坦大部分土地，至今仍是土库曼斯坦最重要的运河。

土库曼斯坦十分重视水利建设，针对水利基础薄弱的状况，加大投资力度，兴修水利，改造运河，特别是兴修了长达

600km 的引水暗渠，使国家的水资源增加到 260 亿 m^3，取得明显成效。

2009 年，土库曼斯坦只有约 0.018%的电力来自水电。穆尔加布河上建设了兴都库什（Hindu Kush）水电站，虽然此后也陆续建设了一些水电站，但总体而言水电发展缓慢。

（二）开发利用与水资源配置

1. 坝和水库

2012 年，土库曼斯坦总的大坝库容约为 62.2 亿 m^3，主要用于灌溉。其中，共有 5 座库容超过 5 亿 m^3 的大坝。土库曼斯坦主要大坝见表 3。

表 3　土库曼斯坦主要大坝

大坝名称	目　的	建成年份	最大坝高 /m	库容 /万 m^3
金地库什（Gindikush）	灌溉、供水、补偿、饲养	1895	—	3100
格尔戈尔（Gor-Gor）	灌溉、娱乐、饲养	1895	—	2060
约罗坦（Yolotan）	灌溉、供水、补偿、饲养	1910	—	12000
科尔皓兹本特（Kolkhozbent）	灌溉、供水、补偿、饲养	1941	—	5460
捷詹 1 号（Tejen）	灌溉、供水、补偿、饲养、其他	1950	—	19000
柯特丽（Kurtly）	供水、娱乐	1963	5	4850
马梅德库尔（Mamedkul）	灌溉、饲养	1964	—	2000
极兹尔阿依（Gyzyl-Ay）	灌溉、饲养	1965	—	530
戴利力（Delily）	灌溉、饲养	1970	—	1100
奥古兹可汗（Augustuzhan）	灌溉、供水、饲养	1975	—	87500
萨里亚兹（Saliaz）	灌溉、供水、补偿、饲养	1984	25.5	66000
扎伊德	灌溉、供水、饲养、其他	1986	12	220000

续表

大坝名称	目　的	建成年份	最大坝高/m	库容/万 m^3
科彼特达格（Kopet Dage）	灌溉、供水、饲养、其他	1987	—	55000
道斯特拉克	灌溉、供水、补偿、发电、饲养、其他	2004	—	125000

2. 供用水情况

据 FAO 统计，2004 年土库曼斯坦全国总取水量约为 279.58 亿 m^3。其中农业取水量为 263.64 亿 m^3，占总取水量 94.3%；工业取水量为 8.39 亿 m^3，占总取水量 3.0%；城市取水量为 7.55 亿 m^3，占总用水量 2.7%。土库曼斯坦人均年总取水量为 5952m^3。地下水供水量为 3.07 亿 m^3，占总供水量的 1.1%，地表水供水量为 272.31 亿 m^3，占总供水量的 97.4%；直接利用农业排水供水量为 0.85 亿 m^3，占总供水量的 0.3%；直接利用处理污水供水量为 3.35 亿 m^3，占总供水量的 1.2%。

（三）洪水管理

1. 洪灾情况

总的来说，土库曼斯坦很少发生洪水。防灾网统计数据显示，1980—2010 年，土库曼斯坦仅在 1993 年发生了一次洪灾，影响人口为 420 人，未出现死亡人员，造成经济损失 9987 万美元。

2. 防洪非工程措施

阿姆河是土库曼斯坦的最主要河流。在阿姆河上，采取的防洪措施有：建立了跨界洪水应急委员会，确保对洪水风险的快速反应；在用水者之间举行活动，增强防洪意识。

（四）水力发电

1. 水电开发程度

根据世界能源理事会 2010 年的调查，土库曼斯坦水电总蕴藏量约为 240 亿 kWh/年，而土库曼斯坦 2008 年总的年发电量

仅有 300 万 kWh，水电开发利用率只有 0.0125%，水电开发程度极低。

2. 水电装机及发电量情况

根据世界能源理事会 2010 年的数据，土库曼斯坦 2008 年水电装机总容量为 1000kW，实际年发电量 300 万 kWh。

3. 各类水电站建设概况

联合国粮农组织报告显示，位于伊朗伊斯兰共和国与土库曼斯坦的边界上的道斯特拉克大坝有发电功能。土库曼斯坦已建水电站有：兴都库什水电站（1200kW）、考舒特本特（Kaushut－Bent）水电站（600kW）、考尔霍兹本特（Kolkhoz－Bent）水电站（3200kW）。

4. 小水电

《2016 年世界小水电发展报告》显示，土库曼斯坦小水电开发潜力为 130 万 kW，已装机容量为 5000kW。土库曼斯坦最大的小水电主要集中在西南部的穆尔加布河、捷詹河以及卡拉库姆运河上。优先的小水电项目有：皓兹南水库水电站（1.17 万 kW）、科彼特达格水库水电站（1.5 万 kW）、萨里亚兹水库水电站（1.2 万 kW）以及塔什克普林水电站。另外，还有总计 5.7 万 kW 的小水电发展项目。

（五）灌溉排水

1. 灌溉与排水发展情况

土库曼斯坦的灌溉主要集中在绿洲，水来自穆尔加布河、阿特列克河、捷詹河以及卡拉库姆运河，或者来自沿着阿姆河建造的水道系统。据联合国粮农组织统计，2006 年，土库曼斯坦配备灌溉设施的土地总面积为 199.1 万 hm^2，配备灌溉设施的灌溉面积占耕地面积的 94.81%，占潜在可灌溉土地（灌溉潜力）总面积的 84.62%。灌溉取水中 198.1 万 hm^2 为地表水，占 99.5%，1 万 hm^2 为地表水，占 0.5%，没有混合的地表水和地下水。作物的总灌溉面积约为 201.4 万 hm^2，灌溉的主要作物有小麦、水稻、土豆、甜菜等。

土库曼斯坦主要的排水明沟系统建设始于 20 世纪 50 年代

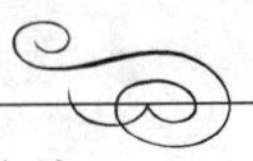

初，排水长度的约90%在1965—1985年建成。农业未开垦地的集中发展以及疏于水量控制，导致水资源的不合理利用。排水建筑的建设一直落后于未开垦地的开发及无衬砌灌溉渠的建造。2000年土库曼斯坦开始建设跨土库曼斯坦的排水收集系统，同时在卡拉库姆沙漠中间建设一个巨大的人工湖——土库曼斯坦黄金时代湖。2009年开始，排水收集器每年可以将高达100亿m^3的咸排水注入湖中。这些水此前流入阿姆河，此湖的建设目的之一就是通过停止向阿姆河排水以改善阿姆河的水质。

2. **灌溉与排水技术**

土库曼斯坦以表面灌溉技术为主，在局部灌溉土地上安装了滴灌设备。地下排水大约占了所有排水面积的32%，主要是最近开发的地域，水平表面排水占了60%，垂直表面排水占了8%。绝大多数已知的排水类型都被应用了，包括用于安全去除泥石流的水槽。垂直排水主要用于城市地区，保护城市不受水浸危害。

3. **盐碱化**

无衬砌灌溉渠排水系统长度不足，不合理的灌溉计划及低质量的建筑工程，导致了灾难性的土壤盐碱化。2000—2004年，排水网络、灌溉网络分别增长7%和26%，由于排水网络的发展落后于灌溉网络，导致地下水位加速上升，土壤质量下降，土地盐碱化。根据联合国粮农组织统计数据，2002年，土库曼斯坦灌溉造成的盐化面积为135.4万hm^2。

四、水资源保护与可持续发展状况

(一) 水资源环境问题现状

土库曼斯坦有很多严重的环境问题，过度的灌溉使得土库曼斯坦的土壤和水质严重退化。天然盐渍土的灌溉将地下盐分带到了地表，加剧了土壤盐碱化，同时又使得灌溉更为必要，过度灌溉导致了荒漠化。另外，土库曼斯坦的土壤和水体受到了杀虫剂和除草剂等农业化学品的严重污染。未经处理的废水也污染了地下水。

（二）水质评价与水质监测

土库曼斯坦政府负责定期监测水资源。国家水文气象学委员会在几个测量站和地点对河流（流量和水位）的水文状况进行系统观测和监测；ICWC 的阿姆河水管理部门定期进行水文和水化学监测。主要监测盐度、主要离子、水硬度、物理参数（温度、颜色、气味）；水资源部对河流（包括边界河流和小型河流）、运河、湖泊和水库等进行水化学监测，以评估它们是否可用于灌溉和确定盐分质量平衡；卫生和医疗工业部卫生流行病学局监测供水水源和主要灌溉渠的微生物状况，因为它们也用于人口的饮用水供应；然而，这些分析的结果是保密的，不公开；土库曼斯坦地质局负责监测地下水位和水质。

（三）水污染治理与可持续发展

土库曼斯坦防止水污染的主要措施包括设立水质标准，限制废水和回水的流量，在水体保护区域、沿海水体保护带和水利设施土地限制建设工厂，违反土库曼斯坦水法规的追究行政和刑事责任。

国家监督水的利用和保护的目的是确保各团体和个人坚持已经确立的水的利用程序，执行水保护的责任，清除对水体的有害影响，坚持用水付费规则及其他由水法确立的规则。土库曼斯坦国会、水资源部和自然保护部及它们在地方的代理机构负责相应的管理工作。

五、水资源管理

（一）管理体制、机构及职能

土库曼斯坦的水资源管理是由国家有关组织和部门以及国际组织如阿姆河流域局、挽救咸海国际基金和中亚州际水协调委员会一起执行的。土库曼斯坦的国会对农业、市政和工业部门的水资源供给负有责任。下列国家部门和组织参与水资源管理：水资源部，负责建设和运营灌溉排水系统以及供水；村级地方行政机关，负责解决他们领域（田间灌溉和排水网络）内的水资源管理问题；土地使用者，包括农民、租户等，独立决定他们土地范围

内部的灌溉排水网络的运行问题；自然保护部，负责保护水资源不受污染及不被耗尽；国有公司，负责评估和控制地下水含水层的使用和不受污染及不被耗尽；建造和建筑材料部，负责批准、技术监督和控制定居点的供水和排水活动。

（二）取水许可制度

根据土库曼斯坦的《水法规》，土库曼斯坦的水资源归国家所有，用水基于许可制度，由地方当局签发许可证。许可证有临时和永久两类，短期为 3 年，长期为 25 年。用水需要付费。除某些情况外，不允许将具有可饮用品质的地下水用作其他途径。

（三）涉水国际组织

土库曼斯坦参与的涉水国际组织主要有联合国粮农组织、世界银行、全球水伙伴、联合国教科文组织。

六、水法规与水政策

土库曼斯坦宪法规定国会承担经济和社会发展的管理，并确保自然资源的合理利用与保护。1972 年 12 月 27 日发布的《水法规》，详述了国会、负责水的利用与保护的国家部门、当地行政机关、民间团体和个人的权力。国会为每个省和地区规定限额，包括主要水资源向经济部门的分配。根据《水法规》，水资源只由政府拥有，然而法人和个人可以拥有水源设施。2007 年，关于“农场”和“联合农场”的法律草案出台，以提高农民在决策过程中的地位。

七、国际合作情况

1993 年，咸海州际委员会和挽救咸海国际基金成立；1997 年，两个组织合并为拯救咸海国际基金会（IFAS）。土库曼斯坦和乌兹别克斯坦签署了关于基本水量分配原则的协议，实战证明是可行。两国在联合管理阿姆河中都获得了经验。于是在 1996 年，两国又签署了一个关于水资源管理问题合作的永久协议，协议将阿姆河上克尔基（Kerki）水文测量站的水量平分给两国，

并规定两国都分配出一部分水量给咸海。2004 年，两国总统重申了共同合作解决水问题的重要性。欧盟水倡议（EUWI）与东欧-高加索-中亚（EECCA）项目的合作关系寻求改进 EECCA 地区水资源管理的方法，该合作关系由欧盟和 EECCA 国家在 2002 年可持续发展世界首脑会议上建立。一个重要组成部分是“包括跨界流域管理和地区海洋问题在内的综合水资源管理”。2002 年，中亚和高加索国家在全球水伙伴之下组成了 CACENA 区域水伙伴，在这个框架之下，国家部门、当地和地区组织、专业组织、科学研究机构、私营部门和非政府组织可以对威胁区域水安全的危机问题达成共识。

（范卓玮，池欣阳）

乌兹别克斯坦

一、自然经济概况

（一）自然地理

乌兹别克斯坦是位于中亚中部的内陆国家，西北濒临咸海，与哈萨克斯坦、吉尔吉斯斯坦、塔吉克斯坦、土库曼斯坦和阿富汗毗邻。总面积约为44.89万km^2，全境地势东高西低。平原低地占全部面积的80%，大部分位于西北部的克孜勒库姆沙漠。东部和南部属天山山系和吉萨尔-阿赖山系的西缘，内有著名的费尔干纳盆地和泽拉夫尚盆地。境内有自然资源极其丰富的肥沃谷地。主要河流有阿姆河、锡尔河和泽拉夫尚河。地理位置优越，处于连接东西方和南北方的中欧中亚交通要冲的十字路口，古代曾是重要的商队之路的汇合点，是对外联系和各种文化相互交流的活跃之地。乌兹别克斯坦是著名的“丝绸之路”古国，历史上与中国通过“丝绸之路”有着悠久的联系。全国共划分为1个自治共和国、12个州和1个直辖市：卡拉卡尔帕克斯坦共和国、安集延州、布哈拉州、吉扎克州、卡什卡达里亚州、纳沃伊州、纳曼干州、撒马尔罕州、苏尔汉河州、锡尔河州、塔什干州、费尔干纳州、花拉子模州、塔什干市。首都为塔什干(Tashkent)，位于锡尔河支流奇尔奇克河谷的绿洲中心，是古代东西方贸易的重要中心和交通要冲，著名的“丝绸之路”便经过这里，也是中亚地区最大的城市，乌兹别克斯坦政治、经济、文化和交通中心，常住人口为249.79万人（2018年）。

2019年乌兹别克斯坦全国人口为3372.5万人。共有130多个民族：乌兹别克族占80%，俄罗斯族占5.5%，塔吉克族占4%，哈萨克族占3%，卡拉卡尔帕克族占2.5%，鞑靼族占

1.5%，吉尔吉斯族占1%，朝鲜族占0.7%。此外，还有土库曼族、乌克兰族、维吾尔族、亚美尼亚族、土耳其族、白俄罗斯族等。乌兹别克语为官方语言，俄语为通用语。主要宗教为伊斯兰教，属逊尼派，其次为东正教。2017年联合国粮农组织统计数字，乌兹别克斯坦人口密度为71.33人/km^2，城市人口为1115.2万人，农村人口为2075.9万人。

乌兹别克斯坦属严重干旱的大陆性气候。7月平均气温为26～32℃，南部白天气温经常高达40℃；1月平均气温为－6～－3℃，北部绝对最低气温为－38℃。

根据2017年联合国粮农组织统计数字，乌兹别克斯坦可耕地面积为402.6万hm^2，永久作物面积为39.2万hm^2，永久草地和牧场面积为2111.5万hm^2。

（二）经济

乌兹别克斯坦自然资源丰富，是世界上重要的棉花、黄金产地之一。国民经济支柱产业是“四金”：黄金、“白金”（棉花）、“乌金”（石油）、“蓝金”（天然气）。但经济结构单一，制造业和加工业落后，苏联时期是工业原料和农牧业产品供应地。近年来，乌兹别克斯坦分阶段、稳步推进市场经济改革，实行“进口替代”和“出口导向”经济发展战略，同时对国有企业进行私有化和非国有化，积极吸引外资，大力发展中、小企业，逐步实现能源和粮食自给，基本保持了宏观经济和金融形势的稳定，经济实现较快发展。米尔济约耶夫就任总统后在经济开放和自由化、吸引外资方面采取了系列举措，国家经济保持向上势头。根据乌兹别克斯坦国家统计委员会统计数据，2018年乌兹别克斯坦GDP为407万亿苏姆（1美元=10070苏姆），人均GDP为1237万苏姆。矿产资源储量总价值约为3.5万亿美元，现探明矿产有近100种。其中，黄金探明储量3350t（世界第4），石油探明储量为1亿t，凝析油已探明储量为1.9亿t，已探明的天然气储量为1.1万亿m^3，煤储量为18.3亿t，铀储量为18.58万t（世界第7），铜、钨等矿藏也较为丰富。森林覆盖率为12%。

二、水资源状况

（一）水资源

1. **降水量**

乌兹别克斯坦年均降水量为 206mm，折合水量为 921.6 亿 m^3。常年干旱，日照时间长，雨季在冬季和春季，其中山区降雨量大，年均降雨量为 1000mm，沙漠降雨量最少，平原低地年均降水量为 80～200mm。

2. **水资源量**

根据联合国粮农组织的统计数据，乌兹别克斯坦水资源量统计见表 1。2017 年，乌兹别克斯坦境内年水资源总量为 163.4 亿 m^3，其中境内地表水资源量为 95.4 亿 m^3，境内地下水资源量为 88 亿 m^3，重复计算水资源量为 20 亿 m^3，考虑境外进入的部分水资源，乌兹别克斯坦实际水资源总量为 488.7 亿 m^3，人均实际水资源量为 1531m^3。

表 1　　乌兹别克斯坦水资源统计表

序号	项　目	单位	数量	备　注
①	年平均降水量	亿 m^3	921.6	
②	境内地表水资源量	亿 m^3	95.4	
③	境内地下水资源量	亿 m^3	88.0	
④	重复计算的水资源量	亿 m^3	20.0	
⑤	境内水资源总量	亿 m^3	163.4	⑤＝②＋③－④
⑥	境外流入的实际水资源量	亿 m^3	325.3	
⑦	实际水资源总量	亿 m^3	488.7	⑦＝⑤＋⑥
⑧	人均实际水资源量	m^3	11531	

资料来源：世界各国水资源概况，FAO，2017。

3. **河川径流**

乌兹别克斯坦有两大流域：阿姆（Amu Darya）河流域和锡尔（Syr Darya）河流域，它们共同组成了咸海流域。

阿姆河流域覆盖了 81.5%的国土。整个阿姆河干流可以分

成三个河段：上游是阿富汗和塔吉克斯坦的边界；中游开始段是乌兹别克斯坦和阿富汗的边界，然后进入土库曼斯坦；下游在乌兹别克斯坦，最终注入咸海。阿姆河在乌兹别克斯坦境内的主要支流有苏尔汉（Surkhandarya）河，谢拉巴德（Sherabad）河，卡什卡达里亚（Kashkadarya）河以及泽拉夫尚（Zeravshan）河。苏尔汉河与泽拉夫尚河发源于塔吉克斯坦。泽拉夫尚河在被发掘用于灌溉前曾是阿姆河最大的支流。阿姆河流域年均产流量为784.6亿m^3/年，由于河流流过沙漠损失巨大以及农业取水的原因，在最干燥年份能到达咸海的流量不到10%。乌兹别克斯坦境内阿姆河流域地表水流量占总水资源的6%，约47亿m^3/年。

锡尔河流域覆盖了13.5%的国土。整个锡尔河干流可以被分成三个河段：上游在吉尔吉斯斯坦；中游在乌兹别克斯坦和塔吉克斯坦；下游在哈萨克斯坦，最终注入咸海。锡尔河在乌兹别克斯坦境内的主要支流有奇尔奇克（Chilchik）河以及阿汉加兰（Akhangaran）河，均发源于吉尔吉斯斯坦。锡尔河流域年均产流量为365.7亿m^3/年，由于河流流过沙漠损失巨大以及农业取水的原因，在最干燥年份能到达咸海的流量不到5%。因此乌兹别克斯坦境内锡尔河流域地表水流量占总水资源的13%，约48.4亿m^3/年。

乌兹别克斯坦有数以千计的小溪流消失于沙漠中，在乌兹别克斯坦境内总河流流量估算为95.4亿m^3/年，其中49%来自阿姆河流域，51%来自锡尔河流域。乌兹别克斯坦主要河流特征值见表2。

表2　乌兹别克斯坦主要河流特征值

河流名称	长度/km	流域面积/万km^2	注入
阿姆河	2400	53.5	咸海
锡尔河	2212	40.3	咸海
泽拉夫尚河	877	1.8	阿姆河
苏尔汉河	175	1.4	阿姆河
谢拉巴德河	130	1.1	阿姆河

续表

河流名称	长度/km	流域面积/万 km^2	注入
卡什卡达里亚河	378	0.7	阿姆河
纳伦（Naryn）河	807	5.9	锡尔河
卡拉达里亚（Kara Darya）河	177	3.0	锡尔河
奇尔奇克河	155	1.5	锡尔河
阿汉加兰河	223	0.5	锡尔河
索赫（Sokh）河	124	0.4	锡尔河
恰特卡尔（Chatkal）河	223	0.7	奇尔奇克河
普斯凯姆（Pskem）河	70	0.3	恰尔瓦克（Charvak）湖

资料来源：维基百科乌兹别克斯坦河流数据。

4. **湖泊**

乌兹别克斯坦较大的湖泊有：埃达尔库尔（Aydarkul）湖，1995年时储水量约为30km^3；萨雷卡梅什（Sarykamish）湖，位于阿姆河下游，储水量为8km^3。

乌兹别克斯坦较大湖泊特征值见表3。

表3　　乌兹别克斯坦较大湖泊特征值

湖泊名称	湖面面积/km^2	最大水深/m	海拔/m	所在地
南咸海	3500	37～40	29	哈萨克斯坦和乌兹别克斯坦交界处
埃达尔库尔湖	3000	30	75～247	克孜勒库姆沙漠（Kyzyl Kum）
萨雷卡梅什湖	5000	—	5	土库曼斯坦北部和乌兹别克斯坦西南部交界处

资料来源：维基百科乌兹别克斯坦湖泊数据。

（二）水资源分布

1. 分区分布

乌兹别克斯坦可分为两个流域：阿姆河流域和锡尔河流域，

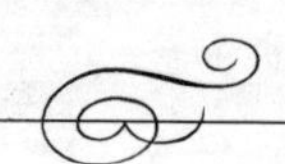

它们共同组成了咸海流域。两大流域在乌兹别克斯坦境内产生的总河流流量约为 95.4 亿 m^3/年，其中 49%来自阿姆河流域，51%来自锡尔河流域。

2. 国际河流

乌兹别克斯坦的主要国际河流为阿姆河、锡尔河、纳伦河、苏尔汉河、泽拉夫尚河、奇尔奇克河和阿汉加兰河。其中纳伦河发源自吉尔吉斯的天山山脉，流经乌兹别克的费尔干纳盆地，最终与卡拉达里亚河汇流成锡尔河，年平均流量 137 亿 m^3，河道沿途有不少用于发电的水库。

3. 水能资源

乌兹别克斯坦理论水能资源量为 885 亿 kWh/年，技术可行水能资源量为 274 亿 kWh/年，经济合理水能资源量为 150 亿 kWh/年，未开发水能资源总装机容量达到 141.97 万 kW。

三、水资源开发利用

（一）水利发展历程

2010 年，乌兹别克斯坦水电量占全国发电总量的 13.8%，其中 48.53 万 kW 的水电来自超过 40 年的老旧水电站。乌兹别克斯坦的水力发电成本是 0.05 美分/kWh，而其他类型电站发电成本是 1.1 美分/kWh。

（二）开发利用与水资源配置

1. 坝和水库

乌兹别克斯坦有 45 个大坝正在运行中，其中 44 个是土石坝，1 个是混凝土坝，其中仅有 6 个大坝可用于发电。所有大坝总容量是 183 亿 m^3。乌兹别克斯坦主要大坝见表 4。

2. 供用水情况

根据联合国粮农组织统计数据，2017 年乌兹别克斯坦全国总取水量为 589.0 亿 m^3，占实际可再生水资源总量的 120%。其中农业取水量为 543.6 亿 m^3，占总取水量 92.29%；工业取水量为 21.3 亿 m^3，占总取水量 3.62%；城市取水量为 24.1 亿 m^3，占总用水量 4.09%。乌兹别克斯坦人均年总取水量为 1846m^3。从

表 4　　乌兹别克斯坦主要大坝

大坝名称	所在河流	坝型	目的	建成年份	最大坝高/m	库容/万 m^3
阿汉加兰（Ohangaron）	阿汉加兰河	土坝	灌溉、供水	1978	100	26000
恰尔瓦克（Charvak）	奇尔奇克河（Chilchik）	堆石坝	发电、灌溉	1977	168	200000
旗木库尔干（Chimkurgan）	卡什卡达里亚河	土坝	灌溉	1963	33	50000
戴克卡纳巴德（Dekhkanabad）	齐齐可乌利亚达利（Kichik－Uria－Dari）河	土坝	灌溉	1981	36	2720
卡尔其丹斯克（Karkidansk）	库瓦赛（Kuvasay）渠	土坝	灌溉	1967	70	21840
卡特塔库尔干（Kattakurgan）	卡拉达里亚河	土坝	灌溉	1968	31	90000
考佳目什肯特 Khojamushkent	考佳目什肯（Khodjamushken）河	土坝	灌溉	1982	44	800
库尔甘特帕（Kurgantepa）	莎希马尔丹（Shakhimardan）河	土坝	灌溉	1978	45	—
里昂格尔斯克（Liangarsk）	里昂格尔（Liangar）河	土坝	灌溉	1975	34	850
帕奇卡马尔（Pachkamar）	古扎尔达里亚（Guzardaria）河	土坝	灌溉	1968	70	26000
萨尔米奇萨伊（Sarmychsay）	萨尔米奇萨伊河	土坝	灌溉	1983	32	430
塔吉马尔江（Tajimarjan）	阿姆河	土坝	灌溉、供水	1985	35	152500
塔什干	阿汉加兰河	土坝	灌溉	1963	37	25000
南苏尔汉 Yuzhnosurkhan	苏尔汉河	土坝	灌溉	1967	30	80000

续表

大坝名称	所在河流	坝型	目的	建成年份	最大坝高/m	库容/万 m^3
加努比（Janubiy）	—	—	—	1967	—	80000
卡散萨伊（Kasansai）	卡散萨伊河	—	灌溉	1968	64	16500
吉扎克（Jizzakh）	—	—	灌溉	1973	20	10000
安集延（Andijan）	卡拉达里亚河	—	灌溉	1978	121	190000
图阿依木云（Tuaymuyun）	—	—	—	1980	34	780000
卡拉乌尔太平（Karaultepin）	伊斯其土亚它尔塔尔（Eskituyatartar）	—	灌溉	1983	51	5300
图达库尔（Tudakul）	图达库尔斯卡娅（Tudakulskaya）自然洼地	—	灌溉	1983	12	120000
索尔库尔（Shorkul）	泽拉夫尚河	—	灌溉	1984	14.5	39400
扎民（Zaamin）	扎民苏（Zaaminsu）河	—	灌溉	1987	73.5	5100
卡玛史恩（Kamashin）	舒拉萨伊（Shurasay）河	—	灌溉	1987	14.9	2500
吉萨尔（Gissar）	阿克苏（Aksu）河	—	灌溉	1990	138.5	17000
土破浪（Tupolang）	土破浪河	—	灌溉、发电	2002	180	50000

资料来源：《2007年水力发电与大坝建设年鉴》。

来源看，全国总取水量 589 亿 m^3 中，地下水供水量为 4.94 亿 m^3，占总供水量的 0.3%；地表水供水量为 584.1 亿 m^3，占总供水量的 99.7%。

3. 跨流域调水

苏联时期，在现在的俄罗斯联邦、哈萨克斯坦以及乌兹别克斯坦之间有一个跨流域调水工程，将鄂毕（Ob）河与额尔齐斯（Irtysh）河的水引入锡尔河与阿姆河，引水工程长 2500km，年引水量为 250 亿 m^3，主要用于灌溉。

（三）洪水管理

1. 洪灾情况与损失

防灾网统计数据显示，1980—2010 年，乌兹别克斯坦仅在 2005 年发生了一次洪灾，影响人口为 1500 人，未出现死亡人员。

2. 防洪工程体系

乌兹别克斯坦许多大型水库是可用于灌溉、防洪和发电的多功能大坝。锡尔河流域最大的两个水库是恰尔瓦克水库和安集延水库。恰尔瓦克是中亚最大的水电站之一，位于奇尔奇克河；安集延水库位于费尔干纳盆地的卡拉达里亚河。阿姆河流域最大的水库是图阿依木云水库，由四个单独的水库构成。

（四）水力发电

1. 水电开发程度

根据世界能源理事会 2010 年数据，乌兹别克斯坦经济上可开发利用的潜在水电量为 150 亿 kWh/年。2011 年，乌兹别克斯坦的实际年发电量为 100.87 亿 kWh，经济开发度达到 67%。

2. 水电装机及发电量情况

乌兹别克斯坦 2011 年总的水电装机容量为 171 万 kW，实际年发电量 100.87 亿 kWh。

3. 各类水电站建设概况

乌兹别克斯坦已建成的主要水电站见表 5。

表 5　　乌兹别克斯坦已建成的主要水电站

水电站名称	所在地	建成年份	装机容量/万 kW	设计年发电量/亿 kWh
阿克太平（Ak－Tepin）	塔什干市，波兹苏（Bozsu）渠	1943	1.5	0.8
阿卡瓦克（Akkavak）1号	奇尔奇克市，奇尔奇克河	1951	3.47	1.716
恰尔瓦克	塔什干市东北偏东70km，奇尔奇克河	1970	62.05	—
奇尔奇克	奇尔奇克市北，奇尔奇克河	1940	8.4	4.276
法尔哈德（Farkhad）	贝考巴德（Bekobad）市，锡尔河	1949	12.6	8.3
加扎尔肯特（Gazalkent）	加扎尔肯特市，奇尔奇克河	1980	12	—
卡得依林（Kadyrin）	卡得依林市，波兹苏渠	1933	1.32	1.12
考德基肯特（Khodjikent）	卡兰库尔图伽依（Karankultugay）市，奇尔奇克河	1976	16.5	—
其布拉依（Kibray）	其布拉依市，波兹苏渠	1943	1.12	0.89
波兹苏下游1号	塔什干市西，奇尔奇克河	1944	1.07	0.414
波兹苏下游3号	卡亚卡巴德（Khayakabad）市东，奇尔奇克河	1947	1.12	0.408
波兹苏下游4号	塔塔尔斯奇（Tatarskiy）市北，奇尔奇克河	1954	1.76	0.88
萨拉尔（Salar）	萨拉尔市，波兹苏渠	1944	1.12	0.85
塔瓦克萨伊（Tavaksay）	伊斯坎德尔（Iskandar）市，奇尔奇克河	1940	7.2	3.508

资料来源：全球能源观察——乌兹别克斯坦。

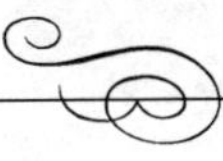

4. 小水电

2007年，乌兹别克斯坦有24个小型水电站（小于3万kW）正在运行，总计装机容量22万kW，每年发电量11.5亿kWh。《2013年世界小水电发展报告》指出，乌兹别克斯坦小水电总的理论水能资源为176万kW，年发电量可达80亿kWh；目前已装机容量为5.632万kW，开发利用率仅为3.2%。

（五）灌溉排水

1. 灌溉与排水发展情况

根据联合国粮农组织统计数据，2005年，乌兹别克斯坦配备灌溉设施的土地总面积为419.8万hm^2，占耕地面积的89.51%，占潜在可灌溉土地（灌溉潜力）总面积的85.41%。

1913年沙俄时期，乌兹别克斯坦的灌溉面积约为138万hm^2，1917年“十月革命”之后，灌溉面积有所减少，但在1928年灌溉面积恢复到了1913年的水平。第二次世界大战前，灌溉面积为185万hm^2，战后为215万hm^2。大规模灌溉的发展始于20世纪50年代后期，当时苏联要求乌兹别克斯坦专门研究棉花的生产，建造一批供水系统和水库，灌溉系统得到改造。20世纪70年代的灌溉发展伴随着大面积土地开垦，现代化的灌溉技术在国家中部锡尔河流域草原以及国家东南部阿姆河流域的卡尔希（Karshi）草原大力发展，到20世纪80年代末，新增了10万hm^2的灌溉面积。乌兹别克斯坦的灌溉潜力为490万hm^2。

乌兹别克斯坦的灌溉依赖于世界上最复杂系统之一的泵与灌溉水渠系统。1994年，大约1500个电泵提水灌溉了117万hm^2。灌溉网络的总长度约为19.6万km。大型灌区（大于10000hm^2）约为364万hm^2，占85%，小型灌区（小于10000hm^2）约为64万hm^2，占15%。随着种植面积的增加，乌兹别克斯坦的灌溉排水网络几乎全年都要运行，从而导致没有时间进行清理或者维修。灌溉技术的平均花费约为1.12万美元/hm^2；旧灌区的更新花费约为4500美元/hm^2；滴灌花费在2300～3500美元/hm^2。乌兹别克斯坦大多数排水系统是排水明沟，约有330万hm^2灌溉地需要排水，跨农场的主要排水收集

管线总长约为 3 万 km，而农场内排水管线长约 11 万 km。乌兹别克斯坦共有 7447 口井，其中 3344 口是排水泵井，4103 口是灌溉竖井。

2. 灌溉与排水技术

1994 年，乌兹别克斯坦地面灌溉约占总灌溉面积（428 万 hm^2）的 99.9%，主要是沟灌（67.9%）、畦灌（26.0%）、漫灌（4.0%）和其他地面灌溉（2.0%），而局部灌溉只占总灌溉面积的 0.1%。尽管 1990 年大约 5000hm^2 面积使用了喷灌，但在 1994 年不再使用，因为能源成本增加且缺少备用配件，导致该技术经济上不可行。2009 年，国际灌排委员会的数据显示，乌兹别克斯坦配备灌溉设施的土地总面积为 422.3 万 hm^2，其中喷灌为 430 万 hm^2、微灌为 2000hm^2，两者共为 430.2 万 hm^2，占配备灌溉设施的土地总面积的 101.9%。1994 年，灌溉平均效率约为 63%，新旧灌区之间存在着明显差异，新灌区自 1960 年起建设了有内衬的灌溉渠道、管道、引水槽以及地下排水系统，效率可达 75%～78%。

3. 盐碱化

根据联合国粮农组织统计数据，到 2017 年，乌兹别克斯坦灌溉造成的盐碱化面积为 117.5 万 hm^2。1994 年，根据中亚标准（有毒离子不到土壤总质量的 0.5%），乌兹别克斯坦 50%的灌溉地属于盐碱化土地。在阿姆河流域和锡尔河流域的上游，10%的土地是盐碱化或高盐碱化的；而在下游，尤其是卡拉卡尔帕克斯坦（Karakalpakstan），大约 95%的土地是盐碱化、高盐碱化或者超高盐碱化的。盐碱化和排水条件密切相关，自 1990 年起，每个农场的供水的减少、水质的降低、负责维护排水网的公司的减少，都导致盐碱化加剧。尽管盐碱化的土壤会导致粮食有很大减产，但一般盐碱化的土地仍然在耕种。

四、水资源保护与可持续发展状况

（一）水资源环境问题现状

阿姆河与锡尔河的改道导致了咸海盐化不断加剧，在过去几

个世纪，咸海同时还受到来自农药和化学肥料的严重污染。化学污染以及水位的下降扼杀了曾经繁荣的渔业，污染了海边广阔的地域，污染了饮用水，严重影响沿海地区人们的健康和生计。

20 世纪 90 年代初，中亚化学肥料和农药的平均使用量在 20～25kg/hm^2，而苏联时期的用量仅为 3kg/hm^2，这导致淡水的大规模污染。在阿姆河，苯酚和石油产品浓度经检测远超可接受健康标准。2009 年，乌兹别克斯坦城市污水产生量约为 3.4 亿 m^3。

（二）水质评价与水质监测

阿姆河监测站测得的水污染指数（WPI）为Ⅲ类中度污染，平均矿化度为 962.8g/m^3，在少水时有所上升，在多水时有所下降。泰尔梅兹（Termez）附近阿姆河的 COD 为 19.8g/m^3，到河口时增加到 43.79g/m^3，酚类浓度较低，铵、亚硝酸和硝酸盐氮较低。

苏尔汉河监测站测得的水污染指数（WPI）为Ⅲ类中度污染。河水受城市工业和农业废水影响，水体矿化度从上游的 540.3g/m^3 上升到下游的 1148.0g/m^3，营养盐、酚类、矿物油、铵、亚硝酸和硝酸盐氮含量较低。

泽拉夫尚河监测站测得的水污染指数（WPI）为Ⅱ类净水或Ⅲ类中度污染。河水同样受城市工业和农业废水的严重影响。水体矿化度沿河从 276.9g/m^3 上升到 1330.7g/m^3。

锡尔河监测站测得的水污染指数（WPI）为Ⅲ类中度污染水，平均矿化度为 1096.5g/m^3。营养盐、酚类、矿物油、铵、亚硝酸、硝酸盐氮、铜离子含量不超标。

奇尔奇克河监测站测得水污染指数（WPI）为Ⅱ类净水或Ⅲ类中度污染水。矿物盐的平均浓度为 347.4g/m^3；重金属（铜）含量为最大容许浓度的 3.2 倍；酚类和矿物油含量保持在最大容许浓度以内甚至更低。

五、水资源管理

（一）管理模式

乌兹别克斯坦独立后，水资源管理从原来的基于地区的水资源管理系统转变为基于水文原则的灌溉流域水资源管理系统。2003 年，根据乌兹别克斯坦国会为了促进水资源管理的决议，灌溉系统流域局成立，它由主运河局和灌溉系统局组成。这次改革同时成立了用水者协会和运河管理机构。到 2010 年年底，共有 1486 个顺利运行的用水者协会，为 8 万多用水者提供了服务。

（二）管理体制、机构及职能

乌兹别克斯坦农业和水利部水资源总局负责水资源管理。农业和水利部有以下与水资源相关的职能：监督合作社与私人农场对水法的遵守情况进行监督并采取适当措施；与其他相关部门一同参与水资源管理发展项目；阻止或解决违反农业、水资源和水利用相关法律的情况。在国家、省和区域级别负责水资源管理的机构组织受农业和水利部管辖，它们负责配水、帮助用水者实施先进技术、水质控制等。农业和水利部管辖下的特殊土地开垦服务机构监测国家、省和地方级的灌溉土地的主要开垦指标（地下水位、排水流量、土壤盐度、排水收集系统状态），它同时为排水和灌溉网络的维护以及退化耕地的复垦负责。农业和水利部还负责农业调查、农场农业、土地复垦、农场灌溉系统的运行维护。

国家自然保护委员会负责水质监测以及工业和市政污染物控制。

2011 年，国家大坝委员会成立，它的主要任务是加强大坝安全及有效利用跨界水资源。

（三）取水许可制度

乌兹别克斯坦用水者的权利取决于农场：若农场作为一个法人，有结算账户和印章，则有权自由获取水资源；若农场是一个协会、合作社或集体农庄的成员，即不独立，则获取水资源的权利要通过灌溉服务或者灌溉合作社实现。付费用水导致了许可证的引入，用水许可证是一个地方政府颁发给农业用水者在特殊时间段用水的官方许可。没有这样的许可证，用水者无权用水，也无法获得政府系统的服务。

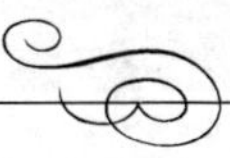

（四）涉水国际组织

乌兹别克斯坦参与的涉水国际组织主要有联合国粮农组织、世界银行、全球水伙伴、国际灌排委员会、国际大坝委员会。

六、水法规与水政策

1993 年 5 月，乌兹别克斯坦通过了《乌兹别克斯坦水与用水法》，它引进了水权的概念，在节约用水的一般目标下，条款 30 强调了给水定价的需求，尽管仍给水部门留下了补贴空间。法律框架不断改进，2009 年，乌兹别克斯坦对水法进行了修订。此法在水部门获得了成功，因为它理清了用水者的关系，增加了他们关于有效利用水的责任感，明确了水消费者协会（前用水者协会）的地位，并反映了水资源综合管理的基本原则。

七、国际合作情况

苏联时期，在中亚五国之间的水资源分配是基于阿姆河流域（1987 年）和锡尔河流域（1984 年）水资源发展总体规划的。1992 年，州际水协调委员会成立，刚独立的乌兹别克斯坦决定，在新的分配协议出来之前，继续遵守现有的原则。1993 年，随着咸海流域项目的发展，出现了两个新的组织：咸海州际委员会，其作用是优化调整项目；挽救咸海国际基金，其作用是增加和管理项目的基金。1997 年，两个组织合并。1996 年，中亚五国首脑签署了新的协议，名为《解决咸海问题和咸海流域社会经济发展的联合行动协议》。在过去这些年中，州际水协调委员会实现了向所有用水者无冲突地供水。

乌兹别克斯坦和土库曼斯坦签署了关于基本水量分配原则的协议。1996 年，两国又签署了一个关于水资源管理问题合作的永久协议。协议基于如下原则：双方认识到共同利用州际河流和其他水资源的必要性；解决水资源问题时不得采用经济和其他施压方式；承认水问题的互相依赖以及合理利用水资源的责任；专注于增加咸海的入流量；理解尊重共同利益和共同解决与水相关问题的必要性。同时，协议将阿姆河上克尔基（Kerki）水文测

量站的水量平分给两国，并要求两国都分配出一部分水量给咸海。1998年，哈萨克斯坦、吉尔吉斯斯坦和乌兹别克斯坦签署了一个有关锡尔河流域上游大坝的协议，包括哈萨克斯坦和乌兹别克斯坦平等地从吉尔吉斯斯坦采购夏季电力的条款。

2002年，中亚和高加索国家在全球水伙伴之下组成了CACENA区域水伙伴，在这个框架之下，国家相关部门、当地和地区组织、专业组织、科学研究机构、私营部门和非政府组织可以对威胁区域水安全的危机问题达成共识。

2004年，来自哈萨克斯坦、吉尔吉斯斯坦、塔吉克斯坦和乌兹别克斯坦的专家在联合国中亚经济特别计划的框架下制定了一个区域水和能源战略。同时，与欧盟水倡议和联合国欧洲经济委员会合作，加强中亚国家的综合水资源管理。

2007年，乌兹别克斯坦参加了“保护和使用跨界水道和国际湖泊国际大会”以及“国际水道的非航海使用法大会”。

（李佼，范卓玮）

新 加 坡

一、自然经济概况

（一）自然地理

新加坡，全称新加坡共和国，旧称新嘉坡、星洲或星岛，别称为狮城。它属于热带城市国家，位于马来半岛南端、马六甲海峡出入口，北隔柔佛海峡与马来西亚相邻，南隔新加坡海峡与印度尼西亚相望。新加坡由新加坡岛及附近63座小岛组成，其中新加坡岛占全国面积的88.5%。地势低平，平均海拔15m，最高海拔为163m，海岸线长为193km。除了本岛之外，新加坡的国土还包括周围数岛，如裕廊岛、德光岛、乌敏岛和圣淘沙等。新加坡国土狭小，资源匮乏，土地面积为724.4km^2（2019年）。

新加坡属热带海洋性气候，常年高温潮湿多雨。年平均气温为24～32℃，日平均气温为26.8℃，年平均湿度为84.3%。

总人口为570万人（2019年6月），公民和永久居民403万，华人占74%左右，其余为马来人、印度人和其他种族。马来语为国语，英语、华语、马来语、泰米尔语为官方语言，英语为行政用语。主要宗教为佛教、道教、伊斯兰教、基督教和印度教。

用于农业生产的土地占国土总面积1%左右，产值占国民经济不到0.1%，绝大部分粮食、蔬菜从马来西亚、中国、印度尼西亚和澳大利亚进口。农业中保存高产值出口性农产品的生产，如种植兰花、热带观赏鱼批发养殖、鸡蛋奶生产、蔬菜种植等。

（二）经济

新加坡属外贸驱动型经济，以电子、石油化工、金融、航运、服务业为主，高度依赖美、日、欧和周边市场，外贸总额是

GDP的4倍。2018年GDP为3610亿美元，人均GDP6.4万美元，经济增长率为3.2%。根据2018年全球金融中心指数排名报告，新加坡是全球第四大国际金融中心。

二、水资源状况

根据联合国粮农组织的统计资料，新加坡多年平均降雨量为2479mm，折合年均降雨量17.73亿m^3。据2002—2012年水文系列统计资料，新加坡水资源总量为6亿m^3，所有水资源均产自境内，不受邻国用水情况影响，具有较高的独立性，便于管理。但人均占有量低，人均水资源量排名世界倒数第二，是严重缺水的国家。

新加坡地势起伏和缓，中西部是山丘，东部以及沿海是平原地区，地理最高点为武吉知马（Bukit Timah），高163m，共有32条主要河流，包括新加坡河、实里达河等。新加坡河为新加坡最重要河流，总长为11km，起源于新加坡的中央商业区，向南倾入大海，两岸为新加坡的贸易中心。实里达河为新加坡最长河流，总长为15km。

新加坡没有天然湖泊，建有17个蓄水池储存淡水。中央集水区自然保护区为最大蓄水区，占地3000hm^2，包括了新加坡主要的水库：麦里芝蓄水池、实里达蓄水池上段、贝雅士蓄水池上段和下段，具有收集雨水及城市“绿肺”功能。

新加坡为岛国，海拔低，地下水开采引起的沉降会危及国土安全，因此新加坡不进行地下水的开发与开采。新加坡地势平缓，可利用水能总量很低。

三、水资源开发利用

（一）坝与水库

新加坡雨量充沛，但雨量集中，需要进行人工储存，但受制于有限的国土面积，目前水库规模较小，总库容仅为0.75亿m^3，占水资源总量的12.5%，新加坡公共事业部已经制定储水战略，将在主要河流上修建大坝，实现每年拦蓄2400mm降雨，蓄水量约为年均降水量的97%。已注册大坝3座，见表1，坝高均较低，主要功能为供水。

表1　　新加坡主要大坝

坝名	所在河流	坝型	坝高/m	库容/亿 m^3	目的	建成年份
姆莱（Murai）	姆莱（Murai）	填土坝	30	0.168	供水	1981
实里达（Seletar）	实里达（Seletar）	填土坝	29	0.2764	供水	1968
贝雅士（Upper Peirce）	卡尔坦（Kaltang）	填土坝	30	0.3054	供水	1975

资料来源：《2007年国际水电大坝建设手册》。

（二）供用水情况

水对新加坡而言具有战略意义，对于新加坡的安全与生存至关重要。在新加坡立国之初，就将与马来西亚之间的《水协议》写入《独立协议》，马来西亚政府根据该协议由柔佛州向新加坡供水。新加坡按照“收集每一滴的雨水、收集每一滴的污水、多次回收每一滴水”的持续供水原则，实施长期供水策略。国家“四大水喉”，即四大水源长期供水规划，包括外购水（马来西亚购水，供水合同于2061年到期）、本地水（本地集水区水源）、新生水、淡化海水。实现供水水源的多元化，以确保新加坡的水资源能够满足日益增长和多样化的需求。

目前，新生水、淡化海水的利用量占总用水需求量的55%，2020年将达到65%，2060年达到80%，将成为新加坡的主要供水水源。

1. 外购水

主要是指新加坡从马来西亚购水。目前新马之间签订的两份正式购水协议，一份是1961—2011年，另一份是1962—2061年，具备日供水110万 m^3 能力。

2. 本地水

主要是本地集水区水源。现有17个水库使集水区已扩大到国土面积的2/3，计划到2060年新加坡集水区面积增至90%。

3. 新生水

5 家新生水厂满足了新加坡 40%的用水需求，预计到 2060 年，新生水有望满足新加坡未来水需求的 55%。新生水厂采用微过滤、反渗透及紫外消毒技术。新生水的起源可以追溯到 20 世纪 70 年代，当时新加坡政府组织开展生产再生水的可行性研究，尽管发现技术上是可行的，但高昂的成本和未经证实的可靠性却制约了再生水技术的发展。到了 20 世纪 90 年代，膜技术的成本和性能有了很大提高，越来越多的国家将其用于再生水处理。1998 年，新加坡公共事业局组织成立了一个专门团队，研究测试经过验证的最新膜技术用于可以饮用的再生水生产。两年后，新加坡公共事业局建成了一座示范水厂，优质的再生水被命名为新生水，一系列的检测表明，这是一种安全的、高质量的水源，完全符合世界卫生组织和美国国家环境保护局对饮用水的要求。

4. 淡化海水

新加坡从 1998 年开始实施“向海水要淡水”计划。2005 年 9 月，新加坡首座海水淡化厂——新泉（SingSpring）海水淡化厂启用，生产能力为 13 万 m^3/天；2013 年，第二座海水淡化厂——大士泉（Tuaspring）海水淡化厂竣工，生产能力为 31.85 万 m^3/天；2018 年第三座海水淡化厂——大士（Tuas）海水淡化厂投入生产，生产能力为 13 万 m^3/天。淡化海水可满足新加坡目前用水需求的 30%。新加坡正在开展全面广泛的研发工作，寻求更具成本效益和更节能的海水淡化方案，计划到 2060 年淡化海水可满足新加坡至少 30%的供水需求。

（三）洪水管理

新加坡雨量充沛，降雨集中，洪水以突发性的暴洪为主，持续时间短，但雨量大，加上新加坡地势平缓，不利于洪水的排泄，易造成城市内涝。今天，洪水多发的地区已从 1970 年代的约 3200hm^2 大幅减少至 2016 年的 30.5hm^2。大多数时候，排水沟能够满足收集雨水的要求，但特大降雨有时可能会超过排水沟的设计容量，可能会导致洪水发生。

新加坡主要采用三种方式管理雨水：新建项目规划建设足够的排水设施；实施一些防洪措施；持续改善排水设施。新加坡公共事业局不断完善防洪体系，排除现有排水沟或河流中的堵点，修复老化的排水系统，新开发项目必须符合现行排水标准。为了更好地防范洪水，建筑物一般会增加结构措施以保护地下室免受洪水的侵袭，并且将地下停车场的水位传感器连接到警报系统，一些低洼地区的房主还备有防洪板或沙袋。

新加坡公用事业局在新加坡各地有 210 个水位传感器，用于监测排水系统。这些水位传感器可提供有关排水沟和河道中水位的数据，从而增强了对暴雨期间的实时状况，监测系统向公众开放。在重点地区建设由视频监控系统，视频监控系统图像每 5min 更新一次。

新加坡公用事业局有一项全岛范围的排水改善计划，不断升级排水基础设施、减轻洪水风险并修复老化的基础设施。

四、水资源保护与可持续发展状况

（一）水资源与水质保护

新加坡水质优良，这得益于主要针对集水区的严格水资源保护制度，主要包括工业布局及用地规划、水质监测及污染控制、排污管理三个方面。

工业布局及用地规划主要是指策划新的供水开发项目时，需评估现有环境，严厉管制与供水项目不相称的产业，控制新的产业，确保原水水质，采取的措施包括立法、管制土地利用、反污染等，如集水区内禁止饲养有蹄动物，集水区附近建筑物面积受到限制等。

水质监测及污染控制非常严密，目的在于确保供水符合世界卫生组织的规范，设有污染监视小组，野外勘测污染水资源的违法行为，同时公共事业局的中央供水检测实验室每日都会检验从关键部位采集到的水样。

新加坡有完整的排污管理条例，污水处理厂需将污水处理到符合标准的水质后才能排入大海，对工程区、居民区、商业区都有详

细的排污规则，并按时升级和改进，如排污不符合标准的工厂需建自己的污水处理厂，所有建筑需装备现代化的卫生设备等。

（二）ABC 水计划

2006 年，新加坡公用事业局推出了活跃（Active）、美丽（Beautiful）、洁净（Clean）水计划（简称 ABC 水计划），将水体与公园绿地整合，成为花园城市和水的有机整体。在该计划中，排水沟、河道和水库等基础设施不再仅仅是洪水管理和蓄水的功能，而是花园城市的组成部分。活跃主要针对亲水活动，如钓鱼、游泳、划船、龙舟、摄影、预定水库举办活动等均可以在 PUB 网站上查询预约；美丽主要针对水域岸线，保留自然岸线，打造美丽水岸空间；洁净主要针对水体质量，如水质、水生态等。

如滨海（Marina）水库横跨滨海（Marina）海峡的河口而建，是新加坡的第 15 个水库，也是市中心的第一个水库。流域面积为 10000 hm^2，是岛上最大，城市化程度最高的流域。2008 年 10 月水库开始运行，2010 年 11 月正式作为淡水水库向新加坡供水。滨海水库主要有三大功能：供水、防洪和公共活动场所。在大雨期间，大坝上的九个闸门打开，将过多的雨水释放到海中。在涨潮的情况下，巨型泵会把多余的雨水排入大海。闸门保证了水库水位不受潮汐影响，全年保持恒定，这是划船、皮划艇和龙舟船等各种休闲活动的理想场所。

五、水资源管理

（一）管理体制、机构及其职能

环境与水资源部是新加坡的主要水资源管理机构，其下设的新加坡公用事业局，对新加坡水资源进行统一管理，包括水资源的开发、利用、保护、供水、排水、污水处理、水污染防治、雨水管理等一切涉水事务。

（二）取水许可制度

新加坡有完整的“供水申请许可制度”，对于家庭和非家庭

房屋用水，必须向新加坡公用事业局提出申请并经允许后方能获得。从 1983 年起，新加坡公用事业局联合经济发展局核查工业申请用水量，并对该用水量进行分解评估。此外，还要求用户必须保证采取各种措施节约用水。

六、水法规和水政策

(一) 水法规

新加坡法律体系比较健全，覆盖社会管理的方方面面。为了有效保护、管理、利用水资源，新加坡制定了一系列法律法规和政策文件，先后颁布了《水源污化管理及排水法令》《排污法令》《畜牧法令》《毒药法令》《公共环境卫生法令》《国家公园法令与条例》《公用事业（供水）条例和公用事业（中央集水区与集水区公园）条例》等法律文件。并且，制定了用水效率管理规范、下水道及排水（卫生工程及污水处理工程）规范、下水道及排水（工商业污水排放）规范、污水和卫生工程业务守则等规范性文件。

(二) 水价与排污费制度

自 1995 年新加坡公用事业局企业化后，供水事务由其管理，所收取的税费主要用于政府投资新建运营费用，一旦投资回报率小于 8%，就会调整水费。表 2 为水费及排污费用。

表 2　　水费与排污费

水费分类	费用 /(元/ m³)	节水税（占水费比例）/%	排污费 /(元/ m³)	公卫用品费用 /[元/(设施·月)]
家庭用水	每月用量 40 m³ 以下：1.17	30	0.3	3
	每月用量 40 m³ 以上：1.40	45		
非家庭用水	1.17	30	0.6	3
船务用水	1.92	30	无	无
工业用水	0.43	无	无	无

注　资料来源于新加坡公共事业局统计。

新加坡对家庭用水采取阶梯水费，算上排污及水税，超过 $40m^3$ 后水费涨幅约达 20%，可有效遏制对水资源的浪费。

与此同时，为了促进节水，新加坡还采取了节水补助计划，包括对节水项目进行投资的公司进行补贴的节水项目投资补贴计划，提供用于节水设备低息贷款的单位资源生产率计划和对节水研究进行奖励的单位资源生产率研究计划，补助奖励额度均非常可观。

（三）节约用水

目前，新加坡每天的用水需求约为 195 万 m^3，到 2060 年，这一数字可能会翻一番。新加坡公用事业局计划到 2030 年将人均用水量从 2017 年的 143L/天降低至 130L/天。

1. 用水标准

新加坡的非居民用水量约占其当前供水量的 55%，预计到 2060 年将增加到其未来用水量的 70%。为了管理非居民的用水效率，新加坡公用事业局在 2015 年引入了强制性用水效率管理规范。根据规范，大型用水户必须每年向新加坡公用事业局提交其用水量、业务活动指标和用水效率计划的详细信息。利用这些收集的数据，新加坡公用事业局制定了行业用水标准。

2. 水效标识

2006 年新加坡推出自愿节水标识计划。2009 年推出强制性水效标识计划，分为 0、1、2、3 四档，表示产品的用水效率等级。供应商和零售商必须在其产品进行广告宣传并在新加坡出售之前，获取产品的相关水效标识，所有产品必须始终公开展示其水效标识。借助强制性标识，消费者可以在购买时做出选择。

3. 节水器具

新加坡公用事业管理局为各个家庭提供免费的节水套件，为老旧小区免费更换节水抽水马桶，开展智能淋浴设施的推广工作，从 2018 年开始，与住房发展委员会合作，在 1 万个新建房屋中部署智能淋浴设备。

4. 节水宣传

新加坡公用事业局与教育部门合作，针对在校学生，分为学

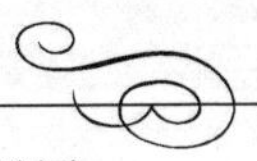

龄前儿童、小学生、中学生、大中专院校学生，有针对性地开展节约用水实践活动；拍摄了一系列节水公益广告在媒体上投放；另外，开展了节水建筑认证、节水奖励、节水基金等多种活动或措施。

七、国际合作情况

（一）与马来西亚的水协议

新加坡最重要的国际水合作是与马来西亚的水协议。新加坡于1961年、1962年与马来西亚签署了两份长期供水协定。在这两份供水协定下，新加坡可从马来西亚的柔佛州输入原水，同时，柔佛州由于缺乏净水设施，新加坡在马来西亚境内建设了净水厂，经过处理的水一部分返销马来西亚，其余部分输入新加坡。上述两份协议的有效期分别为50年和100年，分别将于2011年和2061年到期。此外协议还规定，协议执行25年后双方重新审议水价。因此从20世纪80年代中期以来，新马双方就续签供水协议进行了多年的拉锯式谈判，双方在价格问题上一直僵持不下。长期以来，供水问题一直困扰着两国关系，成为影响两国关系的一个重要问题。由于随时都有被切断水源的危险，新加坡在此问题上承受着巨大的压力。为此，新加坡决定采取积极行动来减少对马来西亚的供水依赖，于是诞生了多种用水方式如建雨水蓄集系统、生产新生水和进行海水淡化。

（二）新加坡国际水周

新加坡国际水周是由新加坡政府发起的国际多边水问题对话平台，旨在促进水问题解决方案的分享和创新，在此，决策者、行业领导、专家和从业人员共同应对挑战、展示技术、发现机会和庆祝成就。新加坡国际水周由新加坡环境与水资源部和国家发展部共同主办，是规模和影响力最大的国际水事活动之一，旨在为水资源主管部门决策人士、水务企业高层管理人员、科研和咨询机构的专家和从业人员开展政策交流和对话等提供多边合作平台。原为每年一届，现为两年一届。首届新加坡国际水周于2008年6月23—27日在新加坡举行。2008年首届新加坡国际水

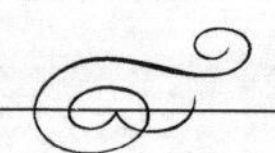

周的主题是“解决城市水问题的可持续方案”，主要活动包括水领导人峰会、水大会、水博览会、水节以及第一届李光耀水奖颁奖仪式。

（三）与多国的技术合作

在水资源相关技术研发方面，目前已经有超过 70 家本地及国际水资源公司参与到新加坡的水资源产业中，覆盖了整个产业的价值链。2011 年 7 月，新加坡公用事业局与加拿大安大略政府达成了清洁水研究和开发的战略合作。在废水处理方面，新加坡公用事业局与日本新能源工业技术开发机构签订了关于改进再生水质的合作协议。同时新加坡还作为水处理技术输出方与多国进行了相关合作，在完成了与中国合作的集产业升级、科技跨越与生态优化等功能于一体的苏州工业园项目后，又于 2008 年新加坡公用事业局与天津签订《中国新加坡-天津生态城项目协议》。

（罗琳，范卓玮）

叙 利 亚

一、自然经济概况

（一）自然地理

叙利亚，全称阿拉伯叙利亚共和国，位于亚洲西部、地中海东岸，国土面积为 185180km^2（包括被以色列占领的戈兰高地约 1200km^2）。叙利亚北与土耳其交界，东与伊拉克相接，南与约旦为邻，西南与黎巴嫩和以色列相连。它的西面与塞浦路斯隔地中海相望，濒临地中海有 183km 的海岸线。叙利亚分为 13 个省和 1 个直辖市，各省都以自己的省会城市命名。叙利亚首都为大马士革。

根据叙利亚的地形地理特征，它可以分为四种主要类型：①地中海沿岸平原地带，拥有丰富的泉水和地下水资源，适合全年农业生产，是叙利亚人口最为稠密的地区；②中部山区，分布着两列与海岸线平行的山脉，阿西（El Aassi，也叫奥隆特 The Orontes）河蜿蜒于山间；③内陆平原，高低起伏不平，既有一些小的山脉如台德木尔山脉，也有一些洼地如古塔地区；④叙利亚沙漠，海拔一般为 500～800m，个别地方达 1000m。叙利亚沙漠不同于其他地区的沙漠，主要组成部分是砂砾和岩石。沙漠地带气候干燥，土地贫瘠，人烟稀少。

叙利亚沿海地区和内陆地区气候类型差异很大，沿海和北部地区属海洋性地中海气候，夏季气候炎热，日平均气温可达 29℃，温暖的冬季日平均气温为 10℃。内陆则属于大陆性沙漠气候，气温日差较大。以内陆地区最大的两座城市大马士革和阿勒颇为例，夏季日平均气温可达 33～37℃，冬季日平均气温为 1～4℃。沿海地区年平均降水量为 1000mm 以上，南部地区

仅 100mm。

2017 年，叙利亚人口为 1827 万人，城市化率约 53.5%，可耕地面积为 466.2 万 hm^2，永久农作物面积 107.1 万 hm^2，永久草地和牧场面积 818.8 万 hm^2，森林面积为 49.1 万 hm^2。谷物产量为 317 万 t，人均约为 170kg。

（二）经济

农业在国民经济中占据重要位置，是阿拉伯世界的五个粮食出口国之一。工业基础薄弱，现代工业只有几十年的历史。政府近年来发展经济的基本方针是：大力发展农业、石油等支柱产业，在坚持和鼓励私营经济发展和在确保政局稳定的情况下，推进包括金融领域和国有大中型企业在内的经济改革，积极鼓励出口创汇。放宽私营经济，扩大私营经济和公私合营企业在国民经济中的比例。2000 年受国际原油价格上涨和经济改革不断深化的拉动，叙利亚经济困难状况有所缓解，农业获得丰收。经济体系一直沿用计划经济模式，国有企业是国家经济的主导力量，其产值可占工业总产值的 60%以上。

进入 21 世纪后，叙利亚经济在很长一段时间内保持了较高的增长速度。2006—2010 年的 5 年间，叙利亚 GDP 总值年均增长 5%。这种高速稳定增长的态势最终只延续到 2011 年，叙利亚经济在持续的武装冲突和国际制裁之下不断恶化，2011 年 GDP 陷入负增长（－3.5%），且经济萎缩逐年加重，2012 年 GDP 增长－19.6%，2013 年增长－20.7%。2015 年人均 GDP 为 2900 美元，增长率为－9.9%。

二、水资源状况

（一）水资源

叙利亚降水稀少，只有 25%的地区年降水量超过 500mm，25%的地区年降水量为 250～500mm，一半的国土面积年降水量不足 250mm，与土耳其、伊拉克共用幼发拉底河水，从西亚地区跨界河流流域内各国水资源占比看，土耳其水资源分配占比达到 60%，而叙利亚则不足 5%，总体上是一个干旱缺水的国家。

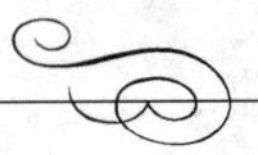

同时，降水是叙利亚最重要的补给水源，约占国家全部水源的55%；河流和山泉占40%，其余的5%来自井水。

根据联合国粮农组织的数据，叙利亚多年平均降水量为252mm，内部水资源量为71.32亿 m^3，其中地表水资源量为42.88亿 m^3，地下水资源量为48.44亿 m^3；外部水资源总量为96.7亿 m^3。总计多年平均水资源量168.02亿 m^3。可开发利用水资源总量为206亿 m^3；水库总库容196.5亿 m^3。

（二）水资源分布

境内为数不多的河流分别属于波斯湾水系和地中海水系。此外，还有一些内陆河和内湖。叙利亚对境外来水的依赖度高达72%，其中幼发拉底河河水量占其全国年均地表径流量的近90%，供应了全国引用水量的约50%。叙利亚主要河流见表1。

表1　叙利亚主要河流简表

河流名称	长度/km	平均流量/(m^3/s)
幼发拉底（Euphrates）河	680	825
哈布尔（Al Khabour）河	442	16.5
贝利赫（Al Balikh）河	202	1.4
阿西（Al Aassi）河	441	18.5
巴拉达（Barada）河	81	4.2
辛（Sinn）河	9.3	6
亚穆克（Al Yarmouk）河	45	3.9

阿萨德（Assad）湖是叙利亚最大的人工湖泊。其他大大小小的湖泊众多，以咸水湖居多。位于阿勒颇东南30km的杰布勒湖（Sabkhat Al-Jabbul）是最大的咸水湖，也是叙利亚最大的自然湖泊，海拔约为307m，面积约为239km²。霍姆斯湖（Homs）是叙利亚最大的淡水湖之一，位于霍姆斯西南12km，源于罗马统治时期在阿西河上修建了一座水坝截断了阿西河而形成的半人工水库。

三、水资源开发利用

根据联合国联农组织数据，该国年总取水量 167.60 亿 m^3，其中农业用水 146.70 亿 m^3，工业用水 6.15 亿 m^3，生活用水 14.75 亿 m^3。农业用水占 87.53%，工业用水占 3.67%，生活用水占 8.80%。

目前该国有至少 78 个大坝正在运行中，主要用于灌溉和供水。其中较大的大坝有革命（Al Thawra）、塔巴卡（Tabqa）、拉斯坦（Al Rastan）。阿萨德（Al Assad）水库是该国目前最大的水库。建于阿夫林（Afrin）河流的 4 月 17 日（17 April）大坝高 73m，主要用于灌溉，4 月 17 日大坝的建设由于技术原因被延迟。68m 的大坝萨克哈比（Al Sakhabe）大坝也是用于储水。俄罗斯水电研究院与叙利亚一家公司正在联手设计底格里斯（Tigirs）河流上的一个用于灌溉的大坝，该大坝位于哈萨卡（Al-Hasaka）省，大坝的建设对当地农业和经济发展都将起到重要作用。

（一）重大水利工程

1. 霍姆斯—哈马工程

霍姆斯—哈马工程是叙利亚最早建成的大型灌溉工程，位于叙利亚中部，从阿西河上的卡蒂那（Quattinah）水库上游取水，灌溉霍姆斯省和哈马省的 200km^2 农田。干渠总长为 88.4km，饮水能力为 6.7m^3/s。

2. 幼发拉底工程

幼发拉底河的水位很不稳定，经常泛滥成灾，特别是每年的 3—5 月，汛期的水位比较高，容易造成洪涝灾害，给沿岸居民带来了相当大的威胁。1968 年，在苏联的协助下，叙利亚政府在幼发拉底河的塔巴卡（Tabaqah）建了一座巨大的水坝，其库容达 120 亿 m^3 的蓄洪水库。1973 年，水库正式蓄水，成为叙利亚最重要的水利设施。

3. 加布-阿哈那（Ghab-Acharneh）工程

加布—阿哈那工程的目的是开发阿西河洪水淹没的 350km^2

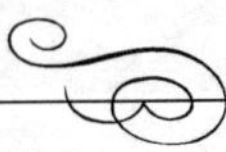

的沼泽洼地，排除积水，建设灌溉设施。工程包括挖渠和拓宽阿西河从卡库尔（Karkour）到克菲尔（Kfeir）之间的河道，建造了950km长的排水干支渠，建造了叙利亚目前最高的拉斯坦坝（Rastan）和穆哈德坝（Mehardeh），建造了6个灌溉系统，灌溉加布和阿哈那地区的700km^{2}的农田。拉斯坦坝为67m高的堆石坝，库容为2.5亿m^3，1960年建成，除灌溉外还可发电。穆哈德坝为52m高的堆石坝，库容为0.5亿m^3。两座水坝的水电站总装机容量为10.3kW。

4. 辛河（Sinn）工程

工程位于叙利亚西北部的拉塔卡（Lattaquia）以南45km的地中海沿岸，从叙利亚最短的辛河取水。辛河的年平均径流量约3.5亿m^3，工程分为两期施工，第一期于1952年建成，一座土坝抬高水位，坝下建泵站，抽水扬程约为15m，灌溉面积约30km^2。第二期工程于1967年建成，建两级泵站，总扬程约为78m，灌溉面积为5.8km^2。

5. 雅莫克（Yarmouk）工程

工程位于叙利亚西南。水源为7km范围内的8股泉水，总出水量为3.8m^3/s。由于各泉眼高程不同，分低、中、高三个灌溉系统。低灌溉系统为自流灌溉，利用2股泉水，灌溉2400hm^{2}农田。中灌溉系统利用3股泉水，提水灌溉2600hm^{2}农田。高灌溉系统也利用3股泉水，提水灌溉1740hm^{2}农田。共有4座泵站，由一座2500kW的火电厂供电。

6. 哈布尔河（Khabour）工程

工程位于幼发拉底河支流哈布尔河左岸，建坝引哈布尔河水灌溉。干渠总长68km，50余条支渠总长125km。此外，建排水渠道，可开发10万hm^{2}农田。

（二）水力发电

2007年叙利亚发电总量为4050万kWh，用电总量为3950万kWh。2009年该国总装机容量为820万kW，但是很多包括水电站在内的发电站都没有满负荷运行，目前水力发电电量仅占总发电量的8%，水力发电曾经能够达到总发电量的25%。叙利

亚每年用电需求增长量超过7%，因此该国需要大力发展电力领域。国家电力部计划未来几年内增加300万kW的装机容量。

叙利亚在20世纪60年代开始实施具有发电、灌溉多目标的幼发拉底河谷项目，在幼发拉底河干流上建设了奥托拉大坝以及蒂斯林和阿巴斯两座堰坝（由于来水量减少，水库水位降低，奥托拉水电站目前运行只能达到15万kW；阿巴斯库容约0.9亿m^3，为奥托拉大坝的反调节水库）。另外，叙利亚还在幼发拉底河支流哈布尔河上建设了3座大坝，进行引水灌溉。

2002年，迪什林水电站建成运行，该电站位于叙利亚北部阿勒颇（Aleppo）省，坝长为1500m，高为40m，是叙在幼发拉底河上兴建的第三个水电项目。电站总装机容量为63万kW，包括了6个10.5万kW的发电机组，年发电能力为13亿kWh。在同一条河的下游叙利亚计划再建设两座水电站，分别是革命者（Thawra）装机容量80万kW和复兴（Baath）装机容量7.5万kW。

（三）灌溉排水

叙利亚有着悠久的灌溉历史。著名的是底格里斯河和幼发拉底河之间的杰济勒（Gezireh）地区的灌溉，以及大马士革绿洲利用拜达拉（Barrada）河和奥阿季（Aouaj）河的水灌溉。古老的灌溉渠系至今仍在使用，古罗马时代的坎儿井也在运行中。沿哈布尔（Khabur）河等河谷中，有一些坝的遗址。

1933年以前，叙利亚的灌溉都是由私人经管的。第一座大型灌溉工程是1934—1951年利用阿西河河水灌溉的霍姆斯-哈马工程。1941年叙利亚独立后，国家和私人建设了一些灌溉工程。截至1949年灌溉面积达35万hm^2（32.5万hm^2由私人经营），主要利用坎儿井、管径或抽取河水进行灌溉。至1985年，灌溉面积发展到65.2万hm^2，其中90%有混凝土衬砌。干渠、支渠总长约1820km。现有约一半灌溉的农田由于排水不良、用盐水灌溉等原因，出现了不同程度的盐碱化。叙利亚水资源短缺是由干旱和长期灌溉用水过度之间的冲突导致，至2013年已影响了超过80万农户的生计。

四、水资源管理

（一）管理体制、机构及其职能

叙利亚的水资源管理、灌溉工程的勘测、设计、施工和运行由公共工程和水资源部负责。

1957 年成立大型工程管理局，负责全部大型工程，包括除幼发拉底工程以外的大型灌溉排水工程勘测、设计和施工。

1961 年成立幼发拉底工程总局负责塔巴卡坝和赛瓦拉水电站以及与该两个工程直接相关的其他建筑物的勘测、设计和施工。

1967 年成立开发幼发拉底河流域的总管理局，负责幼发拉底河流域的灌溉排水系统的勘测、设计和施工。

（二）涉水国际组织

中东水资源普遍存在共有现象，给水资源分配带来了麻烦，水资源管理困难。

1972 年 10 月 9 日，叙利亚、土耳其、伊拉克三国专家同意成立联合技术委员会。1980 年 12 月 25 日，土耳其和伊拉克在两国混合经济委员会第一次会议结束时成立了联合技术委员会，以便于交流幼发拉底河－底格里斯河流域水文、气象数据和信息并寻求更“合理而理想的利用”的方式。1982 年 5 月，联合技术委员会召开了第一次会议。1983 年 9 月，叙利亚正式加入该委员会。1984 年 11 月 5—8 日，土耳其在联合技术委员会第 5 次会议期间提出了“适当、公平和合理利用底格里斯－幼发拉底河流域跨国界河道的三阶段方案”。根据该方案，土耳其、叙利亚、伊拉克三国共同合作，第一阶段查清水资源，第二阶段查清土地资源，第三阶段评估水和土地资源。此后，一直到 1992 年，三国联合技术委员会共召开了 12 次会议。联合技术委员会遂成为三国谈判解决幼发拉底河水资源问题的重要平台。但是迄今为止仍然没有达成一个三国可以接受的国际协议。国际机制自身的缺陷导致了建立在机制基础上的中东水资源合作充满诸多不确定性。

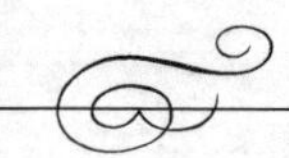

五、水法规与水政策

叙利亚于 2005 年颁布了《水法》，并提出了一些有关水的规划和政策。

《水法》共 11 章 57 节，目的是规范水资源的使用。所涉及的水资源包括内陆水、海洋水、海岸相关水资源以及叙利亚国际水域。第 4 章划分了国内不同地区的水权，第 5 章提出了政府的职能和义务。

与水资源相关的政策，如叙利亚防治荒漠化规划。这项行动计划旨在提出防止土壤恶化的措施，限制土地退化和水土流失，防治荒漠化。该计划可分为三个主要部分：第一部分涉及气候和水资源等；第二部分总结了几年所面临的问题，以及已经建设的项目与效果；第三部分提出了一些防治荒漠化和缓解干旱的措施，划分了不同机构和部门所负责的领域。这一战略的主要目标是：提高土地的生产率；通过保护土地资源和水资源，减小叙利亚受到土地沙漠化的影响，采用可持续发展的管理，改善经济状况，减少受灾人口数量。

1997 年，叙利亚同意联合国大会表决通过的《国际水道非航行使用法公约》。

六、国际合作情况

（一）与土耳其共同开发底格里斯河水资源

叙利亚与土耳其于 2011 年签署共同开发底格里斯河水资源协议，提出叙利亚和土耳其有义务互相提供在底格里斯河建设水利设施的规划。叙利亚同意告知土耳其调查、规划、项目建设、年度工作计划和所有环境影响的工具。根据协议，叙利亚不得对土耳其可能会导致底格里斯河水量在可控范围内变化的行为进行任何干预。与此同时，土耳其同意叙利亚方面在不破坏平衡的前提下，以多年监测数据为依据，从底格里斯河抽取更多的水资源。

（二）与伊拉克签署底格里斯河泵站建设协议

该协议于 2002 年签署，共 9 章。根据该协议，叙利亚将在

本国领土内的底格里斯河右岸安装泵站，抽取水量为 12.5 亿 m^3/年，可灌溉 15 万 hm^2 农田。该协议还规定了农业排水和水污染治理的相关内容，以及出现争端时的处理办法。

此外叙利亚已与联合国粮农组织开始合作，开展现代化节水灌溉的研究及推广工作。

（罗琳，杨宇）

亚 美 尼 亚

一、自然经济概况

（一）自然地理

亚美尼亚，全称亚美尼亚共和国，是位于亚洲与欧洲交界处的外高加索南部的内陆国。西接土耳其，南接伊朗，北临格鲁吉亚，东临阿塞拜疆。该国国土面积为 2.97 万 km^2。亚美尼亚境内多高山，约 75%的地区海拔在 1500m 以上，90%以上的地区海拔在 1000m 以上。

亚美尼亚气候属于半干旱亚热带高山气候。1 月平均气温为 −2～12℃；7 月平均气温为 24～26℃。

2019 年，亚美尼亚总人口约为 295.9 万人。亚美尼亚族占 93.3%，其他民族有俄罗斯族、雅兹迪族、亚速族等。官方语言为亚美尼亚语，俄语的使用也极其普遍。

（二）经济

工业是亚美尼亚国民经济的主导产业，包括有色冶金、化学和机器制造等部门，食品工业也较发达。农业仅次于工业，主要经济作物是葡萄和其他水果，也种植一些小麦和马铃薯等。

亚美尼亚独立后，经济受基础薄弱及"纳卡"战争和阿塞拜疆、土耳其对其封锁等因素影响连年下滑。2001 年开始回升，至 2007 年 GDP 连续保持两位数增长，国民生活水平有所提高。2008 年第四季度起受国际金融危机影响，经济增速放缓。2009 年以来亚美尼亚政府采取调整产业结构、扩大内需、加快基础设施建设、大力扶植农业等措施，努力消除金融危机后果，收到一定成效。2016 年 GDP 为 105 亿美元，同比增长约 0.2%。2018 年 GDP 为 124 亿美元，同比增长 5.29%，外贸额 73.75 亿美

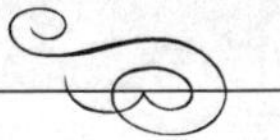

元，同比增长16.4%。

二、水资源状况

（一）水资源

亚美尼亚气候干燥，约60%的地区年降水量为600mm，约20%的地区年降水量约200mm。亚美尼亚境内共有400余条长度10km以上的河流，大都为山区河流，水流湍急。亚美尼亚主要河流见表1。

表1　　亚美尼亚主要河流

河流名称	长度/km
阿库里安（Akhurian）河	205
沃罗坦（Vorotan）河	179
阿拉斯（Araks）河	1072
哈兹丹（Hrazdan）河	146
阿尔帕（Arpa）河	126
阿格斯捷夫（Aghstev）河	99
德贝（Debet）河	92
卡萨（Kasagh）河	89
沃吉（Voghdji）河	88
潘巴克（Pambak）河	86
佐拉杰（Dzoraget）河	71
盖蒂克（Getik）河	58
韦迪（Vedi）河	58
阿扎特（Azat）河	56
阿尔吉奇（Argitchi）河	51

亚美尼亚境内湖泊大多位于山区，面积较小，湖泊水资源总量为393亿m^3。境内东部有塞凡洼地，洼地中的塞凡（Sevan）湖，为亚美尼亚最大的湖泊。该湖湖面海拔为1898m，湖面面积为1357km^2，总容量为334亿m^3。除此之外，还有100个左

右的山地小湖泊。

亚美尼亚多年平均总水资源量为62亿m^3，其中，多年平均地下水资源量为30亿m^3。

（二）水资源分布

亚美尼亚主要国际河流：①阿拉斯河是亚美尼亚最大的河流，长度为1072km，其发源于中亚高加索地区，流经土耳其、亚美尼亚、阿塞拜疆和伊朗。②阿库里安河发源于在南高加索地区，它位于亚美尼亚与土耳其接壤的地区，部分河段为两国之间的自然边界。该河在巴加然（Bagaran）附近注入阿拉斯河。流域面积9500km^2。③沃罗坦河是阿拉斯河的一条支流。它起源于亚美尼亚南部省份休尼克（Syunik）省，在亚美尼亚境内朝东南方向流经119km，然后在由亚美尼亚和阿塞拜疆双方均宣布占有的纳戈尔诺-卡拉巴赫（Nagorno－Karabakh）地区流经59km，最后在伊朗边境流入阿拉斯河。④哈兹丹河起源于塞凡湖的西北段，向南流经科泰克（Kotayk）省和亚美尼亚首都埃里温（Yerevan），在阿勒（Ararat）山平原沿着土耳其边境汇入阿拉斯河。⑤阿尔帕河起源于瓦约茨·佐尔省，它也是阿拉斯河的支流。该河流经亚美尼亚和阿塞拜疆边界的飞地纳希切万。

三、水资源开发利用

（一）水利发展历程

亚美尼亚在1920—1991年为苏联的一个加盟自治共和国，其境内水利工程修建和水电资源开发得益于苏联技术和经济力量。苏联解体后，该国水利水电工程的维护和管理面临相当大的挑战。

（二）开发利用与水资源配置

1. 坝和水库

亚美尼亚境内有74座已建成水库，总库容达9.88亿m^3。已建成的74座水库中，35座库容量超过100万m^3。这些水库中，除了马尔马里克（Marmarik）水库是2012年完工之外，其他水库都是苏联时期建设的。阿库里安（Akhuryan）水库是亚美尼亚最大的水库，库容为5.25亿m^3。

在这些水库和大坝中，有6个的主要功能是发电，归属于亚美尼亚能源部管理。其他主要用于灌溉，主要归属于亚美尼亚灌溉设施管理机构管理。

除此之外，亚美尼亚仍有100多座水库处于建设、规划的过程中，其设计多数完成于苏联时期。这些水库的容量加起来有17.2亿m^3，其中最重要的三个在建水库分别是卡普斯（Kaps）水库、耶加德（Yegvard）水库和韦迪（Vedi）水库。亚美尼亚主要大坝和水库见表2。

表2　亚美尼亚主要大坝和水库

大坝名称	坝高/m	库容/万m^3	投运时间	所在河流	所在地区
阿帕兰（Aparan）	51.5	9100	1966	卡萨克（Qasakh）	阿帕兰（Aparan）
曼塔什（Mantash）	30.1	820	1966	卡兰古（Karkachun）	阿提克（Artik）
斯潘达（Sarnakhpiur）	24.7	485	1967	卡兰古（Karkachun）	马拉利克（Maralik）
艾格佐尔（Aygedzor）	35.6	358	1974	洪佐鲁特（Khndzorut）	伯德（Berd）
托洛尔斯（Tolors）	69	9600	1975	西贤（Sisian）	西贤（Sisian）
阿扎特（Azat）	76	7000	1976	阿扎特（Azat）	阿塔沙特（Artashat）
安格哈科特（Angekhakot）	35	340	1977	沃罗坦（Vorotan）	安格哈科特（Angekhakot）
阿库里安（Akhurian）	59.1	52500	1981	阿库里安（Akhurian）	杰拉皮（Djrapi）

续表

大坝名称	坝高/m	库容/万 m^3	投运时间	所在河流	所在地区
佐加兹(Dzhogaz)	60	4500	1980	佐加兹（Dzhogaz）	因德万（Indevan）
斯潘德里安(Spandarian)	83	25700	1989	沃罗坦（Vorotan）	西贤（Sisian）

资料来源：FAO统计数据库，http：//www.fao.org/aquastat/en/countries-and-basins/country-profiles/country/ARM

由于年久失修，目前有超过20个现存的水库存在着安全风险，在世界银行的资助下进行了一定的修缮。

2. 供用水情况（工农业及城市供水等）

根据联合国粮农组织的数据，2015年，亚美尼亚水资源总消耗量为28.66亿 m^3，其中，农业用水21.27亿 m^3（74.21%），居民用水6.17亿 m^3（21.53%），工业用水1.22亿 m^3（4.26%），人均用水量为978.2 m^3。年总用水量中，地表水量为17.2亿 m^3，地下水量位11.46亿 m^3。

亚美尼亚饮用水水质优良，96%为山区泉水。另外，亚美尼亚境内相当多的地区供水依靠泵站，约60%的供水管线年久失修，供水损失率高达55%～65%。

亚美尼亚农村的供水系统存在着一些卫生隐患。在全国883个农村供水系统中，60%不具备必要的卫生安全设施，而由政府组织实施的农村供水系统的改造由于缺乏资金而放缓，供水基础设施的恶化导致传染性疾病的增加。

（三）洪水管理

1. 洪灾情况与损失

亚美尼亚55%～70%的水量来源于春天冰雪的融化。这在短时间内会促使河流水量迅速增加，引发季节性的自然灾害。亚美尼亚全国10个水文气象分区中，有9个区面临洪水灾害。1994—2007年，洪灾导致的经济损失达130亿亚美尼亚元。

2. 防洪工程体系

防洪工程体系包括工程措施和非工程措施两方面。工程措施包括大坝工程水位监测、洪水监测与预报、洪泛区及蓄滞洪区规划、水库防洪调度等。非工程措施包括公众宣传、国家灾害信息网络、防洪救灾法律法规等。

(四) 水力发电

1. 水电开发程度

亚美尼亚水能资源丰富，总经济可开发量为35亿kWh/年，已开发量约占42%，为15亿kWh/年。其中，水力发电提供了该国约23%～25%的能源供应。大多数水电站位于哈兹丹河和沃罗坦河。全国境内，有35座水电站正在运行，其中13座为私人公司运营，其他水电站逐步将进行私有化运营。截至2011年，亚美尼亚总的水能资源量约为218亿kWh/年，其中技术可行的水能资源量为60亿～70亿kWh/年，比较经济的水能资源为35亿kWh/年。该国总装机水电容量是118.2万kW，此外，还有17.6万kW正在建设中，67.1万kW正在计划中。该国正在运行的水电站2009—2011年每年发电量平均为23.54亿kWh。2011年一年发电量为24.9亿kWh，水电占总电能的33.1%。

2. 水电装机及发电量情况

亚美尼亚境内有两大水电基地，即塞凡-哈兹丹（Sevan - Hrazdan）梯级水库和沃罗坦（Vorotan）梯级水库。其中，塞凡-哈兹丹梯级水库于1936年至1961年期间兴建，包含六座水电站（表3）；沃罗坦梯级水库包含三座水电站（表4）。与此同时，亚美尼亚境内修建有300多座小型水电站，总装机容量达24.3万kW。

表3　亚美尼亚塞凡-哈兹丹梯级电站

水电站	建成时间	装机容量/MW	年发电量/GWh
塞凡（Sevan）	1949	34.2	50
阿塔尔别基扬（Atarbekyan）	1959	81.6	136
古木什（Gyumush）	1953	224	378
阿兹尼（Arzni）	1956	70.5	13

续表

水电站	建成时间	装机容量/MW	年发电量/GWh
卡纳克（Kanaker）	1936	102	151
埃里温（Yerevan）	1961	44	83

注 该梯级于2003年6月私有化，归国际能源公司IEC所有，俄罗斯联合能源公司在IEC控股比例为90%。

资料来源：美国国际开发署。

表4 亚美尼亚沃罗坦梯级电站（该梯级归亚美尼亚国家所有）

水电站	建成时间	装机容量/MW	年发电量/GWh
斯潘德里安（Spandaryan）	1984	76	154
香波（Shambo）	1977	171	272
塔特夫（Tatev）	1970	157.2	580

资料来源：美国国际开发署。

3. 各类水电站建设概况

梅格里（Meghri）（13万kW，8亿kWh/年），此电站在伊朗的帮助下建设，水电站建于阿拉斯河。该项目的合同于2012年6月签订，2012年年底前开工。

什诺格（Shnogh）（7.5万kW，3亿kWh/年），该电站建于德贝河，1966年完成设计。

洛里·伯德（Lori Berd）（6.6万kW，2亿kWh/年），该电站建于佐拉杰河。该项目属于欧盟塔西斯（TACIS）计划，2003—2004年，费希纳（Fichtner）公司完成了可行性研究。2007年，费希纳公司更新了项目经费，并且希望项目能够吸引更多私人投资。

4. 小水电

该国共有小水电82个，总容量为10.2万kW（3.3亿kWh/年）。该国小水电的建设是使其拥有可再生能源的重要举措，同时也保证了电能不过于依赖其他国家。2006年，小水电总发电量达到了1.7亿kW。

该国政府2009年1月制定的小型水电站的发展计划得到肯

定。根据此计划，2012 年该国需要建立 90 个小型水电站，总装机容量为 11.2 万 kW。该国还有计划将在挪威的帮助下，建造 26.5 万 kW 容量的小型水电站，每年约产电 9.33 亿 kWh。

（五）灌溉排水与水土保持

1. 灌溉与排水发展情况

亚美尼亚农业耗水占水资源总消耗量的 70%。受地理因素限制，其境内约 40%的灌区依赖于提水工程。苏联时期，亚美尼亚境内灌溉工程运营和管理的主要经费由政府提供；苏联解体后，经费主要由用水户承担，但是缴纳比例很低。受运营经费的影响，亚美尼亚境内灌溉面积从 1988 年的 31.4 万 hm^2 减少到了 1998 年的 18.8 万 hm^2。截至 2017 年，灌溉面积下降至 15.47 万 hm^2。超过 100 个灌区年久失修。并且，相当多的灌区面临土地盐碱化的问题。

2. 盐碱化治理

苏联解体后，随着排水系统的逐渐恶化，造成了地下水位攀升和盐碱化现象。在 2006 年，灌溉造成的盐碱化的土地面积是 2.04 万 hm^2，由于灌溉造成的涝灾面积是 1.87 万 hm^2。盐碱化最严重的地区是阿勒山平原，该地区大约 10%的土地已经盐碱化。

为了治理盐碱化现象，2005—2010 年，阿勒山地区的排水系统在美国千年挑战公司（Millennium Challenge Corporation）的支持下重新修建。另外，快速增长的鱼类养殖业也造成了地下水位的下降，对于治理盐碱化起到了一定的作用。

四、水资源保护与可持续发展状况

亚美尼亚尚有严格的自然保护法规，特别是在动植物、大气、水体保护和污染事故的处理方面均有相应的规定。

亚美尼亚高度重视水资源保护，特别是地下水资源、地表储水地和污水管理。对有关违反规定的行为将给予处罚。1998 年，亚美尼亚颁布了《亚美尼亚共和国自然资源保护及使用费用支付法》。该法对自然资源和生物资源的使用及造成空气和水体污染等征收费用作出了规定，如规定自然资源保护费为法定支付款

项。该项费用由政府根据季度使用量计算并征收。如从事养鱼类经营活动应按全部用水量的5%支付水资源使用费。对于造成环境污染所征收的费用，如有害物质所造成的环境污染，按照报告期内有害物质释放量征收。

五、水资源管理

（一）管理模式

亚美尼亚设置了六个流域管理机构，主要负责水资源管理局与地方流域管理机构的对接。这六个管理机构是塞万、哈兹丹、北部、阿胡良、亚拉腊和南部管理机构。流域管理机构的任务与其他现有的水资源管理制度是一致的，负责参与开发水流域管理计划，发放水的使用许可证，加强水资源保护、确保用水活动符合规定。

（二）管理体制、机构及其职能

亚美尼亚的水资源为公共财产，由政府部门进行管理。其中，环境保护部门负责水资源管理；农业部门负责灌溉和排水方面的政策制定；卫生部门负责与公共健康有关的水量、水质管理；能源部门负责水电项目和政策制定；财政部门负责水价等政策。各个部门直接或间接的影响水资源政策，但是，部门之间的协调与统筹较少。为了加强水资源管理和开发，2001 年 2 月，亚美尼亚政府设立了国家水资源委员会，加强各个部门之间的协调。国家水资源委员会是水资源管理的最高机构，由亚美尼亚总理担任主席，它为国家水政策、国家水计划、法律等问题提供指导。争议解决委员会负责解决与发放用水使用证有关的纠纷，是国家水资源委员会的下属机构。

2002 年 2 月，成立水资源管理局，对水资源进行统筹管理。其主要职能包括：①水量模块，综合水文、地理、地貌等方法对水资源进行评估，明晰水资源供给与需求；针对各个主要流域，构建水-经济耦合模型，用于水资源规划与管理。②工程模块，评价水利工程的规模、设计方案，进行技术和经济可行性分析。③环境与水质部分，负责水质与水环境，负责与淡水相关的污染

物的收集、处理与排放。④社会与卫生模块，与卫生、社保等部门对接。⑤经济与财政模块，与财政等部门对接。

在水资源管理局内部有三个部门：水流域规划部负责参与水资源保护规划和配水规划的制定，确定中期水量分配方案；水源地维护和监测部负责维护用水使用许可证相关信息；水使用许可部负责管理用水使用许可证的相关程序。

（三）取水许可制度

2002 年的水法（第 4 章，第 21 条到第 37 条）、2005 年的环境检测法等法律对用水许可制度进行了具体的规定。这些法律对于用水许可的过程、内容等进行了具体的规定。

用水许可的主要内容包括：用水者的地址，所需使用的水的地址、抽水地址、水的用途、用水量、用水控制机制、水质标准和相关信息、污水排放量等。

六、水法规与水政策

（一）水法规

1. 水法发展简史

近些年来，亚美尼亚在水资源管理和保护方面的立法取得了显著的成绩。其中值得注意的是在 2002 年通过的最新水法，该法共有 17 章 121 条。它确立保护和利用水资源的基本原则，包括：满意度原则；促进国家水储备量增加的原则；保护水生态系统及其生物多样性原则，并承认土地、空气、水和生物多样性之间系统关联的关系；用水许可管理原则。

该法规设立了水资源管理机构，包括国家水资源委员会、争议解决委员会、水资源管理与保护机构、水系管理机构和监管信托基金管理机构等。它还对水利政策（第 15 条）和水利项目（第 16 条）进行了规定，并建立了流域管理计划（第 17 条）和国家监测系统（第 19 条），其中包括国家水源地籍。该法的其他部分规定了国有水利工程的管理和使用（第 48～第 62 条）、跨流域水资源的使用和保护（第 63～第 65 条）、水质标准（第 66～第 70 条）、水费（第 76～第 81 条）及紧急情况下有关水系统的灾害（第 93～

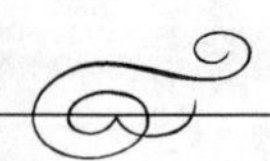

第 97 条）。

此后，在 2005 年水法修订中，明确规定了水资源分配的顺序如下：国家水储备；传统用水项目；根据目前合同安排的水资源利用；国内用水项目如农业、水电、工业和娱乐用途。另外，规定用户之间水的分配应着眼于总体（经济、社会、环境）的价值最大化。

2006 年制订了国家水利计划，对短期（至 2010 年）、中期（2010—2015 年）和长期（2015—2021 年）的水利计划进行了确立。

2. 水法概要

目前，作为水管理依据的法律法规有 50 多条，基本分为以下三个大类：①《宪法》；②自然资源类法律法规：《水法》（2002 年）、《土地法》（2001 年）、《城市法》（1991 年）、《自然开发法》（1998 年）、《植物法》（1999 年）、《动物法》（2000 年）；③环境保护类法律法规：《环境保护基本法》（1991 年）、《领土特殊保护法》（1991 年）、《环境影响评估法》（1995 年）、《Sevan 湖管理法》（2001 年）、《水文气象活动法》（2001 年）、《卫生安全法》（1992 年）。

（二）水政策

1. 水价制度

在 20 世纪 90 年代中期，亚美尼亚经济面临崩溃，许多人无力支付水费，政府也缺少经费来维护供水系统。在首都埃里温，供水效率在 1997 年只有 45％，到 1999 年下降到 19％，72％的用水没有支付水费，居民平均每天用水量为 250L。供水成为亚美尼亚沉重的经济负担，占到国内生产总值的 2.7％。

九十年代中期，亚美尼亚开始酝酿供水私有化改革。第一个私有化的供水合同是在世界银行的支持下于 1999 年签署，主要是负责首都埃里温的供水业务。随后，在 2000 年，亚美尼亚正式开始供水私有化改革，供水的主体由政府部门转换成私营供水企业。

在 2002 年，亚美尼亚通过了新水法，为供水改革提供了法律依据。该法创建了一个国家水经济委员会来制定跟水价相关的

政策，但职能不包括水费的调整。2003 年又成立了一个独立的监管机构——“公共服务监管委员会”，主要任务是在充分调研的基础上调整水价。在 2010 年，已经有接近 210 万人（2/3 的人口），接受的是私营供水机构的服务。

水价改革之后，亚美尼亚的水价开始攀升，水价已经从 20 世纪 90 年代的 0.1 美元/m^3 增长到 2000 年的 0.18 美元/m^3。经过 2004 年 4 月（增长到 0.29 美元/m^3）、2005 年 5 月（增长到 0.4 美元/m^3）的两轮调价之后，到 2006 年，水价涨到 0.56 美元/m^3。在 2005 年，水费占到了一个家庭总支出的 2.4%。

2. 水权与水市场

水法第 35 条允许用水许可持有者转让或者出售他们的用水许可，但是这一点在国内存在争议，许多人怀疑这条法律是否有现实的可行性。

七、国际合作情况

（一）参与国际水事活动的情况

亚美尼亚没有签署 1992 年的跨境水资源保护和使用协议，但是签署了 1999 年的水资源和健康国际法案。

（二）水国际协议

亚美尼亚与周边邻国签署了一系列的国际水资源开发与利用协议：①与土耳其就阿拉斯河和阿库里安河达成协议，均等分配水资源，两国联合对阿库里安河上的水库与大坝进行调度；②与伊朗就阿拉斯河水资源的灌溉和水力发电利用达成协议；③与格鲁吉亚就德贝河达成协议；④与阿塞拜疆就阿尔帕、沃罗坦、阿格斯捷夫和塔武什等河流达成协议。

近年来，亚美尼亚政府在欧盟的支持下，就库拉河流域的现代化开发与水质管理与邻国达成了协议。并且，在美国国际开发署的支持下，与邻国签订了《加强南高加索地区区域稳定的水资源管理》和《穆柯伐利/库拉河流域监测与评估联合试验项目》。

（罗琳，池欣阳）

也门

一、自然经济概况

（一）自然地理

也门，全称也门共和国，位于阿拉伯半岛西南端，与沙特、阿曼相邻，濒红海、亚丁湾和阿拉伯海，国土面积为52.8万km^2，海岸线长1906km。境内山地和高原地区气候较温和，沙漠地区炎热干燥，年平均最高气温39℃，最低气温－8℃。2017年，也门人口为2783.48万人，人口密度为52.7人/km^2，城市化率36%，绝大多数是阿拉伯人，官方语言为阿拉伯语。伊斯兰教为国教，什叶派占20%～25%，逊尼派占75%～80%。

2017年，也门可耕地面积为109.8万hm^2，永久农作物面积29.0万hm^2，永久草地和牧场面积2200.0万hm^2，森林面积54.9万hm^2。谷物产量为36万t，人均13kg。农业人口约占全国人口的71%。农产品主要有棉花、咖啡、高粱、谷子、玉米、大麦、豆类、芝麻、卡特和烟叶等。粮食不能自给，一半依靠进口，棉花和咖啡可供出口。

（二）经济

也门经济落后，是世界上最不发达的国家之一。经济主要依赖石油出口。目前已探明的石油可采储量约40亿桶，已探明天然气储量18.5亿立方英尺[1]。政府极为重视石油的勘探和开采，通过出口石油、天然气和开放矿产资源克服经济困难。

2017年，也门GDP为245.6亿美元，人均GDP约为882美元。GDP构成中，农业占19%，采矿、制造和公用事业占

❶ 1立方英尺≈0.0283m^3。

16%，建筑业占5%，交通运输业占15%，批发、零售和旅馆业占20%，其他占25%。

二、水资源状况

也门是世界水资源严重缺乏的国家之一。根据联合国粮农组织数据，也门年均降水量为167mm，境内地表水资源量为20亿m^3，境内地下水资源量为15亿m^3，扣除重复计算水资源量14亿m^3，境内水资源总量为21亿m^3，实际水资源量总量为21亿m^3。

也门每年的用水需求达34亿m^3，约9亿m^3的用水缺口主要依靠开采地下水，致使地下水位逐年下降。2008年世界银行的有关报告显示，2008年全年，也门地下水位平均下降了6～19.8m。报告认为，按此速度，也门将成为全球第一个水资源被耗尽的国家。

也门国内地质结构和极少的降水量导致其境内缺少河流与湖泊。水库总容量为4.6亿m^3。

三、水资源开发利用

也门年均农业取水量为32.35亿m^3，工业取水量为0.65亿m^3，生活取水量为2.65亿m^3，年均总用水量为35.65亿m^3。

城市与居民供水方面：60%家庭用水被连接到公共供水管网，但是在农村，只有49%的人口可以获得到安全水源。

农业灌溉用水方面：通过改进灌溉技术和优化灌溉区域，灌溉效率得到了提高。2.5万hm^2土地通过改进管道、集中区域灌溉和设置自动洒水装置实现了灌溉的优化，它仅占利用地下水并采用传统或地表灌溉措施来进行灌溉的土地面积（34.5万hm^2）的7%。

根据联合国粮农组织全球水信息系统数据（截至2008年），也门共有大坝46座，总库容4.625亿m^3。位于马阿卜（Ma'areb）城的马阿卜大坝，修建于1987年，坝高为40m，总库容为4亿m^3，是也门最大的水库。也门有大约1045个蓄水坝和相关水利

设施。

四、水资源保护与可持续发展状况

（一）水资源及水生态环境保护

据世界银行相关报告预计，到2025年也门的水资源将面临枯竭。鉴于日益严峻的水生态情况，也门政府采取了很多措施来应对。比如加快水资源保护的法律法规和政策的出台与完善，为水资源的可持续利用提供依据和保障；进一步加大政府投入，改进和改良灌溉技术，实施海水淡化工程；寻求国家援助，加大国际合作力度；建立和完善国内投资机制和环境，吸引国际资本参与也门水资源保护和开发等。

（二）水体污染情况

在也门，主要的水污染来自工业和生活污水，存在一定程度上的浅水层污染。由于工农业发展大量开采地下水导致很多盆地水位下降，水井枯竭。地下水的开采量与补给的失衡导致海水回灌。

（三）水质评价与监测

国家水资源管理局设立国家水信息系统，对萨达（Sadah）、塔伊兹（Taiz）、阿比扬（Abyan）、拉赫季（Lahej）、哈德拉毛（Hadramawt）等实施常规监测。

（四）水污染治理

也门运行中的水处理站有12座，每天可处理12.5万m^3，这占也门规划中的污水处理量的55%。

五、水资源管理

（一）管理体制、机构及其职能

也门南北方于1990年5月完成统一。1995年荷兰政府帮助也门开展总体水资源评价研究。1996年，国家水资源管理局成立，与水相关的部门与国家水资源管理局合并。2002年8月，也门批准和发布《水法》，2003年5月新的水和环境部成立，一些与水和环境相关的机构合并到新的水和环境部中，但是灌溉和水坝部门与农业与灌溉部仍然独立存在。

水和环境部负责水资源规划和监控，参与和实施相关立法，提高公众意识。其通过国家水资源管理局履行其职责。国家水资源管理局总部位于萨那，在全国其他地区有5个分支机构。国家水资源管理局是负责全国水资源管理和水法实施的唯一的权威部门。

公共事务与城市规划部负责监控饮用水的净化设施。

地方政府主要负责区域的供水和环境卫生。根据2000年颁布的《地方政府法》，需要建立地方委员会，通过与水资源部门的协调和合作来管理水资源。

1996年国家水资源管理局建立之前，农业和灌溉部负责水资源规划和开发。目前，它职责被调整为负责灌溉活动的规划、开发、实施和监督，同时也负责为农民提供相关技术指导，以及修建灌溉设施（小型水坝、隧道、水塘、导流堤等）。

（二）取水许可制度

也门《水法》（2002年）规定，利用地下水须持有许可证。不过，打井深度不超过20m的不必申请。此外，如用水户遵守相关区域的法规，并且遵守该区域的习惯和传统做法，用水户可以挖建深度60m以内的水井而无须向全国水资源管理局申请许可。

六、水法规与水政策

（一）涉水法规与政策

也门直到2002年才有一部专门关于水的法律出现——《水法》，另外与水相关的法律还有1995年的《环境保护法》。

也门制订和实施了许多涉水相关政策：如《灌溉用水政策》（2001年）、《流域政策》（2000年）、《农业部门改革政策》（2000年）、《城市供水和卫生部门改革政策》（1997年）、《废水回用战略》（2005年）等。

（二）水政策

1. 水价制度

也门《水法》（2002 年）授权国家水资源管理局按许可证规定收费。所收水费必须用来支持由国家水资源管理局提供的技术服务和运行工作。也门《水法》（2002 年）未明确规定灌溉用水要计收水费。

2. 水权与水市场

也门《水法》（2002 年）未明确表达水资源是否属国家所有，而是规定水不能为私有。也门《水法》（2002 年）承认所有原有的和已获得的水权，要求维持原有权利，除非确有必要，一般不得改变，一旦改变须支付适当补偿。法律明确承认水权拥有者可以从天然泉、小河、小溪和深度不超过 60m 的水井，以及该水法正式通过以前就已存在的与这些水源有关的普通权利中得到利益，水权拥有者被要求在该水法生效后的 3 年内到国家水资源管理局登记。对于该法没有提到的问题，依据《民法》或伊斯兰法律的相关条款规定执行。按照伊斯兰法律，有两个主要水权：饮水和灌溉。前者确定了人类满足自身饮水及其饲养动物的饮水权利，后者给予用水户灌溉农田的权利，这两个权利是也门习惯用水的基础。

也门《水法》（2002 年）未充分而详尽地解决水权的归属问题。

七、国际合作情况

2009 年，欧盟援助也门荷台达省农业灌溉项目开工，总金额为 400 万美元，计划在也门北部荷台达省的农村地区修建农田水利设施，包括打井和修建总长度约 50km 的灌溉渠道等。

近些年来，在水利方面，也门与日本有着较密切的合作。比如，2001 年年底，在日本政府和国际发展协会的援助下，也门政府投资 33.175 万美元，对地下水资源以及水土保持情况进行了调研工作，同时对一些水利工作人员进行了培训。2009 年 8 月 11 日，也门政府与日本国际协力机构代表团正式签署了水资源合作协议。根据协议，日方将提供 1600 万美元的资金援助，用于在萨那、塔兹、马哈维特和伊卜等地区建设 19 个农村水利项目。这些项目将包括打井、铺设农村饮用水管道及修建农田灌溉设施等。2010 年 5 月，也门与日本政府签署协议，日本政府向也门提供 1700 万美元的无偿援助用于萨那、马哈维特、纳马尔、伊卜和塔兹 5 座城市的供水项目的建设和改造。

另外，世界银行投资 1000 万美元相继在也门的塔兹、拉贾、阿比扬和伊卜等省实施了一系列水库、水坝等农业灌溉项目。也门马里卜省与阿拉伯联合酋长国阿布扎比发展基金在马里卜水坝项目二期工程建设中也有资金上的合作。一些中国企业比如中建路桥集团有限公司也参与了也门一些水利工程建设。

（罗琳，唐忠辉）

伊　拉　克

一、自然经济概况

（一）自然地理

伊拉克，全称伊拉克共和国，位于亚洲西南部，阿拉伯半岛东北部，北接土耳其，东临伊朗，西毗叙利亚、约旦，南接沙特、科威特，东南濒波斯湾，国土面积为 43.83 万 km^2，海岸线长 60 km。西南为阿拉伯高原的部分，向东部平原倾斜；东北部有库尔德山地，西部是沙漠地带，高原与山地间有占国土大部分的美索不达米亚平原，绝大部分海拔不足百米。幼发拉底河和底格里斯河自西北向东南贯穿全境，两河在古尔纳汇合成阿拉伯河，注入波斯湾。

2017 年，伊拉克人口为 3755.28 万人，人口密度为 86.5 人/km^2，城市化率为 70.3％。其中阿拉伯民族约占全国总人口的 78％（什叶派约占 60％，逊尼派约占 18％），库尔德族约占 15％，其余为土库曼族、亚美尼亚族等。

东北部山区属地中海式气候，其他为热带沙漠气候。7 月、8 月气温最高，日平均气温为 24～43℃；1 月气温最低，日平均气温为 4～16℃。6—9 月降雨最少，月平均降雨量为 1mm，3 月降雨最多，月平均降雨量为 28mm。

2017 年，伊拉克可耕地面积为 500 万 hm^2，永久农作物面积为 40 万 hm^2，永久草地和牧场面积 400 万 hm^2，森林面积 82.5 万 hm^2。谷物产量为 373 万 t，人均约为 99kg。

（二）经济

伊拉克地理条件得天独厚，石油、天然气资源十分丰富，现已探明的石油储量达 1431 亿桶，是仅次于沙特的世界第二大石

油储藏国；天然气储量约为3.17万亿m^3，占世界已探明总储量的2.4%，居世界第十位；磷酸盐储量约100亿t。

伊拉克石油出口收入占国家财政总收入的95%，石油收益是国家经济发展、战后重建所需资金的重要来源。近年来，伊拉克政府一直努力提高石油出口量增加石油收益。

2017年，伊拉克GDP为1954.7亿美元，人均GDP为5205美元。GDP构成中，农业占3%，采矿、制造和公用事业占44%，建筑业占6%，交通运输业占10%，批发、零售和旅馆业占8%，其他占29%。2019年GDP为2233亿美元。

二、水资源状况

（一）水资源

根据2008年联合国粮农组织数据，伊拉克内部水资源量为352亿m^3，其中地表水资源量为340亿m^3，地下水资源量为32亿m^3，重叠部分20亿m^3；外部水资源总量为546.6亿m^3。总计多年平均水资源量为898.6亿m^3，其中地表水885.8亿m^3，地下水32.8亿m^3，重叠部分20亿m^3。水库总库容为1518亿m^3。

（二）水资源分布

1. 分区分布

伊拉克总体分为以下几个水文区域：幼发拉底河流域、底格里斯河流域、阿拉伯河流域等。

2. 国际河流

伊拉克境内的底格里斯河和幼发拉底河都是国际性河流，均发源于土耳其。底格里斯河和幼发拉底河在伊拉克境内的古尔奈（Al－Qurnah）汇合，称阿拉伯河，向东南延伸至巴士拉附近与来自伊朗的卡伦河汇流，之下约100km形成两伊之间的界河，在法奥以北注入波斯湾。两河汇合前，在伊拉克境内，底格里斯河长度约为1300km，幼发拉底河长度约为1000km。

底格里斯河在伊拉克境内的流域面积为2530万hm^2，占全国河流流域面积的54%。底格里斯河进入伊拉克的年平均流量

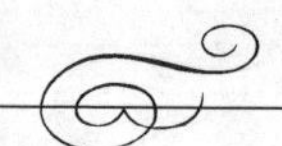

估计有213.3亿m^3。底格里斯河所有的支流都在它的左岸。从上游到下游分别是：

大扎卜（Greater Zab）河，发源于土耳其，每年有131.8亿m^3水汇入底格里斯河，总流域面积为258.1万hm^2，其中62%流域面积在伊拉克境内。

小扎卜（Lesser Zab）河，发源于伊朗，每年有71.7亿m^3水汇入底格里斯河，总流域面积为214.8万hm^2，其中74%流域面积在伊拉克境内。

阿贾姆（Al-Adhiam）河，每年有7.9亿m^3水汇入底格里斯河，是一条依赖于洪水的间歇河流。

迪亚拉（Diyala）河，发源于伊朗，每年有57.4亿m^3水汇入底格里斯河，总流域面积为319.0万hm^2，其中75%流域面积在伊拉克境内。

卡尔黑（Karkheh）河，主要发源于伊朗，每年有63亿m^3水流入伊拉克，在干旱期汇入底格里斯河，在汛期流入哈欧哈维扎（Hawr Al Hawiza）湿地。

幼发拉底河进入伊拉克的年平均流量估计有300亿m^3（实际上在100亿～400亿m^3波动）。幼发拉底河没有支流，每年约有100亿m^3水流入哈欧哈维扎湿地。

两河流域多湖泊沼泽，主要湖泊有加迪西耶湖、塞尔萨尔湖、哈巴尼亚湖、赖扎宰湖、代勒迈季湖、萨迪亚湖、哈马尔湖等。

3. **水能资源**

伊拉克水电总蕴藏量约为2250亿kWh/年，其中技术上可开发利用为900亿kWh/年，经济上可开发利用为670亿kWh/年。

三、水资源开发利用

（一）水利发展历程

伊拉克在两河流域内有数千年的灌溉历史，有些古代灌溉工程至今仍在使用。伊拉克是最早在两河上建坝的国家。早在1914年就在幼发拉底河干流建成欣迪耶（Al Hindiyah）闸坝，

20世纪50年代又建成拉马迪（Ar Ramadi）闸坝。这些闸坝都不高，主要用于引水灌溉。伊拉克还在底格里斯河干流上建设了萨迈拉（Samarra）、巴格达（Bagdad）、库特（Kut）等数座闸坝，亦用来引水灌溉。另外，在底格里斯河左岸大的支流上也建设了一些大坝，用于发电和引水灌溉。

（二）开发利用与水资源配置

1. 坝和水库

根据联合国粮农组织数据，伊拉克主要水库为16座。底格里斯河流域内所有水库的总库容约为1022亿m^3，其中河上水坝的总库容为294亿m^3（共7座水库），离河的塞尔萨尔（Tharthar）水库，修建于1954年，总库容为850亿m^3。幼发拉底河流域所有水库的总库容为375亿m^3，其中河上水库的总库容为342亿m^3；离河的拉马迪-哈巴尼亚（Ramadi－Habbaniya）水库，修建于1951年，总库容为33亿m^3。

伊拉克主要水坝情况见表1。

表1　　伊拉克主要水坝情况表

水坝名称	所在河流	建成年份	坝高/m	库容/亿m^3
德尔本地汉（Derbendi Khan）坝	迪亚拉河	1962	128	30
底比斯（Dibbis）坝	小扎卜河	1965	15	30
杜坎（Dokan）坝	小扎卜河	1961	116	68
哈迪塞（Haditha）坝	幼发拉底河	1984	57	82
黑木里（Hamrin）坝	迪亚拉河	1980	40	40
摩苏尔（Mosul）坝	底格里斯河	1983	131	125
拉马迪一哈巴尼亚（Ramadi－Habbaniya）坝	幼发拉底河	1951		33
拉扎戴克（Raza Dyke）坝		1970	18	260
塞尔萨尔（Tharthar）坝	底格里斯河	1954		850

2. 供用水情况

据联合国粮农组织统计，2008年伊拉克全国总用水量为

385.5 亿 m^3，其中农业取水量 352.7 亿 m^3，工业取水量 20.5 亿 m^3，生活取水量 12.3 亿 m^3。

3. **跨流域调水**

伊拉克政府为了解决用水困难，制定了一个五年开发计划，以便充分利用水资源，增加农业生产。这个计划要进行大量的、周密的灌溉、防洪及排水工程的建设。为了完成这一计划，伊拉克建设了一些很有影响的工程，萨萨尔开发工程即是其一。

1956 年，完成了该项目的第一期工程，包括：底格里斯河上的萨马拉拦河闸、底格里斯-塞尔萨尔引渠上的节制闸，以及将底格里斯河多余水量分水至塞尔萨尔湖的 64km 长的引水渠。这是伊拉克的第一项大规模调水工程。

1976 年，完成了第二期工程，包括长 37.5km 的塞尔萨尔-幼发拉底河引水渠及靠近塞尔萨尔湖的渠首节制闸。这是伊拉克的第二项巨大的调水工程。第三期工程是塞尔萨尔-底格里斯河的引渠。

（三）洪水管理

1. **洪灾情况**

底格里斯河通常在冬春季因降雨和融雪发生洪水，形成大面积的洪水泛滥。1931—1975 年，尼尼瓦（Ninewa）实测最大流量为 7740m^3/s（1971 年 5 月 2 日），而 1931—1975 年多年平均流量为 663m^3/s。研究表明，其预计最大洪水流量约为 30000m^3/s。

2. **防洪工程体系**

塞尔萨尔开发工程是主要的防洪工程。在底格里斯河洪水泛滥的时候从底格里斯河调水到塞尔萨尔湖或者经塞尔萨尔湖调水到幼发拉底河。

（四）水力发电

伊拉克大约一半的技术水能资源已经得到利用。2011 年，全国水电站总装机容量为 251.4 万 kW。运行中的较大的电站有：杜坎（Dokan，40 万 kW），德尔本地汉（Derbendi Khan，

24.9 万 kW），摩苏尔（Mosul，主坝 75 万 kW，其他 6 万 kW，两个抽水蓄能单元各 12 万 kW，总计 105 万 kW），哈迪塞（Haditha，66 万 kW）。

2011 年水电站发电总量为 48 亿 kWh，库尔德斯坦地区已经有了未来发展大坝和大型水电站的计划，例如 150 万 kW 的贝克赫姆（Bekhme）电站。库尔德斯坦计划建造的电站还包括：塔克塔克（Taqtaq，27 万 kW），拉沙瓦（Rashawa，26.1 万 kW），曼达瓦（Mandawa，62 万 kW）。库尔德斯坦政府计划尽早开始这些项目的建设。

库尔德斯坦地区电力局和日本国际合作社都在努力加快水电站的发展，如德拉洛克项目（Deralok，3.7 万 kW，1.52 亿 kWh/年），可行性计划和工程都在进行中。世界银行为伊拉克提供了 4000 万美元用于库尔德斯坦地区杜坎电站和德尔本地汉电站的紧急修复。

伊拉克未来十年建设的小型水电站总设计装机容量为 0.9 万 kW，每年发电 0.4 亿 kWh。2009 年韩国发展协会在埃尔比勒地区的 Bekhal 建设了一个小型水电站（1200kW）。该国还有几个小型水电站正在建设中，其中绝大部分位于哈布尔河流及其支流上。

（五）灌溉排水

1. 灌溉与排水发展情况

伊拉克可灌溉面积超过 555 万 hm^2，其中 63％位于底格里斯河流域，35％位于幼发拉底河流域，2％在阿拉伯河流域。1990 年统计数据，全国配备完全控制喷灌灌溉设施或局部控制灌溉设施的面积约为 350 万 hm^2。用地表水灌溉的面积约为 330.5 万 hm^2（其中，10.5 万 hm^2 在阿拉伯河流域，220 万 hm^2 在底格里斯河流域，100 万 hm^2 在幼发拉底河流域）。用地下水灌溉的面积约为 22 万 hm^2，共有 1.8 万口井。

1997 年，总灌溉面积为 340 万 hm^2，其中 87.5％利用导流从河道取水，9.2％利用灌溉泵从河道取水，3.1％利用自流井取水，1.2％利用涌泉资源。

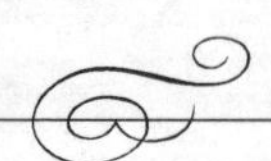

1983年基尔库克（Kirkuk）灌溉工程开始运行，实际灌溉面积30万hm^2。1991年辅助工程北卡达尔（North Al - Jazeera）灌溉工程启动，使得6万hm^2土地可以使用单线移动洒水车灌溉系统[水来自摩苏尔（Mosul）坝]。东卡达尔（East Al - Jazeera）灌溉工程在摩苏尔附近7万hm^2旱作土地上安装了灌溉网。这些工程是卡达尔平原25万hm^2灌区计划的一部分。

伊拉克大型灌溉工程——杜加伊拉（Dujaila）灌溉工程致力于打造一个能生产伊拉克22%粮食和畜产品的土地，该工程的主要出口渠道已经在1992年完工，被称为“第三河”。该渠道从巴格达南部的马赫穆迪亚通到巴士拉北部的库尔纳，全长565m。

现在伊拉克在进行“提高灌溉技术”的普及工程，以提高小麦产量。该工程的目标是在2007年前种植50万hm^2配置辅助灌溉的小麦。伊拉克建成了一个综合性的地下排水管网和地表排水渠道，将灌区内多余的水收集起来排到“第三河”里。

2. **土地盐碱化**

土地盐碱化在3800年前就已经是伊拉克庄稼减产的原因了。在政府停止对灌溉系统的维护之后，土地盐碱化在整个灌溉区农田内扩展。伊拉克南部的潜水面也已经盐碱化，盐碱化区很靠近地表，只要稍微过度灌溉就有可能毁坏庄稼。高地下水位已经影响了一半以上的灌溉区。

1970年，伊拉克中部和南部一半左右的灌溉区因为水涝和盐碱化而退化，排水设施的缺乏以及过度灌溉是主要原因。

四、水资源保护与可持续发展状况

（一）水体污染情况

底格里斯河在伊拉克与叙利亚边境的河段里水质较高，水质从上游到下游逐渐降低，主要是沿河的城市污水处理设施较落后。

幼发拉底河进入伊拉克时的水质没有底格里斯河的水质高。主要是因为土耳其和叙利亚的灌溉用水流回幼发拉底河。而在水

流入塞尔萨尔水库再流回幼发拉底河后水质进一步下降。

灌溉用水的回流及城市污水的排放使得幼发拉底河和底格里斯河的水质沿河逐渐下降。

（二）水质评价与监测

水质恶化、水污染严重已是伊拉克的一个重大问题，然而伊拉克缺乏有效的水质监测系统，无法评价河段的水资及污染情况，因而无法找出引发水质问题的原因。所以，水质监测系统的复原及重建已是伊拉克保证水安全的迫切任务了。

五、水资源管理

伊拉克水利部是国家主要的水资源管理部门，负责整个国家的水资源计划，负责运行国家主要的25座大坝、水电站和堰坝，275个灌溉泵站。水利部由5个委员会11个公司组成，共有1.2万工作人员。

其他的水管理机构有农业部、能源部、环境部及各个地方政府。

现在一些伊拉克出现了一些非政府组织，如伊拉克基金会正致力于恢复两河流域的沼泽地。

六、水法规与水政策

20世纪60—80年代，伊拉克起草了水资源发展和管理计划。该研究综合详细地分析了伊拉克水资源需求、机遇及用水计划。过去这些年里伊拉克水资源的投资一直按照这些文件进行，然而自从它们颁布后就没有被更新，而人口的增长、战争的爆发、社会制度和体制的改变、地区和世界对于商品的市场需求不断改变，导致这些计划可能不再适用了。

1995年，伊拉克颁布了灌溉相关的法律。1997年，颁布了环境相关的法律。

七、国际合作情况

2002年，伊拉克和叙利亚签署了关于叙利亚在底格里斯河上安装抽水站用于灌溉的双边协议，在平水年里从底格里斯河抽取的水量为 12.5 亿 m^3。

2008 年，来自伊拉克、土耳其、叙利亚的 18 位水资源专家组成了水资源协会，主要是想解决 3 个国家的用水关系问题，致力于公平、有效地使用边境水资源。

（范卓玮，罗琳）

伊 朗

一、自然经济概况

（一）自然地理

伊朗，全称伊朗伊斯兰共和国，位于亚洲西南部，同土库曼斯坦、阿塞拜疆、亚美尼亚、土耳其、伊拉克、巴基斯坦和阿富汗相邻，南濒波斯湾和阿曼湾，北隔里海与俄罗斯和哈萨克斯坦相望，素有“欧亚陆桥”和“东西方空中走廊”之称，国土面积为 164.5 万 km^2。

伊朗是高原国家，海拔一般为 900～1500m。北部有厄尔布兹山脉，德马万德峰海拔为 5670m，为伊朗最高峰。西部和西南部有扎格罗斯山脉，东部是干燥的盆地，形成许多沙漠。北部里海和南部波斯湾、阿曼湾沿岸一带为冲积平原。海岸线长为 2700km。伊朗东部和内地属大陆性的亚热带草原和沙漠气候，干燥少雨，寒暑变化大。西部山区多属地中海式气候。

2017 年，伊朗可耕地面积为 1468.7 万 hm^2，永久农作物面积为 179 万 hm^2，永久草地和牧场面积为 2947.7 万 hm^2，森林面积为 1069.2 万 hm^2。谷物产量为 2034 万 t，人均约为 252kg。

2017 年，伊朗人口为 8067.4 万人，人口密度为 49.5 人/km^2，城市化率 74.4%。其中波斯人占 66%，阿塞拜疆人占 25%，库尔德人占 5%，其余为阿拉伯人、土库曼人等。官方语言为波斯语，伊斯兰教为国教，98.8%的人信奉伊斯兰教。

（二）经济

伊朗盛产石油，石油产业是伊朗经济支柱和外汇收入的主要

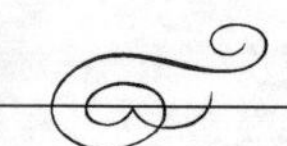

来源之一，占伊朗外汇总收入的一半以上。近年，伊朗经济总体保持低速增长。2017年，伊朗GDP为4307.1亿美元，人均GDP为5338美元。GDP构成中，农业占10%，采矿、制造和公用事业占30%，建筑业占5%，交通运输业占10%，批发、零售和旅馆业占13%，其他占32%。

石油、天然气和煤炭蕴藏丰富。截至2018年年底，已探明石油储量为1556亿桶，居世界第四位，天然气已探明储量为31.9万亿m^3，居世界第二位。2018年，伊朗石油日产量为471.5万桶，天然气年产量为2395亿m^3。

二、水资源状况

（一）水资源

1. 降水量

伊朗多年平均降雨量为228mm，折合水量为3979亿m^3。

2. 水资源量

根据2008年联合国粮农组织数据，伊朗境内水资源总量为1285亿m^3，其中境内地表水资源量为973亿m^3，境内地下水资源量为493亿m^3，重复计算的水资源量为181亿m^3；境外流入的实际水资源量为85.45亿m^3。

3. 河川径流

伊朗河流较多，主要河流有卡伦（Karun）河、阿拉伯（Arab）河、阿拉斯（Aras）河。

卡伦河为伊朗最长河流，是阿拉伯河的支流，位于伊朗西南部，发源于伊朗第三大城市伊斯法罕（Esfanhan）以西的巴赫蒂亚里（Bakhtiari）山脉，在阿瓦士（Ahvaz）汇入阿拉伯河，全长为890km，流域面积为5.7万km^2，最大流量为2100m^3/s，河道非常曲折，最大支流为迪兹（Dez）河。卡伦河是伊朗唯一一条可以通航的河流。

阿拉伯河为伊拉克东南部河流，由底格里斯河和幼发拉底河在克尔奈（Al-Qurnah）镇汇流而成。流向东南，经伊拉克的巴斯拉（Basra）港和伊朗的阿巴丹（Abadan）港，注入波斯

湾，全程为193千米。

阿拉斯河为中亚高加索地区河流，发源于土耳其亚美尼亚的宾格尔（Bingol）山，河北为亚美尼亚，河南为土耳其和伊朗，在伊朗的焦勒法（Jolfa）下游流入宽阔的河谷，在阿塞拜疆汇入库拉（Kura）河。全程流经土耳其、亚美尼亚、阿塞拜疆和伊朗，河道全长为1072km，流域面积为10.2万km^2，支流有库拉河。

除此之外，伊朗还有一些小河流，这些河流多为季节性的，4月水量最为充沛，10月左右开始干涸，春季洪水常造成较大灾害，夏季大多数小河流消失，中央高原流出的所有河流最终消散在盐碱地中。

4. **湖泊**

伊朗主要湖泊为乌鲁米耶（Urmia）湖和里海。

乌鲁米耶湖位于伊朗西北角的东、西亚塞拜疆之间，终年不干，为境内最大咸水湖，最长为140km，最宽为55km，水域面积为0.52万km^2，最深约为16m，近年来因为蒸发与淤积，湖面逐渐缩小，湖水含盐分约为海水六倍，浓度太高，不适合鱼类生存。

里海位于亚洲与欧洲交界，是世界上面积最大、蓄水量最多的湖泊，南北长约为1200km，平均宽约为320km，面积为37.1万km^2，体积为78.2万亿m^3，最深处1025m，湖岸线全长约为7000km，有伏尔加河和乌拉尔河、捷列克河等共130多条河流注入里海。里海为俄罗斯、阿塞拜疆、伊朗、土库曼斯坦、哈萨克斯坦5个国家环绕，伊朗位于其西南角。

5. **地下水**

除主要河流外，大多数河流为季节性河流，水资源量少，蒸发强烈，水资源主要存储于地下，以坎儿井、水井、地下水道和泉水等形式进行开采。

这些水资源主要存在于6个主要集水区和31个次要集水区，6个主要集水区包括中部的中央高原盆地（Markazi），西北部的乌尔米耶盆地（Oroomieh），西部和南部的波斯湾盆地、阿曼湾

盆地，东部的哈满（Hamoon）湖盆地，东北部的喀拉-库姆（Kara-Kum）盆地和北部的里海盆地。

除波斯湾盆地和阿曼湾盆地外，其余所有盆地均为内陆盆地，伊朗全国几乎一半的水资源位于仅占国土面积1/4的波斯湾盆地和阿曼湾盆地，而占国土面积一半的中央高原盆地仅有不到1/3的水资源。

（二）水资源分布

1. 分区分布

伊朗的水资源主要以地下水的形式存储，在主要的集水盆地中，仅有西部和南部的波斯湾盆地和阿曼湾盆地为非内陆盆地，存储了伊朗近一半的水资源，该区域水资源非常丰富。中央盆地分布着伊朗1/3的水资源，但由于面积大，水资源分布密度小，其他东部、北部的盆地水资源较为匮乏。

2. 国际河流

伊朗三条主要大河中阿拉伯河和阿拉斯河为国际河流。

阿拉伯河源自幼发拉底河、底格里斯河，沿西北东南走向，在巴士拉附近与卡伦河汇合，其下游100km为伊朗与伊拉克的界河，主要流经伊朗及伊拉克，全长为190km。

阿拉斯河发源于土耳其，全程流经土耳其、亚美尼亚、阿塞拜疆和伊朗，全长为1072km，流域面积为10.72万km^2，为亚美尼亚与伊朗的界河。

3. 水能资源

伊朗技术可行的水能资源量为500亿kWh/年，经济合理的水能资源为203亿kWh/年，大部分水能资源位于840km长的伊朗南边的卡鲁恩河。

三、水资源开发利用

（一）开发利用与水资源配置

1. 坝和水库

根据联合国粮农组织数据，2008年伊朗主要大坝共有86座，总库容为322.4亿m^3，主要用于发电、灌溉、供水和防洪。

截至2008年伊朗注册坝高200m以上大坝见表1。

表1　　伊朗主要大坝

坝　名	所在河流	坝型	坝高/m	库容/亿 m^3	目的	建成年份
迪兹（Dez）	迪兹（Dez）河	拱坝	203.5	28.56	—	1962
卡伦（Karun 3）3级	卡伦（Karun）河	拱坝	205	29.7	灌溉发电	2004
卡伦（Karun 1）1级	卡伦（Karun）河	拱坝	200	31.39	—	1976

资料来源：联合国粮农组织的全球水信息系统。

2. 供用水情况

据联合国粮农组织统计，2008年伊朗全国总用水量为933亿 m^3，其中农业用水量860亿 m^3，工业用水量11亿 m^3，生活用水量62亿 m^3。

伊朗对地下水资源的开采程度很高，在地表水资源贫乏的中部盆地出现了超采。地下水取水量从20世纪70年代的200亿 m^3 到2008年的531亿 m^3。

为缓解用水压力，伊朗也进行了非常规水资源的开发，主要包括再生水和淡化海水。早在2001年，伊朗便已有39座污水处理厂，日处理能力为71.2万 m^3，年实际处理量为1.3亿 m^3，且有79座废水处理厂在建。到2010年，伊朗具有112座污水处理厂，日处理能力为159万 m^3，但是这对于伊朗巨大的用水量而言，确实有些杯水车薪，且处理的污水水质并不好，直接用于农业会引起健康问题，故其使用受到限制。2002年海水年淡化能力为2.155亿 m^3，2004年为2亿 m^3。由于技术不成熟，加之量很小，伊朗对非传统水资源的利用程度很小。

（二）洪水管理

1. 洪灾情况与损失

伊朗东部、北部地区，干旱少雨，洪涝灾害主要发生在西南部水资源丰富地区且以河流洪灾为主。伊朗西南部地区常年遭受

洪水灾害，每年都会造成人员伤亡，大量房屋被毁，数万人受灾，其中2001年8月的洪水灾害造成240人死亡，300多人失踪，仅在格雷斯坦省北部地区就造成超过2500万美元的经济损失，近年灾害损失情况有所缓解，每年因洪灾造成人员伤亡下降至数十人，灾害损失也有所下降。东部及北部地区尽管洪水发生较少，但也有过大规模洪灾的记录。

2. 防洪工程体系

伊朗大坝水库众多，这些水库大坝不仅对水资源存蓄意义重大，对于河流洪水管理也具有一定作用。伊朗近年洪涝灾害主要集中于西南河流沿岸地区，水库的洪水调控作用更加明显。

（三）水力发电

截至2008年年末，伊朗已建水电装机容量为742.3万kW，2008年水力发电总量为179.87亿kWh，占经济可开发水能资源的35.97%。在建水电装机容量508.3万kW，年发电量104.26亿kWh；建成后装机容量将达1250.6万kW，年发电量将达284.13亿kWh，将占经济可开发量的56.83%，达到较高的开发程度。

尽管伊朗水能资源较丰富，水能资源开发程度也较高，但近年的年水电发电量仅占电力系统总电量的不到10%，且波动较大，最小时仅占总电量的2.5%左右。伊朗主要电力来源为天然气，发电量占总发电量超过70%。

（四）灌溉排水

根据2008年联合国粮农组织数据，伊朗可灌溉面积为1500万hm^2，灌区面积为870万hm^2，实际灌溉面积为642.3万hm^2。所有灌溉面积均为可控灌溉，包括地表灌溉、喷灌和局部灌溉，面积分别为743.2万hm^2、28万hm^2和42万hm^2。

伊朗推出了不同规模的灌溉计划，小规模（小于10hm^2）的灌溉计划覆盖了50%的灌区，中等规模（10～50hm^2）计划覆盖40%，大规模（大于50hm^2）计划覆盖了10%。

在伊朗，排水不像灌溉那么广泛，配有灌溉排水设施的灌区面积为150.8万hm^2，灌溉盐碱化面积达210万hm^2，易发生灌溉洪涝的灌区面积为100万hm^2。

四、水资源保护与可持续发展状况

（一）水资源环境问题现状

伊朗水环境问题较为严重，主要体现在3个方面：①水体普遍受到污染；②盐碱化问题严重；③主要湖泊干涸。

据伊朗环保组织信息，伊朗60%～70%的河流遭到污染，水生生物生存受到威胁。2000年，伊朗南部海莱河和达拉基河河水污染严重，150多万条鱼死亡。主要的水体污染物为城市地下水系统中的农药及生活垃圾，此外还有缺少污水处理设备的农村和一些部门排放的污水，污水首先污染地下水，进而污染河流。水体污染最为严重的城市为德黑兰，其水质硝酸盐含量严重超标。此外，里海受周边国家油气开发、工业废水等污染，水体恶化，由于流向为由北向南，伊朗沿海水体受到严重污染，水生生态环境恶化。

伊朗盐碱化问题严重，国土面积的9.4%存在涝灾和盐碱化问题，其中近一半土壤盐碱化，土壤中钙离子严重超标。

蒸发加剧及入湖水量减少导致乌鲁米耶湖湖水位持续下降，截至2011年8月，其面积已不足鼎盛时期的40%，同时盐碱化、沼泽化加剧。

（二）水污染治理与可持续发展

为应对水资源危机，伊朗采取了一系列措施，主要包括：①水资源利用技术、水污染治理技术的研发，伊朗水处理展览会是目前中东及伊朗最大的水处理展览会，涵盖取水、水处理、水检测、水污染控制等各个方面；②保护水源地，在乌鲁米耶湖设置了自然保护区；③加强盐碱化土地处理，在受盐碱化影响的区域使用过滤器进行处理；④开发新型水资源，加大了海水淡化规模和再生水的生产能力；⑤国际合作，与伊拉克就阿拉伯河的污染处理，与里海各国就里海的污染处理进行

合作。

五、水资源管理

（一）管理体制、机构及其职能

根据伊朗水法，管理水资源的最主要部门为能源部，另外还有农业部和环境部。

能源部的主要职能是供电和水资源管理，主要负责包括大坝、灌溉工程、灌溉排水隧洞在内的大型水利工程建设。能源部下设水资源事务部，专职负责水资源相关的计划、开发、管理和储存。水资源事务部主要由水资源管理公司、省水资源局、灌溉排水运行维护公司组成。伊朗各部门职能见表 2。

表 2　伊朗能源部各部门职能

部　门	职　　能
水资源管理公司	管理除饮用水供给外的所有水资源相关方面
省水资源局	管理各省包括灌溉排水设施建设维护在内的所有水资源相关方面
灌溉排水维护公司	现代灌溉与排水的运行维护

其中，灌溉排水维护公司 49％的股份属于能源部，51％属于私人公司。伊朗共有 19 家灌溉排水维护公司处于各省水资源局的监管中。

农业部主要负责监管雨浇作物和灌溉作物的开发。其主要职能包括管理地下排水、第三和第四级隧洞、管理农业发展灌溉技术开发。

环境部负责制定执行环保政策法规，从环境角度评估项目，尤其是灌溉项目和水电项目。

除此之外，各省还有水资源与废水公司负责饮用水的分配。

（二）取水许可制度

伊朗 1982 年推出的水资源法中就已经规定，能源部向家庭、

工业、农业用水分配发放用水许可。

六、水法规与水政策

（一）水法规

伊朗第一部水法于 1982 年推出，根据该部法律，能源部负责分配和发行家庭、农业、工业用水的许可证，农业部负责分配农业用水并收取水费，水资源和废水公司负责家庭用水的分配并收取水费。

（二）水政策

1. 水价与排污费制度

2019 年，联合国教科文组织专家表示，伊朗水资源高消耗和浪费的主要原因之一是向居民、工业企业、农民出售的价格过低。伊朗政府对用水进行了大幅补帖，政府向消费者提供 1t 水的成本约 25 美分，消费者只需付成本的 40%。

2. 水权与水市场

伊朗最早的水权法是关于怎样在农民间分配坎儿井的水。现在在伊朗传统灌溉系统中，农民依据水权来获得分配的水资源。伊朗水权的特点包括：①水权与土地面积成比；②水权按供水时间进行度量；③水权附属于土地，发生土地交易时，水权自动转移；④水权可以租用和交易。

在伊朗，地下水是私人财产，可以在农民间进行交易，井可以单独出售，坎儿井的使用权归建设和维护者。

七、国际合作情况

伊朗的主要河流均为国际河流，主要湖泊之一的里海也是多国占有，其与邻国的水资源合作较多。伊朗与塔利班政府之前的阿富汗有每年从赫尔曼德（Helmand）河向伊朗引水 8.5 亿 m^3 的协议，但是在 1995—2001 年塔利班当政时期中断。

为了和平获得水资源，伊朗还与周边国家签订了一系列协议，这些协议如下：

(1) 1950 年 9 月，与阿富汗签订《伊阿赫尔曼德河委员会

权限和相关解释声明协议》。

（2）1957 年 8 月，与苏联签订《伊苏共同开发阿拉斯河、阿特拉克河边境部分用于灌溉和水力发电协议》。

（3）1971 年 2 月，与中国、德国等多国签订《1971 年国际湿地及水禽栖息地大会（国际湿地秘书处）及 1972 协议》。

（4）1975 年 12 月，与伊拉克签订《两伊关于边境水资源利用协议》。

（罗琳，范卓玮）

以色列

一、自然经济概况

(一) 自然地理

以色列全称以色列国，位于亚洲最西端，是亚、非、欧三大洲结合处，在地中海的东南方向，北部与黎巴嫩接壤，东北部与叙利亚、东部与约旦、西南部与埃及为邻，西濒地中海，南临亚喀巴湾。

以色列国土呈狭长形，长约为 470km，东西最宽处约为 135km，海岸线长为 198km。可划分为 4 个自然地理区域：地中海沿岸狭长的平原、中北部蜿蜒起伏的山脉和高地、南部内盖夫沙漠和东部纵贯南北的约旦河谷和阿拉瓦谷地。

以色列的气候主要属地中海式气候，一年之中只有 2 个差别显著的季节，4—10 月为干旱夏季，11 月至次年 3 月为多雨冬季。夏季炎热干燥，最高气温为 39℃；冬季温和湿润，最低气温为 4℃左右。以色列多年平均降水量为 435mm，折合水量为 96 亿 m^3。全国大约 70%的降水集中在 11 月至次年 3 月，而 6—8 月降雨很少。降水量空间分布不均，由北向南降水量急剧减少。在以色列最南端，年均降水量少于 100mm。北方的年均降水量超过 1100mm。以色列经常由于风暴而集中大规模降雨，造成洪涝灾害。以色列降水量的 50%～60%在降水时即蒸发了，最终仅有 10%～25%的降水量可被利用。

以色列全国共有 75 个市，2017 年人口为 871.33 万人，人口密度为 402.6 人/km^2，城市化率 92.3%。其中犹太人约占 74.5%，其余为阿拉伯人、德鲁兹人等。

2017 年，以色列可耕地面积为 38.7 万 hm^2，永久农作物面积为9.6万hm^2，永久草地和牧场面积为14万hm^2，森林面积为16.72万hm^2。

（二）经济

以色列是中东地区工业化、经济发展程度最高的国家，是中东地区唯一的发达国家。以色列实行混合型经济，以知识密集型产业为主，高附加值农业、生化、电子、军工等部门技术水平较高。以色列农业发达，科技含量较高，其滴灌设备、新品种开发举世闻名。农业组织结构以莫沙夫和基布兹为主。主要农作物有小麦、棉花、蔬菜、柑橘等。粮食接近自给，水果、蔬菜生产自给有余并大量出口。以色列工业主要发展能耗少、资金和技术密集型产业，注重对科技研发的投入。工业部门门类集中在高新技术产业及宝石加工行业，在电子技术、计算机软件、医疗设备、生物技术、信息和通信技术、钻石加工等领域达到世界尖端水平。旅游业在以色列经济中占重要地位，是外汇的主要来源之一。以色列幅员虽小，但有独特的旅游胜地和众多的名胜古迹，每年吸引数以百万计的游客游览观光。

2017年，以色列GDP为3533亿美元，人均为4.05万美元。GDP构成中，农业占1%，采矿、制造和公用事业占15%，建筑业占6%，交通运输业占12%，批发、零售和旅馆业占12%，其他占54%。

2017年，以色列谷物总产量为22万t，人均谷物产量约为25kg。

二、水资源状况

（一）水资源量

以色列实际水资源总量为17.8亿m^3。境内水资源总量为7.5亿m^3，其中境内地表水资源量约有2.5亿m^3，境内地下水资源量约5亿m^3。境外流入的实际水资源量估计为3.05亿m^3，其中有1.6亿m^3来自叙利亚（包括来自哈斯巴尼的1.38亿m^3），有1.25亿m^3来自黎巴嫩，0.2亿m^3来自约旦河西岸。每年流入以色列的地下水资源量估计为7.25亿m^3，其中3.25

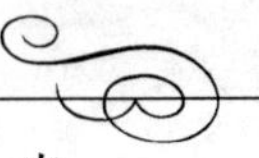

亿 m^3 来自约旦河西部，有 2.5 亿 m^3 来自叙利亚，1.5 亿 m^3 来自黎巴嫩。2017 年，人均境内实际水资源量和人均实际水资源量分别是 $90m^3$/人和 $213.9m^3$/人。以色列水资源量统计见表 1。

表 1　　以色列水资源量统计简表

序号	项　目	单位	数量	备　注
①	境内地表水资源量	亿 m^3	2.5	
②	境内地下水资源量	亿 m^3	5	
③	境内水资源总量	亿 m^3	7.5	③=①+②
④	境外流入的实际水资源量	亿 m^3	10.3	
⑤	实际水资源总量	亿 m^3	17.8	⑤=③+④
⑥	人均境内实际水资源量	m^3/人	90	
⑦	人均实际水资源量	m^3/人	213.9	

资料来源：FAO 统计数据库，http：//www.fao.org/nr/water/aquastat/data/query/index.html。

（二）河流和湖泊

以色列降水较少，地表水较为缺乏，稍具规模的河流和湖泊只有约旦河（Jordan River）及加利利海（Sea of Galilee）。

约旦河源于叙利亚境内的赫尔蒙山，向南流经以色列，在约旦境内注入死海，全长为 360 多千米，它是世界上海拔最低的河流。约旦河每年平均流量约为 6 亿 m^3。约旦河水对以色列灌溉具有重要意义。

加利利海是以色列唯一的天然淡水湖泊。加利利海周长为 53km，长约为 21km，宽约为 13km，总面积为 1.66 万 m^2，最大深度为 48m，低于海平面 213m，是地球上最低的淡水湖，世界第二低湖泊（仅次于咸水湖死海）。它为以色列提供了 1/3 的生活、农业和工业用水，每年约有 4.5 亿 m^3 通过国家输水系统输送至全国。

三、水资源开发利用

（一）开发利用与水资源配置

以色列主要采取以下措施进行水资源开发利用和配置：①通

过国家输水系统调水，在全国境内统一配置水资源，将东北部加利利海淡化后的水输送至人口高度集中的中部和干旱的南部地区，缓解了制约这些地区发展的主要限制因素。②大幅度利用海水、回用污水，海水淡化量近5.9亿m^3，占到全国生活用水总量的60%；再生水利用量为5.2亿m^3，是世界上废水回收利用率最高的国家。③先进喷灌和微灌等农业节水灌溉技术已全部代替了传统的地面灌溉方式，滴灌技术将水的利用率提升至80%以上，居全球灌溉技术首位。得益于水资源的合理配置和先进的节水技术，以色列从根本上解决了生活生产用水问题，在60%国土为沙漠的条件下实现了粮食生产自足有余。

以色列拥有加利利海、沿海含水层和山区含水层三大蓄水区域和水源地，现年供水能力为14.44亿m^3。加利利海是以色列唯一的天然地表蓄水库，总容量为40多亿m^3，一般年份以色列从加利利海取水为4亿～5亿m^3。山区含水层总产水量约为6.5亿m^3，主要靠打井提水（最大井深已达1600多米）。沿海含水层绵延120多千米，总产水量约3亿m^3。

2017年，以色列用水量达到23.04亿m^3，比2002年增加了26%，农业用水、工业用水、城市生活和市政用水占比分别为54%、3%、43%。以色列全部人口解决了饮水安全问题。

（二）水力发电

以色列的水电蕴藏量较小，技术可开发量不到1万kW，已开发量约占技术可开发量的70%。所有小水电站的总装机容量为0.66万kW。全国约0.1%的电力由水电站生产。另外规划了3座小电站，总装机容量0.24万kW，其中，索雷克（Sorek）电站装机容量为0.18万kW，斯奈尔（Snir）电站装机容量为250kW，梅戈兰（Meigolan）电站装机容量为300kW。

（三）灌溉与排水

1. 灌溉面积

2017年，以色列实际灌溉面积为20.89万hm^2。其中，薯类种植面积占10%，蔬菜种植面积占29%，水果类种植面积占

38%，其他作物种植面积占23%。

2. 灌溉技术

面临水资源短缺困境，以色列自20世纪50年代初就致力于灌溉技术领域的投入与研究，尤其是第4代和第5代的滴灌、喷灌系统等新型节水技术的应用，减少了水分的蒸发和渗漏，提高水资源利用率，扩大了以色列可耕地面积。采用计算机控制的滴灌方式通过埋在地下的湿度传感器来传回有关土壤湿度的信息和检测植物的茎和果实的直径变化，来决定对植物的灌溉间隔。滴灌也给施肥技术带来了极大的变化，它创造了全新的水肥一体化灌溉。另外，以色列掌握了埋藏式灌溉技术、喷洒式灌溉技术和散布式灌溉技术等先进技术。

以色列的污水回收处理也是增加灌溉水资源的有效手段。污水处理灌溉已作为国家的一项基本政策实施，采用最新的生物污水处理技术，即“生物质载体”设备，给细菌提供生长空间，利用它们消耗掉生物垃圾。处理后的再生水通过指定输水管线，导入几十个分布于南部内盖夫沙漠用于农业灌溉的水库之中。据统计，在污水回收方面，以色列87%的污水经过处理后用于农业灌溉，约占全国农业用水总量50%。

四、水资源保护与可持续发展状况

（一）水体污染情况

以色列面临着水污染的挑战，但近年来水体污染逐渐减轻。由于其一些支流的河水被用作灌溉或发展渔业，使氮、磷等营养物质随流域内地表径流汇入约旦河和加利利海，导致着全流域总流量减少、水质变差。为了改善水环境质量，以色列采取了多项措施。自2000年，入河污染物排放量显著降低，其中总氮减少了20%，有机物减少了40%，总磷则减少了70%。

（二）水污染治理

以色列不断提高污水排放标准和加强水污染治理。在1992年，以色列卫生部制定了一项污水卫生附加标准，有助于降低使用污水带来的环境与健康影响。在2010年，环境保护部制定了

新的标准，取代了1992年污水处理排放标准，该标准规定了36个指标项限值。以色列构建供水与污水处理管理体系，加强水污染治理。为提高用水效率并真实反映水价和控制污染，以色列于2001年颁布了关于供水和污水处理公司的相关法律，把隶属于政府职能的供水和污水处理职责分离，组建市政供水和污水处理公司。公司为政府所有，以企业化方式进行运营，其职能是管理供水和污水处理系统，并通过公司收益来维护供水和污水处理系统，由国家水务局对其统一监管。

五、水资源管理

2006年之前，以色列水资源管理的权限分散在各个政府职能部门。其中，能源部负责水资源总体管理，农业部负责农业用水的分配和定价，环境保护部负责水质标准制定，卫生部负责饮用水水质管理，财政部负责水价和水利投资，内政部负责城市供水。另外，经济与工业部是历年以色列水技术与环境博览会的主要政府支持机构之一。

2007年，以色列政府对水资源管理职能进行优化调整，将分散在不同部门的水资源管理职能统一划拨到了新组建的国家水务署（能源部下属部门），其成员来自原水委员会及合并前的相关水资源管理部门。国家水务署统筹管理全国水资源和水循环工作，另设有一个跨部门的理事会，由财政部、能源部、环境保护部和内政部的资深代表担任理事，在署长的领导下开展工作，同时指导并监督国家水务署的运作。署长是以色列议会任命的国家公务员，对能源部及议会负责，任期五年。

以色列有两家国营水利公司：一个是国家水规划公司，主要负责国家和各个地区的水利工程设计；另一个是以色列国家水务公司（Mekorot）。

六、水法规与水政策

（一）水法规

由于淡水资源极度匮乏，以色列对水资源的监管较为严格。

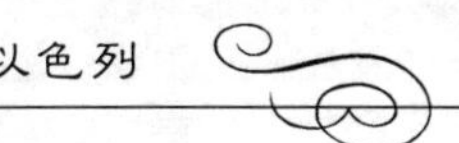

自1959年以来，以色列出台了多部专门法律法规，建立了以《水法》为核心，以《水井控制法》《水计量法》等为辅助的水资源法律体系，共同维护着水资源的良性发展。

《水法》规定：水资源管理是国有化的公共事业，是目前的税政策和水资源管理的基础；水资源是国有资产，包括废水和可用于生产的径流水资源，土地所有权人不拥有该土地上的水资源。1971年，以色列对《水法》进行了修订，增加了关于水污染的条款。为进一步保护水环境质量，在1991年《水法》修订案中又增加了水污染防治内容。

此外，以色列相继出台地方关于水资源管理的法规。1962年出台的《地方政府污水管理法》规定了地方政府在规划、建造和管理污水处理系统中的权利和义务。1965年颁布的《河流和泉水管理机构法》授权环保部门，与地方和内政部门协商后可以建立一个协调机构负责特定河流或水源地的管理。1981年的《公共卫生条例》规定了废水处理的有关内容，并对适用于灌溉废水的农作物列出了具体清单。以色列在相关的法律基础上还制定了许多水污染防治方面的法规。

（二）水政策

为了节约用水和提高水资源利用率，以色列制定了以下水政策。

（1）建立用水配额制。以色列建立了水资源配给制度，明确规定了水资源在优先保障干旱地区生活用水的前提下，确保工业、农业、商业、服务业等行业和领域的配给顺序；明确规定用水权、用水额度、水质控制和水费收取等管理工作和守则；分别对居民生活用水、工业用水和农业用水等行业进行定额配置和按区域划分定额供应区；根据不同作物用水量和面积，核定农业用水定额。

（2）实施阶梯水价。对居民生活用水、工业用水和农业用水均实施阶梯定价，即用水量越大水价越高。同时，通过设置高昂的惩罚性水价抑制低效用水，对用水户超出用水配额的部分收取300％的惩罚性水价，对大幅超配额的用水户停止供水。

（3）建立水资源节约激励机制。为促进再生水的利用，对于再生水采用低廉水价，规定在农业灌溉中使用再生水的水价约为饮用水的一半，对农业用水进行补贴的经费来源为生活用水的高水价。

（4）设置排污许可证制度。在污水排放管理方面，许可证制度是一项重要的管理方法，排污企业必须获得建筑许可证、营业执照或海洋排放许可证，才可以向水体排放污水。许可证要求排污企业遵守相关法规和规定，并可以根据特殊的水质要求额外设置污水排放标准。

（三）节水宣传教育

以色列除了在技术和政策上实施节水用水措施之外，还十分重视节水的宣传教育工作。以色列把节约用水教育列入小学标准课程，让孩子从小就了解水的重要性和稀缺性，培养公民节水意识。在全国综合性媒体、报刊、电视及网络等媒体宣传节水的重要性，例如开展了“从红线到黑线”和“以色列面临干旱”的宣传活动。发布了《家庭节约用水的十项规定》《花园节约用水的十项规定》及《节约用水的建议》等号召公众节约用水。在商场、学校、宾馆等各种公共场所广泛建设节约用水设施，通过节水宣传教育实践活动、志愿者服务等，鼓励引导社会公众自觉参与爱水、节水行动。

七、国际合作情况

以色列在中东地区实施了一系列水外交政策。1993年，巴勒斯坦与以色列签订的《奥斯陆协议》的附件《经济和发展合作议定书》中把水资源合作放在了重要位置，要求以色列向巴勒斯坦加沙地带和约旦河西岸提供淡水资源。1995年，巴勒斯坦与以色列双方达成了《塔巴协议》，以色列承认巴勒斯坦在西岸地区30％水资源的控制权，并在过渡时期向巴勒斯坦提供2860万m^3淡水资源。根据协议，以色列-巴勒斯坦联合水利委员会成立，旨在管理约旦河西岸的水资源和污水设施，负责水利基础设施的维护和新建工作。1994年，《约旦-以色列和平条约》中双

方就水资源等 7 个问题达成协议。

以色列与世界各地多个国家开展水资源合作。20 世纪 50 年代后期开始，以色列开始和一些非洲国家在水技术和灌溉领域开展合作；2014 年，以色列政府与美国加利福尼亚州签署了合作协议；2017 年，以色列与印度正式建立水与农业战略合作关系并签署了《水资源保护和饮用水协议》。

以色列与中国签订了一系列关于灌溉技术和水资源管理的合作协议。1995 年和 1999 年，中国水利部与以色列农业部签署节水灌溉科技和水资源管理的合作协议。2011 年 10 月，哈尔滨市政府代表团与以色列企业签订水处理框架协议。2012 年，中以两国财政部签订了农业节水项目财政合作议定书，以色列政府向中国提供 3 亿美元优惠贷款，支持陕西、甘肃、青海、宁夏、新疆五省（自治区）高科技农业节水项目。2017 年，中以两国在北京发表了《关于建立创新全面伙伴关系的联合声明》。

（严婷婷，杨宇）

印　度

一、自然经济概况

（一）自然地理

印度是南亚次大陆最大国家。东北部同孟加拉国、中国、尼泊尔和不丹接壤，东部与缅甸为邻，东南部与斯里兰卡隔海相望，西北部与巴基斯坦交界。东临孟加拉湾，西濒阿拉伯海，海岸线长为5560km。印度大体属热带季风气候，一年分为凉季（10月至次年3月）、暑季（4—6月）和雨季（7—9月）三季。降雨忽多忽少，分配不均。

古印度是世界四大文明古国之一。2019年，印度人口为13.24亿，居世界第2位。官方语言为印地语和英语。印度有100多个民族，其中印度斯坦族约占总人口的46.3%，其他较大的民族包括马拉提族、孟加拉族、比哈尔族、泰卢固族、泰米尔族等。世界各大宗教在印度都有信徒，其中印度教教徒和穆斯林分别占总人口的80.5%和13.4%。

（二）经济与科技

印度独立后经济发展迅速。农业由严重缺粮到基本自给，工业已形成自给能力较强、相对完整的体系。20世纪90年代以来，服务业发展迅速，占GDP比重逐年上升。印度已成为全球软件、金融等服务业重要出口国。2018/2019财年主要经济数据见表1。

主要工业包括纺织、食品加工、化工、制药、钢铁、水泥、采矿、石油和机械等。汽车、电子产品制造、航空和空间等新兴工业近年来发展迅速。2017/2018年印度工业生产指数同比增长3.7%，其中电力行业增长5.1%，采矿业和制造业分别同比增

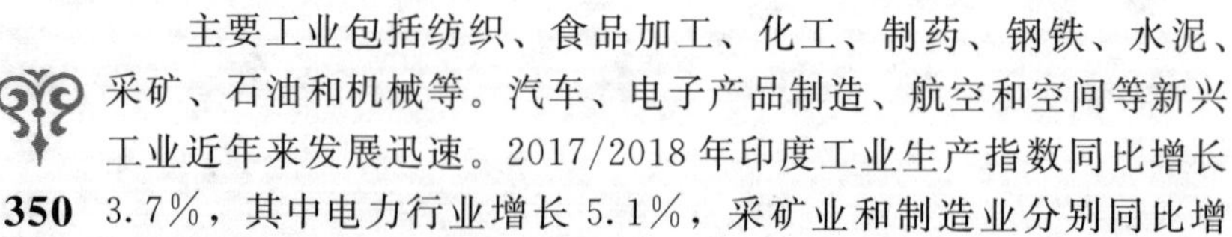

长2.8%和3.8%。

表1　2018/2019财年主要经济数据

经济指标	规模或数值	折合美元
国内生产总值	194.48万亿卢比	约合2.72万亿美元
国内生产总值增长率	6.8%	
人均国内生产总值	145717卢比	约合2038美元
汇率	1美元=71.5卢比	
通货膨胀率	94.62%（2017/2018年平均值）	
外汇储备	320870亿卢比	4486亿美元

资料来源：外交部网站印度国家概况（2019年12月更新）。

二、水资源开发利用与保护

（一）水资源状况

1. 降水

印度的降水量分布不均匀，喜马拉雅山东部和西海岸边的山脉年降水量为4000mm，乞拉朋齐地区年降水量大于1000mm，东部阿萨姆地区为1000mm，在中部和南部的山脉背风坡不到600mm，最干旱的西北部拉贾斯坦和塔尔沙漠及孟买北部固贾拉特年降水量不足100mm。

2. 水资源量

印度多年平均径流量为18694亿m^3；水资源可利用量为11220亿m^3，约占水资源总量的60.0%，其中地表水可利用量为6900亿m^3，约占61.50%；可更新的地下水资源量为4320亿m^3，约占38.50%。布拉马普特拉河（含梅克纳河）水资源量最多，其次是恒河，这3条河的水资源量占印度水资源总量的59.4%，其重要性不言而喻。

3. 河湖

印度的主要河流有恒河、布拉马普特拉河（上游为雅鲁藏布江）、印度河、讷尔默达河、戈达瓦里河、克里希纳河和默哈纳迪河等，其中恒河最长。布拉马普特拉河、恒河和梅克纳河在孟

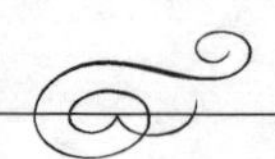

加拉国汇合，注入孟加拉湾。

4. 水能资源

印度水能理论蕴藏量约为3.01亿kW，可装机容量1.49亿kW，经济可开发量（按60%负载系数计）为0.84亿kW，2017年装机容量达0.45亿kW。

（二）开发利用

1. 坝和水库

印度由于大部分地区的年降雨是发生在6—9月的西南季风季节，所以需要修建水库蓄水，以保障全年的用水需求。1947年，印度独立以前，全国只有少数（250座）的蓄水坝，总存储容量约为12km^3。印度独立以后，水资源的开发利用加快，修建了大量的大坝以满足日益增长的人口用水需求。到1990年，已建大坝数量达到了3650座，地表水的存储量也因此从12km^{3}增加到了252km^3。印度最大的水坝为特里水坝，位于印度北方邦、巴吉拉蒂（Bhagirathi）河上，在比伦格纳河汇入巴吉拉蒂河的汇口下游约1.5km处，靠近特里市。工程的目的主要是发电、灌溉和防洪。斜心墙堆石坝，最大坝高为260.5m，水库总库容为35.5亿m^3，有效库容为26.2亿m^3，水电站装机容量为200万kW（其中抽水蓄能装机100万kW）。

2. 供用水量

印度水资源开发利用程度较高，印度拥有世界约1/10的可耕地，面积约1.6亿hm^2，农业灌溉是用水大户，灌溉用水主要依赖恒河水。1997—1998年，全国灌溉用水量为5240亿m^3，占总用水量的83.3%，生活用水占4.8%，工业用水占4.8%，电力用水1.4%，蒸发损失占5.7%。地表水用水量占总用水量的63.4%，地下水用水量占总用水量的36.6%。印度地下水平均开发利用水平为53.2%，其中旁遮普邦为94%，哈里亚纳邦为84%。大约80%的农村生活用水和50%的城市用水依赖地下水。

（三）洪水管理

1. 防洪标准

印度目前规划和设计堤防工程的防护标准大致是：

（1）重要的农业保护区：位于重要江河沿岸的应达到50年一遇，位于其他小的支流沿岸的应达到25年一遇。

（2）城镇防护工程：必须达到100年一遇。

（3）重要的工业设施、资产，以及交通干线：必须达到100年一遇。

2. 防洪政策

遭受了史无前例的巨大洪灾后，印度于1954年出台相关的防洪政策，从那时起，不时为不同的洪水灾害事件而成立了许多机构或组织，并相应提出了一系列的意见或建议。其中一个重大的举措就是成立了全国防洪委员会，该委员会于1980年深入研究了全国洪水管理问题，并在提交的报告中提出了许多重大行动计划的建议，其后出台的《全国水利政策》中包括了洪水管理的指导纲要。2004年，季风季节遭受几场严重的洪灾后，成立了一个特别工作小组对发生洪灾的几个州的洪水问题进行了调查，提出了有关政策调整、机构设置、投资机制、主要工程建设等一系列建议。关于洪泛区区划问题，该特别工作小组建议所有各州都要积极推动洪泛区区划工作，尽快制定并执行各种必要的配套法律和规定，凡洪泛区尚未被蚕食殆尽的要严格执行洪泛区区划工作。

3. 洪水风险管理

印度政府为了确保洪泛区内所允许进行的开发活动在发生洪水时不会遭受严重的灾害损失，需要遵循以下管理规定：

（1）100年一遇以上洪水位或历史最高洪水位以上的区域：可以建设军事设施、工业区、医院、供电、供水、电信交换站、机场、铁路、商业中心等公共设施。

（2）25年一遇洪水位或10年一遇降水影响区域以上的区域可以建设公共机构、政府机构、大学、公共图书馆和住宅区，但是这些建筑物必须与洪水流向成纵向排列或者保证建筑物底部可过水。

（3）容易遭遇常遇洪水的区域可以建设运动场、公园等设施。

（4）紧挨着现有或将来建设的排水设施的区域：属于绿线地带，不允许有建筑物或者进行其他开发活动，以减少这些区域的灾害损失，并为现有设施今后排水能力的提高留有余地。

通过采取各种各样工程与非工程措施，印度40％的受洪水威胁的地区得到了适度标准的防护。洪水预警是印度目前最广为运用的洪水管理非工程措施。印度全国水利委员会负责全国主要江河流域的洪水预警工作，这项工作由于采用了许多世界上先进的科技成果而变得日益现代化。尽管全国水利委员会已经为部分受洪水威胁地区准备了高密度等高线测绘图，并且起草了国家洪泛区区划行动计划，但目前全国洪水风险图制作和全国洪泛区区划工作尚未取得实质性进展。印度水利部经常委任各个工作小组、防洪委员会或者特别工作组提出建设性的意见，并对已经执行的各项措施进行回顾和反省。

（四）水力发电

1. 水电开发程度

印度第一座水电站于1897年完工，在大吉岭河上，由当地市政府承建，用于当地城镇照明。1978年1月30日由西孟加拉邦电力委员会接管。此电站仍在运行中。从1897年（即水电发展的早期阶段）直到印度独立，水电发展速度缓慢。独立后，水电所占份额有了长足的发展。从1947年年底的37.31％上升到1962/63年的最高值50.62％，之后呈持续下降状态。从1970年到2006年，由于火电站的增容扩建，水电所占比例从44％下降到25％，并且还有进一步的下降趋势。印度国内普遍认为，水火电的理想比例是4∶6，水电比例过低将直接导致电力系统设备负荷系数降低，使装机容量不能得到充分利用。印度典型的水电工程可以分为3大类：水库式、径流式和抽水蓄能发电方式。印度在东部三条河流上建成水电站10多座，总装机容量达到729.9万kW，在西部三条河流上已建成水电站总装机容量为186.5万kW。这些大坝基本上都主要用于发电和引水等目的。

2. 水电站建设

20世纪90年代电力部门开放之后，水电所占比重从

28.38%下降到第 8 个五年计划末的 25.46%，又进一步降到第九个五年计划末的 25.03%，第九个五年计划期间，水电的装机容量只增加了 453.8 万 kW，远未达到 981.5 万 kW 的目标。到 2007 年，水电总装机容量达到 3700 万 kW。在电力总消耗中，农业占 27%～28%，民用占 17%。政府长期的目标是将水电的装机容量占总装机容量的比例由现在的 24.95%提高到 40%。尽管 1992 年以后水电部门已对私人投资开放，但除了马拉那（Malana）、巴斯帕（Baspa）和马赫斯赫瓦尔（Maheshwar）工程，很少有实质性私人投资。意识到这一情况，政府重新加强了中央公共事务部门的作用并增加了对水电有关部门的拨款。这种势头在将来还将持续，部分原因是对快速发展水电的迫切需求。

印度水电资源大多分布在北部和东北部地区。中央电力局（CEA）的资料显示南部和西部地区的水电资源已经开发或者正在开发，而潜力很大的北部和东北部地区还没有开发。未来一段时期，考虑到北部地区具有巨大的水电资源和不合理的水电-火电比例，导致电网运行不经济和存在非常大的峰荷缺口，在北部地区大规模开发水电资源势在必行。

（五）灌溉与水土保持

1. 灌溉

在英国统治之前，印度主要是从河流或其他自然水源引水灌溉，完全由农民自己管理。有些灌溉系统一直使用到今天，像西印度部落的“PHAD”灌溉系统的渠道是在维加雅那噶（Vijayanagar）帝国时期兴建的。

自 1947 年 8 月印度独立以来，政府对粮食自给格外重视，在国民经济中连续安排、兴建了各种水利工程，如灌溉、防洪、水电、供水等。印度是农业大国，土地私有，多数农民拥有的土地规模较小，水资源管理对众多中小农户有重要作用。印度的年降水总量约为 40000 亿 m^3，其中 18700 亿 m^3 形成地表径流。由于地形等条件限制，可利用量仅为 6900 亿 m^3，估计可回补的地下水量为 4320 亿 m^3，因此，全国可用水量总共约为 11300 亿 m^3。1947 年至 2000 年左右，印度可灌溉面积从 2200 万 hm^2 增

加到 9000 万 hm^2。耕地面积为 1.42 亿 hm^2。粮食产量从 5000 万 t 增加到 2 亿 t。

2. 水土保持

由于气候和人类活动的影响，印度各地均存在不同强度和类型的土壤侵蚀。全国年均土壤侵蚀强度约为 $1650t/km^2$，相当于每年流失 1mm 深的土壤，远高于全国土壤侵蚀允许值 450～$1120t/km^2$。全国每年因土壤侵蚀而流失的土壤和水分分别达 53.36 亿 t 和 180 亿 m^3，损失土壤养分 600 万～1000 万 t。

由于长期无计划的土地开垦和人为破坏，农业用地的土壤侵蚀最为严重。全国每年由农业及其耕作活动造成的土壤侵蚀量高达 53.34 亿 t。其中，29％入海，61％淤塞在沟道、湖泊和河道，10％沉积在水库中，给生态环境造成极大的破坏。

印度的土壤侵蚀防治始于 20 世纪 50 年代初，在实施中采取由发起部门牵头，有关邦州政府机构、非政府组织、国际资助机构和社区共同参与，以流域为单元，按项目管理的体制实施。涉及的部门机构可分为国家层和邦州层。其中，国家层包括农业部、联邦农村开发部、环境和林业部、联邦计划和实施部及流域综合开发项目；邦州层包括邦政府、林业部门、水保部门、农林院校、资源管理机构及农村发展署等。

印度土壤侵蚀防治的主要途径是小流域综合治理。经过多年实践，印度在小流域治理方面开展了大量工作、投入了大量资金，在防治土壤侵蚀、渍涝和盐碱化方面取得了明显的成效。印度的小流域治理始于 20 世纪 50 年代，1956 年在台拉登（Dehradun）组建了国家水土保持研究和培训中心，由此开始了最早的小流域开发治理工作。1994 年农业开发部颁布了《小流域开发导则》，2001 年出台了新的流域发展计划指导原则。自开展流域治理以来，印度政府相继启动了国家流域发展计划（National Watershed Development Program in Rainfed Area）、综合流域发展项目（Integrated Watershed Development Program）、轮种区流域开发项目（Watershed Development Project for Shifting Cultivation Areas）等流域治理项目，并陆续在 4400 个小流域内得到实施。印度的流域治理项目包括国家、邦州、县市及非政府组织等多个层次。在一系列流域发展计划实施的过程中，通过确定合理的土壤侵蚀防治措施进行对位配置，有效地防治了土壤侵蚀。

此外，还开展了河谷整治工程（River Valley Project）、易洪江河治理计划（Flood Prone River Program）、易旱区域计划（Drought Prone Area Program）和综合荒地发展计划（Integrated Wasteland Development Program）等一系列水土保持专项计划，显著减少了土壤侵蚀和河道泥沙淤积。印度政府十分重视建立水土流失治理示范区和培训中心，并直接向农民推广治理技术。中央政府在拉贾斯坦邦（Rajasthan）建立了世界银行水土保持贷款项目区和国家级项目区，在世界银行专家和农业专家指导下开展工作，项目管理由邦政府负责。这些示范项目和示范区对提高民众水土保持意识和技能发挥了重要作用。

（六）水资源与水生态保护

1. 水体污染情况及地下水超采

由于未经处理的工业废水和生活污水排放、化肥和农药的施用，导致印度几乎所有的河流都受到污染。2003 年印度生活污水处理率仅为 26.8%、工业废水处理率为 60%，工业污染是主要污染源。印度河流有 14%的统计河长为严重污染、19%的河长为中度污染，主要污染物有氟化物、砷、铁、硝酸盐和氯离子等。印度有 14 个邦的 69 个区氟化物超标；西孟加拉邦恒河平原的 6 个区砷超标；13 个邦的 40 个区地下水中发现含有重金属。恒河是印度最大的流域，养育着全国近 40%的人口。由于人口增长和工业生产活动，恒河面临严重的水污染问题，影响沿岸亿万民众的身体健康和生物多样性。即使印度政府采取了“恒河行动计划”控制河流污染和改善水质，但实际仅处理了约 35%的污染负荷，收效不大。

印度超过 2000 万的农民依赖地下水灌溉种植农作物，在过去 20 年中，新增的农业灌溉面积，84%依靠地下水进行灌溉。在泰米尔纳德邦，由于农业灌溉严重超采地下水，近 10 年地下

水位已下降25～30m。包括首都新德里在内的印度西北部拉贾斯坦邦、旁遮普邦、哈里亚纳邦等地（约43800km^{2}的地区）地下水水位平均每年下降0.3m。印度在全国5723个评价单元中，有839个评价单元地下水超采，占14.7%；还有226个评价单元处于临界状态；550个评价单元处于半临界状态（指地下水开发利用率在70%～100%）。地下水超采导致许多地方区域地下水位下降，尤其是沿海地区。沿海地区还因地下水超采造成海水入侵，导致地下水环境恶化。

2. 水质评价与监测

恒河流域面积占印度总面积的1/4以上，是该国最大的流域。印度境内的流域面积占恒河流域总面积的80%左右。恒河北邻喜马拉雅山脉，西靠阿拉瓦利（Aravalli）和分隔印度河流域的山脊，南接温迪亚山和乔塔纳格布尔高原（Vindhyas and Chhotanagpur），东靠布拉马普特拉山脊。

生活污水主要来自大城镇，尤其是Ⅰ类城市（人口超过10万人）和Ⅱ类城镇（人口5万～10万人），它们是河流的主要污染源。小镇和村庄一般没有太多的污水。流域内有179座Ⅰ类城市，148座Ⅱ类城镇。最近由中央污染控制局（属印度政府）实施的Ⅰ类城市和Ⅱ类城镇的污染情况调查（2006年）表明，约有122.22亿L/天的污水注入恒河，但处理设备的能力仅为40.5亿L/天。因此，污水接纳和处理能力极不相适应。

在沿河及支流的20个位点，均设置了专门的仪器进行水质监测，流域范围的湖泊、运河和排水管等处，由北方邦、比哈尔邦、孟加拉邦、拉贾斯坦邦、中央邦的邦污染控制局进行水质监测；还有101个位点由中央污染控制局（CPCB）进行监测。监测数据以月为周期进行分析，并将其结果公布在网站上。CPCB也定期公布印度年水质统计报表。

3. 水污染治理

根据印度宪法规定，生活污水的处理是城镇地方管理机构（ULBs）的责任。但是，由于财力物力不足，他们无法履行这种职责，因此大量未处理的污水直排入河，造成重大的污染。印度

政府启动了恒河行动计划（GAP），以帮助 ULBs 在沿恒河的 27 个重点城镇建立污水处理厂来恢复其水质。在 GAP 的第 1 阶段，污水处理能力达到 8.7 亿 L/天。随后在 GAP 的第 11 阶段，在沿河的 48 座较小城镇中，污水处理能力增加了 1.3 亿 L/天。同样，根据亚穆纳河的行动计划（YAP），其污水处理能力原为 7.2 亿 L/天；为恢复亚穆纳河的水质，印度政府将其污水处理能力提升了 23.3 亿 L/天。但由于城镇化的快速推进，这些措施还不足以达到恒河水质净化的目标。此外，由于需水量的急增及地表和地下水的过度开采，造成了多地区的缺水，这是一个值得关注的严重问题。为了有效使用污水处理设备，污水处理厂的高效运转很重要。由于资源缺乏，根据 GAP 或 YAP 设立的污水处理厂，在大多数情况下都得不到有效利用，因而河流水质也未能得到明显改善。因此，需要进行水资源综合管理规划，而不是单纯地配备污水处理设施。

三、水资源管理

（一）管理模式

印度是一个地方政府拥有水资源开发和管理职责的联邦国家，中央层面设立国家水资源理事会、水利部等机构。1987 年，国家水资源理事会发布了《国家水政策》。该政策强调以流域或子流域为单元来进行水资源规划，并在考虑了地区或流域需水量后，按照国家远景规划实施跨流域调水工程，以解决境内水资源时空分布不均问题。这一水政策在其后的实践中产生了许多问题和挑战，因而水资源理事会在 2002 年对这一政策进行了修订和完善。新的国家水政策明确水资源是国家稀缺和宝贵的资源，政策内容十分广泛，包括信息系统、水资源规划、体制机制、水资源配置优先顺序、饮用水、工程计划、地下水开发、水费、水质、水资源保护、水资源参与管理、跨邦界河流管理、防洪抗旱、科研培训等 25 项与水有关的内容，是水资源综合管理的纲领性文件。

（二）管理体制、机构和职能

印度宪法赋予各邦开发其境内水资源的权利，也赋予联邦政

府按法律规定的范围调节和开发跨邦河流的某些权利。不过，事实上，联邦政府允许各邦自行处理跨邦河流的水问题，因此，主要是在邦内进行水资源开发的规划与实施。至于跨邦河流调节的这一部分权利，则通过中央水利委员会（CWC）和规划委员会对水资源开发和管理项目实行鉴定和审批程序来履行。

德里国家首都辖区位于恒河冲积平原，辖区包括 3 个直辖市，即德里、新德里和德里坎登门。德里是人口最为稠密的地区，2003 年人口达到 1400 万人，从而成为继孟买之后的印度第二大城市。德里的供水由德里水委员会（DJB）管理。2006 年，DJB 向德里提供的水量达到 29.58 亿 L/天，缺口部分则通过公私经营的管井或者手动泵来弥补。DJB 的主要水源有 3 处，分别是巴克拉运河（供水 10.92 亿 L/天）、亚穆纳河（供水 10.42 亿 L/天），以及恒河（供水 4.55 亿 L/天）。随着地下水水位的不断下降和人口密度的不断增加，德里水资源短缺问题日趋严重。德里每日产生的固体垃圾为 8000t 左右，产生的生活污水达到 21.39 亿 L/天，工业污水达到 3.19 亿 L/天，大量污水未经处理而直接排入亚穆那河。德里地区的污水处理厂总共有 30 座，其中有 3 座不能正常工作，污水处理总能力为 23.3 亿 L/天。

四、水法规与水政策

（一）水法规

水资源冲突、地下水资源耗竭、饮用水安全等问题在印度日益突出，印度水资源法律制度一直在进化，逐渐形成了一套较为完整的水资源法律制度体系。印度水资源法律制度主要由国际条约、联邦和各邦法案三大部分组成，包括了水资源相关政策、习惯性规则和条例在内的正式或非正式文件，判例即法院指令也是印度水资源法律制度的渊源。印度现有水法框架实际上是大量法律法规、规范、原则、规则及案例的共存体，不仅包括了近年来颁布的有关水质及人权规定的法案，也包括了习惯法原则以及从殖民时期留下的灌溉法制度。

1945—1980 年，在上述国内外因素的共同作用下印度水资

源法律制度发展迅速。1949年通过的印度宪法为印度水资源法律制定奠定了宪法基础，继而在第一个五年计划中明确提出了水资源管理与保护目标，此后大量重要的水资源基础法律制度及政策陆续颁布实施。例如：《邦际河流水事纠纷处理法案》（1956年）、《河流委员会法案》（1956年）、《地下水模型议案》（1970年）、《水污染防治与控制法》（1974年）、《水污染事务处理程序细则》（1975年）、《水污染防治与控制税法》（1977年）、《"国家饮用水使命"政策》（1986年）、《国家水政策》（1987年）等。《水污染防治与控制法》与《水污染防治与控制细则》是印度迄今为止水资源法律制度中最主要的两部法律。在此阶段印度同时大力开展《国家饮用水供水计划》（1969年）、"加速农村供水计划"（1972—1973年）等政策性项目，至20世纪80年代印度水资源管理政策及法律法规建设已初具规模。

而在之后的30年（20世纪80年代末至21世纪初），印度水资源法律制度进入了调整、巩固和加强阶段。例如：1988年对《水污染防治与控制法》进行修改，1991年将"国家饮用水使命"进行了调整并重新命名，于1992年、1996年、2005年对《地下水模型议案》进行了重申，1994年宪法修正案对饮用水管理责任进行修改，2002年及2012年分别在1987年《国家水政策》的基础上提出了新的水资源综合管理政策。此阶段印度水资源法律制度基础理论及具体法律政策进一步调整、丰富与完善，逐渐形成了一套较为完整的水资源法律制度体系。

（二）水政策

1. 水价制度

印度是个水资源短缺的国家。在农业方面，耕作总面积约为1.80亿hm^2。自独立以来，为了实现粮食自给自足及增加农民的收入，印度政府一直鼓励扩大农业灌溉耕地面积，农业灌溉用水占印度用水总量的80%以上。印度《国家水政策》规定，征收农业灌溉水费的目的是回收水利设施的运营和维修成本，以及一定比例的工程投资成本，但是这个比例没有详细的说明。同时该法律对用水优先权的规定从高到低依次为：生活用水、工业用

水、农业用水和水力发电。在执行的过程中各邦往往根据自身的实际情况做出相应的调整，这主要由于印度的水资源管理实际上是由各邦负责和承担的。

印度的农业用水成本主要由两大部分组成：①水利设施的运营和维修成本；②水利设施的部分投资成本。同时，为了减轻农民负担，促进农业的稳步发展，印度法律也规定水费不得超过农民净收入的50%，一般控制在5%～12%。农业水费以作物面积以及作物种类为基础进行征收，对不同作物征收不同的水价，以此为基础，再依据作物面积来计收水费。但是，由于计量设施的不完善，印度农业水费的征收基本上没有明确按用水量进行计算，而是以作物种类粗略估算灌溉水量，每立方米水的价格从0.02到0.63美分不等，而每立方米水的产出大概为10～20美分。因此，若印度维持当前的水价水平，那么水费计收对农业灌溉用水量的影响是很小的。

为了鼓励农业发展，实现粮食的自给自足，印度政府通过多种途径对农业灌溉用水水价进行补贴。首先是对灌溉水利工程的投资，投资比例随工程规模的大小而异；其次是对大型工程运营和维修成本的补贴，有的甚至高达年费用的80%；再次，对于农户自己抽水进行灌溉的地区，政府对柴油、灌溉用电等进行补贴，对生活在贫困线以下的农户可免费使用灌溉用电；除此之外，印度政府还鼓励银行以低于正常水平的利息向水利工程提供贷款。

2. **水权与水市场**

虽然印度宪法没有明确规定公民的水权，但印度最高法院根据印度宪法第21条承认水资源权利是生命权的一部分，可适用于与生命相关的各个方面，印度最高法院指令已经将生命权扩大到包括了一些其他人类生活的重要方面，如水、空气、健康、环境和房屋等。印度高等法院在很多案件中已确认了水权的可裁判性。推理如下：行政机构不能被准许用损害宪法第21条下的基本权利的方式来行使职责。人的生命权不仅仅是生存权，它的属性是多重的，就像生命本身一样。人的需求的优先次序和新的价

值系统在该领域已经被承认。淡水权和丰富的空气权是生命权的本质属性，因为这些是维持生命本身的基本元素。

3. 节约用水

过去 30 年间，通过不同生态农业区大、中型灌区的 21 个网站，依托全国水资源管理合作研究项目，印度在水资源管理技术开发方面做了大量的工作。多年来，先后开发了适合谷类、油料作物、高耗水作物的最优灌溉制度及其耕作顺序等方面的田间水资源管理技术，改进了地面灌溉、微灌方法及水肥间的相互作用。上述管理技术促进了灌溉发展，实现了田间节水，提高了水资源利用效率。项目区在印度 11 个大、中型灌区中各选择 1～2 个支流灌区，进行水资源管理技术干预和专项技术试验，取得了相当大的成功。农民的节水意识增强，灌溉方式正在由传统的大水漫灌向渠道配水到田间的灌溉方式转变，并在逐步种植低耗水作物。

4. 投资与偿还

电力工程（含水电工程）主要通过以下渠道融资：

通过国家水电有限公司和其他中央公用事业单位，政府向中央电力部门提供资本金。政府也采取了一系列其他激励措施来促进电力事业的发展。

邦政府和邦公用事业单位提供邦属水电项目的资本金，它们与印度独立电力生产商（IPPS）签订售电合同，并提供信托资金和其他担保。

印度和海外的投资者为私营水电项目提供资本金；中央、邦属或私人项目的资本金通常需达到 30%。

一旦资本金到位，电力金融公司和印度其他开发金融机构将为项目融资提供卢比贷款。印度商业银行和其他金融机构也逐渐为电力工程提供贷款。国内贷款者一般提供项目 40%的资金，在某些情况下，它们也提供外汇贷款。

出口信贷机构，双边组织和其他国际商业银行提供外币贷款或担保。一般占到项目成本的 30%。

除了直接的财务支持，中央政府已开始采取一系列激励措施

来促进电力项目的发展。

五、国际合作情况

印度河流域跨越中国、印度、巴基斯坦和阿富汗4国，是南亚地区重要的国际河流之一，也是该地区开展国际合作最早的河流。特别是于1960年达成的《印度政府、巴基斯坦政府和国际复兴开发银行关于印度河的水条约》（以下简称《印度河水条约》），一直被视为是南亚地区目前最完善的水条约典范。印度河流域大部分处于干旱半干旱地区，对印度、巴基斯坦两国干旱区灌溉农业发展和水电资源利用极其重要。《印度河水条约》签署后，印度、巴基斯坦两国都进行了大规模的水资源开发利用，目前在克什米尔地区该河流的开发利用产生了一些新的纠纷，引起了国际社会的普遍关注。

印度通过《印度河水条约》，在东部支流修建了大量综合利用水利枢纽工程。据不完全统计，在20世纪，印度在印度河水系上共修建了17项引水灌溉工程，引水干渠总长达到3400多km，灌溉面积达到913万hm^2。其中于1978年建成的比亚斯河-萨特莱杰河调水工程，年调水量达47亿m^3，供印度3个邦灌溉约53万hm^2的干旱土地；20世纪80年代至世纪末又建成自萨特莱杰河向西南部沙漠地区引水的拉贾斯坦运河灌溉工程，运河干线长为469km，跨流域调水量每年达到250亿m^3，可灌溉210万hm^2荒漠和半荒漠土地。印度东部三条河的水量现都已得到有效控制和利用。

（李佼，杨宇）

印度尼西亚

一、自然经济概况

(一) 自然地理

印度尼西亚全称印度尼西亚共和国，位于亚洲东南部，地跨赤道，与巴布亚新几内亚、东帝汶、马来西亚接壤，与泰国、新加坡、菲律宾、澳大利亚等国隔海相望。国土面积为191.36万km^2，是东南亚国家中面积最大的国家，陆地面积为190.04万km^2。

印度尼西亚由太平洋和印度洋之间大小17508个岛屿组成，为全世界最大的群岛国家，素称“千岛之国”。它是一个多火山与地震的国家，共有火山400多座，其中活火山100多座。

印度尼西亚是典型的热带雨林气候，年平均温度为25～27℃，无四季分别。北部受北半球季风影响，7—9月降水量丰富，南部受南半球季风影响，12月至次年2月降水量丰富。印度尼西亚多年平均降水量为2702mm，折合水量为51630亿m^3。各地区降水分布不均匀，比如在努沙登加拉群岛东部年降水量不足1000mm，而苏门答腊岛西部、加里曼丹岛西部和爪哇岛部分地区的年降水量超过了3500mm。

印度尼西亚共有34个一级行政区（省级），首都是雅加达。

2017年，印度尼西亚人口约2.65亿人，是世界第四人口大国。城市化率为54.7%，人口密度为146人/km^2。印度尼西亚拥有100多个民族，其中，爪哇族占总人口的45%，巽他族占14%。民族语言共有200多种，官方语言为印度尼西亚语。约87%的人口信奉伊斯兰教，是世界上穆斯林人口最多的国家。

2017年，印度尼西亚可耕地面积为2630万hm^2，永久农作

物面积为 2500 万 hm^2，永久草地和牧场面积为 1100 万 hm^2，森林面积为 9033 万 hm^2。

（二）经济

印度尼西亚是东盟最大的经济体。农业是印度尼西亚重要的产业。粮食作物是种植业的基础部门，其中主要以水稻为主，玉米、大豆及木薯等产值也比较高。经济作物也是种植业发展的核心部门，例如棕榈油产量世界第一，是世界最大棕榈油出口国，天然橡胶、椰子产量居世界第二。渔业资源丰富，政府估计潜在捕捞量超过 800 万 t/年。工业发展方向是强化外向型制造业，主要部门有采矿、纺织、轻工等，锡、煤、镍、金、银等矿产产量居世界前列。旅游业是印度尼西亚非油气行业中仅次于电子产品出口的第二大创汇行业，主要景点有巴厘岛、雅加达缩影公园、日惹婆罗浮屠佛塔、普兰班南神庙、苏丹王宫、北苏门答腊多巴湖等。

2017 年，印度尼西亚 GDP 为 10153 亿美元，人均 GDP 约为 3830 美元。GDP 构成中，农业占 14%，采矿、制造和公用事业占 30%，建筑业占 11%，交通运输业占 10%，批发、零售和旅馆业占 17%，其他占 18%。

2017 年，印度尼西亚谷物产量为 1.1 亿 t。

二、水资源状况

（一）水资源

1. 水资源量

印度尼西亚是一个水资源总量丰富的国家。据世界粮农组织统计资料表明，境内地表水和境内地下水资源量分别达到 19730 亿 m^3 和 4574 亿 m^3，扣除重复计算的水资源量 4117 亿 m^3，印度尼西亚境内水资源总量 20187 亿 m^3（没有境外的流入量），按照 2011 年人口总量计算，人均实际用水资源量约 7839m^3（表 1）。

2. 河流

印度尼西亚河流众多，共有约 5590 条，131 个河流水域。其中，跨国河流流域 5 个，国家河流流域 29 个，跨省河流流域

29个，跨城市河流流域53个，市内河流流域15个。主要河流包括：苏门答腊岛的穆西（Musi）河、巴当哈里（Batanghari）河、印特拉吉利（Hidragiri）河和卡哈延（Kampar）河；加里曼丹岛的卡普阿斯（Kapuas）河、巴里托（Barito）河和马哈坎（Mahakam）河；巴布亚岛的门波拉莫（Memberamo）河和迪古尔（Digul）河；爪哇岛的梭罗（Bengawan Solo）河、芝塔龙（Citarum）河和布兰塔斯（Brantas）河。

表1　　印度尼西亚国水资源量统计简表

序号	项　目	单位	数量	备　注
①	境内地表水资源量	亿 m^3	19730	
②	境内地下水资源量	亿 m^3	4574	
③	重复计算的水资源量	亿 m^3	4117	
④	境内水资源总量	亿 m^3	20187	④=①+②-③
⑤	境外流入的实际水资源量	亿 m^3	0	
⑥	实际水资源总量	亿 m^3	20187	⑥=③+④
⑦	人均境内实际水资源量	m^3/人	7648	
⑧	人均实际水资源量	m^3/人	7648	

资料来源：FAO统计数据库，http：//www.fao.org/nr/water/aquastat/data/query/index.html。

3. 湖泊

印度尼西亚湖泊星罗棋布。苏门答腊的多巴（Toba）湖、马宁焦（Maninjau）湖和辛卡拉（Singkarak）湖、苏拉威西的坦佩（Tempe）湖、托武帝（Towuti）湖、锡登伦（Sidenreng）湖、波索（Poso）湖、通达诺（Tondano）湖和马塔纳（Matana）湖、伊里安查亚的帕尼艾（Paniai）湖和森达尼（Sentani）湖等均为印度尼西亚重要湖泊。其中，苏门答腊的多巴湖最为著名，是印度尼西亚最大的淡水湖，也是世界上最大的火山湖。

（二）水资源分布

尽管印度尼西亚水资源丰富但分布不均，尤其爪哇岛处于水

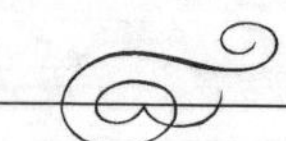

资源危机状态。据印度尼西亚水资源部门报告，爪哇岛需水约为670 亿 m^3，而供水仅约为 440 亿 m^3。相关材料表明，在干旱季节，75%的爪哇岛地区会经历水赤字，未来这种态势可能还会增加。

三、水资源开发利用

（一）开发利用与水资源配置

1. 坝和水库

印度尼西亚已建成 242 座大坝，95%的大坝为政府所有。据相关资料整理了已建的部分大坝：比利-比利（Bili-Bili）大坝、佳蒂格德（Jatigede）大坝、贾蒂卢胡（Jatiluhur）大坝、萨古灵（Saguling）大坝、拉塔（Cirata）大坝、巴克瑞（Bakaru）大坝、贝宁（Bening）大坝等。另外，部分大坝不仅具有发电作用，也承担着防洪和灌溉功能。该国运行中的大型坝有 81 座，水库总库容为 16.97km^3（其中较大 10 座总库容为 14.8km^3），有效库容约为 12.2km^3。

2. 供用水情况

2016 年，印度尼西亚用水总量为 2226.4 亿 m^3，其中农业用水量占 85%，工业用水量占 4%，城市用水量占 11%。人均年用水量为 843m^3。2015 年，印度尼西亚饮水安全人口占比为 87.4%，其中城市饮水安全人口占比为 94.2%，农村饮水安全人口占比为 79.5%。

（二）洪水管理

1. 洪灾情况与损失

洪涝是印度尼西亚每年面临的严重灾害。主要原因是，印度尼西亚降雨的时间和区域分布不均衡；低洼地区容易引起海水倒灌；曲折的河流之间的交汇处形成瓶颈，容易形成涝灾。据相关数据显示，截至 2004 年，涝灾造成了每年约 250 人死亡，0.34 亿～0.68 亿美元的社会经济损失。

2. 防洪措施

面对频繁的洪涝，印度尼西亚实施了相应的防洪工程和非工

程措施。具体如下：①改造和完善河流渠道和修建大坝等水利基础设施来防洪。例如，2004 年以前，政府疏浚河道 300km，修建堤 150km；佳蒂格德大坝、拉塔大坝等大坝不仅用于发电而且也起着防洪和泄洪作用。②新建和改造城市排水设施。③通过建立水位站和雨量站等方式构建洪水预报和预警系统。

（三）水力发电

1. 水电开发程度

印度尼西亚的水电藏储量极为富足。理论水电总蕴藏量达到 21470 亿 kWh/年，技术可开发量约为 4016.5 亿 kWh/年，其中经济可开发量约占 10%。

2. 水电装机容量及发电量情况

2012 年，印度尼西亚全国各类电力总装机容量为 3399.3 万 kW，总发电量达到了 1710 亿 kWh。其中，水电装机容量 525.8 万 kW，水电发电量约 110 亿 kWh，分别占比为 15.5% 和 6.4%。

另外，水电站的开发具有很大的发展前景。印度尼西亚国家电力公司（PLN）于 2012 年 1 月发布的报告表明，印度尼西亚水电站增长潜力空间较大，已确定全国有 96 个地方具有水电站开发潜力，其中 60%将由 PLN 来开发。另外，根据印度尼西亚政府的水电发展规划，到 2028 年，全国将有 79 个水电项目陆续建设，总装机将达到 1236.8 万 kW。

3. 各类水电站建设概况

印度尼西亚已建成多座大小型水电站。据印度尼西亚水电部门统计资料显示，水电站主要集中在苏门答腊岛的西苏门答腊省和北苏门答腊省、爪哇岛的西爪哇和东爪哇省、苏拉威西岛的北苏拉威西和南苏拉威西。水电站的产权多数属于政府，少数属于私人所有。另外，拉塔水电站、萨古灵水电站、穆西（Musi）水电站装机容量较大，分别达到了 100.8 万 kW、70.1 万 kW 和 21 万 kW。

截至 2015 年，相关资料列举了印度尼西亚正在建设的水电站：佳蒂格德水电站、巴塘（Batang）水电站、托伦（Toru）

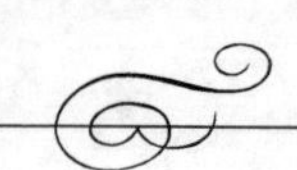

水电站、卡拉马克（Karamak）水电站等电站。这些属于微型水电站，水电站容量为1万～5万kW。规划建设的水电站包括：亚沙汉4（Asahan 4）水电站、卡宴（Kayan）水电站、库山3（Kusan 3）水电站、马莱亚（Malea）水电站等。这些规划建设水电站预计在2020—2028年完成和运行。

（四）灌溉排水与水土保持

1. 灌溉发展情况

印度尼西亚主要依靠地表水灌溉。2017年，印度尼西亚灌溉面积达到672.2万hm^2，其中，地表水灌溉面积达到了665.5万hm^2，占99%；地下水灌溉面积仅有6.7万hm^2，占1%。主要灌溉作物是水稻、玉米、蔬菜、大豆、花生等。

2. 水土保持

从20世纪70年代以来，印度尼西亚实施了一系列的水土保持措施和政策。例如，在爪哇地区，通过改造和完善梯田、边埂、沟壕、小坝等水土保持措施，水土流失得到有效遏制。1988年，实施了水土保持技术措施的政策策略，即农业生产保护贷款计划，旨在控制高地土壤侵蚀、减少河流和水体淤积，改进农民管理自然资源（土地、水资源和植被）的能力。

四、水资源保护与可持续发展状况

（一）水资源及水生态环境保护

印度尼西亚《水资源法》（2004年）第26条第2款规定："水资源开发应当旨在以一种可持续的方式利用水资源，以一种公平的方式优先满足社会生活方面的需求。"

（二）水体污染情况

印度尼西亚城市污水呈现增长态势。根据相关资料报告，在2012年，城市污水达到142.9亿m^3，相比于2002年的城市污水（37.1亿m^3），增长了105.8亿m^3，年均增长率9.6%。

（三）水质评价与监测

河流检测和水质控制是印度尼西亚提高水质的重要措施。具

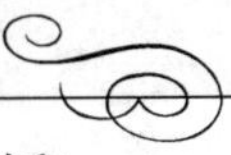

体来说：①建立在线水质检测站，以获取实时数据，进而控制和减少河流的污染；②建造和完善实验性的污水处理厂，作为研究和开发的设施；③建立工业流量站，以检测工业废水排放。

五、水资源管理

（一）管理模式

水资源综合管理是印度尼西亚进行水资源管理的一个行之有效的途径。如印度尼西亚《2004 年水资源法》第 3 条规定："水资源应当以一种全面、综合和环境友好的方式管理。"综合管理主要包括淡水管理和沿海区管理，土地和水管理的综合，地表水和地下水的综合，水资源管理中水质和水量的综合。

（二）管理体制、机构及其职能

印度尼西亚的许多政府部门都参与相关水资源的管理，其任务和职责具体规定在国家立法中。公共工程部和水资源开发理事会负责规划、设计、建设、装备、运行和维护及指导水资源开发；林业部负责是积水区域开发；环境部负责环境质量开发和管理；环境影响评价管理机构负责环境影响控制。

（三）取水许可制度

取水许可证是印度尼西亚合理利用水资源和保护环境的一个重要手段。印度尼西亚政府规定下列情形需要获得许可证：①利用方法改变了水资源的自然状态；②为了群体的利益需要巨大数量的水；③用于现存灌溉系统外的小农场主作物。印度尼西亚《1991 年河流法规》第 25 条明确规定没有取水许可证，河流流量不得改变。

六、水法规

《1945 年印度尼西亚宪法》就国家对水资源的管理权进行了明确规定。其规定国内的土地、水和自然资源应当在国家权力的控制之下，并且应当用来实现人民的最大利益。

在 1974 年，印度尼西亚首次颁布了《1974 年水资源法》，

侧重于建设和保护水利设施。

为了进一步实施和贯彻《1974 年水资源法》，印度尼西亚政府又相继颁布了《1982 年水管理法规》和《1982 年灌溉和排水法规》。

为了保证水质和控制污染，印度尼西亚政府通过了《1994 年矿业和能源部地下水行政安排法规》《1996 年国内事务部促进、控制和监督地下水抽取法规》《2001 年水质管理和污染控制法规》。

在 2004 年，印度尼西亚又颁布了《2004 年水资源法》，废除了《1974 年水资源法》，旨在规范水资源的保护、管理以及合理利用。

七、水国际协议

1965 年 7 月，中国和印度尼西亚签订了《中华人民共和国政府和印度尼西亚共和国政府海运协定》。

1977 年 2 月，印度尼西亚、马来西亚和新加坡吉隆坡签订了《关于马六甲海峡安全航行的协定》。

（严婷婷，魏赵越）

约　旦

一、自然经济概况

（一）自然地理

约旦位于亚洲西部，阿拉伯半岛的西北，西与巴勒斯坦、以色列为邻，北与叙利亚接壤，东北与伊拉克交界，东南和南部与沙特阿拉伯相连。约旦基本上是内陆国家，西南一角濒临红海的亚喀巴湾是唯一出海口。约旦地势西高东低，西部多山地，东部和东南部为沙漠，国土面积为8.9万km^2，沙漠占全国面积80%以上。

特殊的地理位置在约旦不同地区形成了不同的气候类型。亚热带气候分布在沿西部边境的约旦裂谷（Jordan Rift Valley）附近地区，该地区冬季温暖湿润夏季炎热；裂谷以东高地地区受地中海气候影响，全年气候适宜；东部沙漠和平原为大陆性气候，冬季寒冷干燥夏季炎热。

约旦全国可耕地面积为69.42万hm^2；已耕地面积为50万hm^2；占国土面积的5.62%；永久作物面积7.8万hm^2。农业发展主要受水资源制约，灌溉农业约占耕地面积的33%，永久作物占主产灌溉区的56%和主产雨水区的78%。主要永久作物为柑橘、香蕉、橄榄和葡萄，主要一年生作物为蔬菜、土豆、小麦和大麦。由于降雨波动和不均、城市扩张等原因，优良水浇地正在消失，雨水区土地荒置，主产区一年生作物耕地迅速减少。

2019年约旦总人口约为1062万人，98%的人口为阿拉伯人，有少量切尔克斯人、土库曼人和亚美尼亚人。国教为伊斯兰教，92%的居民属逊尼派，2%的居民属于什叶派和德鲁兹派。信奉基督教的居民约占6%，主要属希腊东正教派。官方语言为阿拉伯语，通用英语。

（二）经济

约旦是发展中国家，经济基础薄弱，2018 年国内生产总值为 420.1 亿美元，人均 GDP 为 3956 美元，经济增长率为 1.9%，国民经济主要支柱为侨汇、外援和旅游。

约旦的工业多属轻工业和小型加工工业，主要有采矿、炼油、食品加工、制药、玻璃、纺织、塑料制品、卷烟、皮革、制鞋、造纸等。资源较贫乏，主要有磷酸盐、钾盐、铜、锰和油页岩和少量天然气，其中磷酸盐储量约为 20 亿 t。死海海水可提炼钾盐，储量达 40 亿 t；油页岩储量为 700 亿 t，是世界上油页岩储量最丰富的五个国家之一。

约旦的劳务输出与其他发展中国家大不相同，约旦在海外的劳务人员占约旦该国劳动力的 50%，特点是以高级劳务输出为主，每年有大量外汇流入国内。

二、水资源状况

（一）水资源

1. 降水量

约旦降雨稀少，年均降雨量为 111mm，折合水量 99.15 亿 m^3。约旦降雨量呈现较大幅度波动，最低年份为 1998—1999 年，约为 33.5mm；最高年份为 1966—1967 年，约为 200.5mm。此外，约旦降雨时空分布不均，10 月到次年 5 月为主要降雨期，东部及南部沙漠地区年降雨量仅为 50mm，北部高地达 650mm。

2. 水资源量

根据联合国粮农组织的统计数据，约旦水资源统计情况见表 1。2017 年，约旦人均水资源量 96.58m^3，处于世界最低水平，由于人口增长，2002 年以来人均水资源占有量呈下降趋势。

3. 河川径流

约旦河为主要河流，全长为 360km，年均径流量为 6 亿 m^3。起源于黎巴嫩、叙利亚，向南先后流经约旦，最终注入死海，是世界海拔最低的河流。目前，70%～90%的水量被人类利用，流量大量减少，濒临干涸。

表 1　　约旦水资源统计情况表

序号	项　目	单位	数量	备　注
①	年平均降水量	亿 m^3	99.15	
②	境内地表水资源量	亿 m^3	4.85	
③	境内地下水资源量	亿 m^3	4.5	
④	重复计算的水资源量	亿 m^3	2.53	
⑤	境内水资源总量	亿 m^3	6.82	⑤=②+③-④
⑥	与境外共有水资源量	亿 m^3	2.55	
⑦	实际水资源总量	亿 m^3	9.37	⑦=⑤+⑥

资料来源：FAO《2017 年世界各国水资源评论》。

约旦河最大支流耶尔穆克河（Yarmouk River）是约旦最大的地表水源，发源于叙利亚，流向西南，流入约旦后汇入约旦河。耶尔穆克河长仅 80km，汇水面积为 7250km^2，落差为 300m，灌溉及水力资源丰富，自然年径流量为 4 亿 m^3，其中 1 亿 m^3 流入以色列。

此外，有一条名为阿卜杜拉国王的运河（King Abdullah Canal）和被称为“旱地边缘”（Side Wadis）的 6～10 条小河。运河由耶尔穆克河与约旦河另一主要支流扎尔卡河（Zarqa River）为其提供水源，小河从山区流入约旦河谷。

4. **湖泊**

死海为最主要湖泊，为约旦和以色列两国共有，但由于其为咸水湖，含盐度很高，湖水利用难度大，并且近年由于耶尔穆克河用水量大增，来水减少，日益干涸。除死海外，还有穆吉布（Mujib）、哈萨（Hasa）和瓦迪阿拉巴（Wadi Araba）等地区水库作为其地表水源。

5. **地下水**

约旦内部可再生地下水总量估测为每年 4.50 亿 m^3，其中 2.53 亿 m^3 构成河流的基本径流。地下水分布在 12 个主要的盆地，其中 10 个为可再生地下水盆地，位于东北部地区的 2 个为化石地下水含水层。地下水资源主要集中在耶尔穆克（Yarmouk）、阿曼（Amman）-扎尔卡（Zarqa）及死海盆地。

可再生地下水资源安全开采量为每年 2.76 亿 m^3，目前大多按最大供水能力开采，在某些地区甚至已经超过安全线。12 个地下水盆地中 6 个被过度开采，4 个处于平衡状态，2 个尚未被开采。地下水的过度开采已经造成了严重的后果。

约旦水资源主管部门估测，不可再生含水层地下水 50 年开采安全线为每年 1.43 亿 m^3。目前，已经开采的迪希（Disi）含水层，其 50 年安全开采量为每年 1.25 亿 m^3；另一不可再生水源地位于加法（Jafer），其 50 年安全开采量为每年 0.18 亿 m^3。

（二）水资源分布

1. 分区分布

约旦水资源主要分布在降雨丰富的西部及北部地区，包括约旦裂谷和北部高地，西部约旦河及其支流扎尔卡河和耶尔穆克河流域为约旦水资源最丰富区域，西北部约旦裂谷与高地中分布有一些小型河流，地下水资源主要分布于 12 个主要盆地，其中大多数位于约旦西北部，主要集中在西部的亚穆克河、阿曼-扎尔卡（Amman - Zarqa）及死海盆地，东部及南部平原沙漠地带降水稀少，水资源匮乏。

2. 国际河流

约旦主要国际河流包括约旦河和耶尔穆克河。

约旦河起源于黎巴嫩、叙利亚，先后流经以色列、约旦，其水资源为叙利亚、约旦、以色列、黎巴嫩等国争夺的焦点。

耶尔穆克河发源于叙利亚，大部分河段形成北部的叙利亚和南部的约旦两国间的边界，下游 23km 被以色列控制。

3. 水能资源

2008 年年末，约旦已探明理论水能资源蕴藏量约为 40 亿 kWh/年，技术可开发水能资源约为 20 亿 kWh/年。

三、水资源开发利用

（一）水利发展历程

自从 1958 年政府决定分流部分耶尔穆克河的水并建造东古尔运河（后被命名为阿卜杜拉国王运河）以来，约旦开始实施集

中灌溉项目。扎尔卡河上的塔拉尔国王大坝（King Talal）也将水引入阿卜杜拉国王（King Abdullah）运河。1961年运河长为70km，1969—1987年三次扩建，全长为110.5km。在河谷边修建水坝和分流其他河谷的水流，使灌溉得以大面积发展。与此同时，在约旦河谷也通过钻井来抽取地下水，不仅作居民用水，也用于灌溉。利用地表水资源进行灌溉的项目主要集中在约旦河谷和与约旦河流域相连的小河边。约旦河谷的灌溉系统由政府负责建设、修复、运行和维护。在北方的第一个项目中，建造了混凝土衬砌的运河，并配套了所有的灌溉工程来运输和分配灌溉用水。在20世纪70—80年代，随着阿卜杜拉国王运河的扩大，通过建造大坝和引水工程，灌溉系统大规模增加。从20世纪90年代开始，明渠灌溉系统转变为加压灌溉系统。

（二）开发利用与水资源配置

1. 坝和水库

约旦的水库主要用于灌溉，有时也承担供水任务，由于水资源匮乏，蓄水需求大，大坝建设较多。塔拉尔国王大坝为约旦最重要大坝，位于约旦河的主要支流扎卡尔河上，是主要灌溉水源，同时也是仅有的两座较大常规水电站之一。约旦主要大坝见表2。

表2　约旦主要大坝

坝　名	所在河流	坝型	坝高/m	库容/万 m^3	目的	建成年份
阿伊维达（Al Wehda）	耶尔穆克（Yarmouk）河	—	164	4860	—	—
卡夫林（Kafrein）	瓦迪卡夫林·瓦迪（Kafrein Wadi）河	填土坝	30	4048	灌溉	1968
塔拉尔国王（King Talal）	扎尔卡（Zarqa）河	土石坝	94	5520	灌溉、发电	1977
苏拉比尔（Shurahbil）	扎卡拉布·瓦迪（Ziqlab Wadi）河	填土坝	48	4043	灌溉	1966

续表

坝　名	所在河流	坝型	坝高/m	库容/万 m^3	目的	建成年份
瓦迪 阿拉伯（Wadi Arab）	瓦迪阿拉伯（Wadi Arab）河	堆石坝	82	2200	灌溉、供水	1985
瓦迪苏尔伯（Wadi Shueib）	苏尔伯·瓦迪（Sheib Wadi）河	填土坝	30	2020	灌溉	1968
丹努尔（Tannour）	瓦迪·哈萨（Wadi Al Hasa）河	—	60	1680	发电	2001
瓦拉（Wala）	瓦迪·瓦拉（Wadi Al Wala）河	—	52	930	发电	2003
穆吉布（Mujib）	瓦迪·穆吉布（Wadi Al Mujib）河	—	62	3120	发电	2003
瓦达（Wadha）	耶尔穆克（Yarmouk River）河	—	87	550	运输	2007

资料来源：《水电与大坝建设手册》2007 年。

2. 供用水情况及预测

1992 年、2005 年和 2016 年供用水情况统计见表 3。

表 3　　供用水情况统计

年份	年用水总量/亿 m^3			
	合计	农业	工业	城市用水
1992	9.84	7.37（74.9%）	0.33（3.35%）	2.14（21.75%）
2005	9.41	6.11（64.96%）	0.39（4.08%）	2.91（30.96%）
2016	10.45	5.55（53.13%）	0.33（3.11%）	4.57（43.76%）

资料来源：联合国粮食组织数据库。

由表 3 知，约旦的主要用水户为农业，这与其灌溉农业规模较大，工业不发达有关。2016 年人均用水总量为 107.6m^3，人均城市用水量为 47.09m^3，相比 1992 年分别下降 140.4m^3、6.85m^3，同期人口保持上升，表明工农业水资源利用率有较大提升空间。

约旦1992年、2005年和2016年取用水情况统计见表4。

表4　　取用水情况统计

序号	项　目	单位	1992	2005	2016	备注
①	境内地表水资源量	亿 m^3	—	3.778	2.888	
②	境内地下水资源量	亿 m^3	—	5.533	6.148	
③	境内水资源总量	亿 m^3	9.84	9.311	9.036	③=①+②
④	淡化海水	亿 m^3	0	0.098	1.363	
⑤	污水处理再生水	亿 m^3	0	1.074	0.042	
⑥	合计	亿 m^3	9.84	10.483	10.441	⑥=③+④+⑤

注　1. 地表淡水与地下淡水的取用包括初次利用和二次利用。

2. 资料来源于联合国粮农组织数据库。

由表4知，约旦用水主要来自天然水资源，其中地下水占有较大比重，但是水资源贫乏。至2020年，预计水资源缺口将达4.37亿 m^3，地下水过度开采导致的水危机迫使约旦采取海水淡化、污水处理等途径，其在2005年的再生水已占总取用水量的约10%，并且达到了较高的污水回收利用率，2000年污水总量0.82亿 m^3，处理再生水0.72亿 m^3，再生比率达87.78%，部分农业污水未经再生处理，直接被再次用于灌溉，再生水主要用于农业，未来将成为约旦农业的主要水源之一。

3. 洪水管理

像约旦这样年降雨量少缺少植被的干旱地区，突然发生强降雨，极易发生地表径流，以前堆积在河道上的泥沙，又变成新的泥沙源，这些含有泥沙的洪水来势凶猛，必然造成下游受灾。

约旦在河谷内有一定数量的农业生产用地，农作物的运输依赖于河谷内的国道。而耕地和国道受到泥石流的危害。从死海到北部有17个地区遭受泥石流危害；在2006年10月27日，旱谷梅伊鲁地区的居民住宅受到河水危害。在库勒伊马地区的耕地和公路因与河流平行，下游湾流没有足够的过水断面而受灾。在死海的南部有7个流域发生泥石流灾害。

约旦曾颁布减税引资政策，20年间约7万人进驻处于季节

河流的河口扇形地域——阿卡巴特别经济区。2006 年 2 月 2 日，阿卡巴特别经济区发生泥石流灾害，造成 5 人死亡。

在中部高原受到侵蚀后，大量的泥沙堆入死海，形成凸出的半岛。为确保首都阿曼供水、死海南部的灌溉用水、死海东部开发用水，2003 年建成坝高 62m、全长 765m 的姆吉布碾压混凝土大坝。2006 年，在大坝库区上游曾因降雨使河谷道路 6 处堵塞，南部希尤纳地区有 13 处泥沙崩塌，迫使死海-阿卡巴公路封闭。2007 年又发生了大规模的滑坡。

因长期生活在干旱地区，决策者及居民没有灾害意识，几乎也没有避难的概念。因约旦国土狭小，周边是国外领土，很难实现气象情报共有化，难以做出降雨预报。但约旦也采取了一系列有效措施用于防灾，以居民点、航空港和公共设施等作为重要保护对象，建设导流堤和圆形堤防，并制作灾害危险区域图，唤起公众的警示意识，配备警报发送系统。在流域源头比较平坦的高原地区，等高布设坡面工程（主要是水平沟）；对流域面积大的旱谷，在上、中游腹地建设缓冲沙池（在地下修建混凝土水箱作为集水系统）或水库，拦蓄径流、减小洪峰流量，蓄积水量，实现再利用；对流域面积小的旱谷，在上、中游腹地，实施雨水分流措施。收集最早水文气象资料，进行相关的科学研究。

4. 跨流域调水

约旦在边河谷上修建大坝，边河谷间修建调水工程。1961 年，又开始修建阿卜杜拉国王运河，此后又扩建将运河延长 3 次，最终总长为 110.5km，阿卜杜拉国王运河连通了扎尔卡河和亚穆克河，使得约旦具备调水进行大规模灌溉的能力。

2015 年，约旦与以色列正式签署协议，宣布将耗资 8 亿美元合作修建“两海运河”，预计耗时 5 年，是约旦、以色列两国自 1994 年达成和平协议以来规模最大的合资项目。运河连通红海与死海，起点将设在约旦南部海港城市亚喀巴，向北穿越西奈沙漠并最终直抵死海，运河主要实现从红海调水补充死海水源，减缓死海枯竭。新建的运河全长为 180km，初步预计每年可输送 2 亿 m^3 海水，其中约 1/3 会在淡化后供约旦南部和以色列居

民的生活用水和农业使用，剩余的盐水则会沿运河北上，注入死海。

5. **水力发电**

截至 2008 年末，约旦水电装机容量为 1.2 万 kW，2008 年水力发电总量 0.62 亿 kWh，仅占技术可开发水能资源的 3.1%，开发程度很低。此外，总发电量为 138.38 亿 kWh，主要为天然气及石油发电，两者分别占发电总量的 80.6%和 18.9%，水电仅占 0.4%，所占比重也很低。

受限于稀缺的地表水资源，约旦水电规模较小，现有 2 座小型水电站，装机容量均为 5000kW，分别为扎尔卡河上的塔拉尔国王电站和利用阿卡巴（Aqaba）热电站冷却海水回流水头的电站。

6. **灌溉排水与水土保持**

（1）灌溉排水。约旦全国可灌溉面积为 8.5 万 hm^2。2004 年，实际灌溉面积为 7.886 万 hm^2，占可灌溉面积的 92.78%，占耕地总面积的 35.63%，所有灌溉面积均为可控灌溉，包括表面灌溉、喷灌、局部灌溉，面积分别为 1.386 万 hm^2、0.1 万 hm^2 和 6.4 万 hm^2。

灌溉用水主要来源于地表水、地下水和处理再生水，2004 年相应灌溉面积分别为 2.436 万 hm^2、4.2 万 hm^2 和 1.25 万 hm^2。其中地表水灌溉主要集中在约旦峡谷及与约旦河流域相连的边河谷地区，地下水灌溉主要以深井取水的方式集中在高地地区。此外，使用再生水的灌溉面积占到实际灌溉面积的 15.85%，且呈增大趋势，这对缓解约旦水资源匮乏起到重要作用。

2005 年，耕地排水总面积为 1.051 万 hm^2，分别占耕地总面积和可控灌溉面积的 4.75%和 75.83%，其中灌溉区排水面积 1.05 万 hm^2，主要集中在死海以北的灌区，排水方式主要为排水明沟，部分农田为解决内涝和表层土壤盐碱化问题，布设了地下排水管。

（2）水土保持。约旦的植被很少，特别在沙漠地区几乎见不

到绿色，约旦属农牧业为主的国家，其特有的国土质地风蚀作用强烈，土地荒漠化严重。约旦借鉴中国的水土保持经验，制订出多年水土保持规划，开发水土保持综合治理。在农林省和河谷开发厅成立专门委员会，负责制订流域规划、实施水土保持方案、管理水土保持日常工作。在制订水土保持方案时，从用水和水资源等方面考虑，有效地收集天然降水。依据水资源利用率制定补助金份额，教育国民树立节水意识，注重水资源再利用。在规划地表径流时，直接进行集水和蓄水池补给系统的研究。其次，有效利用泥沙资源，将流出的泥沙拦蓄起来进行造地，挖掘出新的农地规划方略，有效利用泥沙资源。最后，在治理水土流失的同时，实施国土绿化方案。在约旦，实施国土绿化最大的难题就是水资源的缺乏，因此，教育国民树立防灾意识，以绿化促生态修复，以造林种草防沙治沙；在沙地少种农作物，有计划地布设绿化带，防治土地沙化。

四、水资源保护与可持续发展状况

（一）水资源环境问题现状

约旦不仅水资源量短缺，水质及涉水环境问题也很严重。这些问题主要表现在由于高度依赖灌溉农业引起的问题和城市水污染问题。

灌溉农业在约旦发展迅速，创造价值的同时也带来了一系列问题：①大规模灌溉农业加剧了水土流失，增大河流含沙量，削弱“高地”和“旱地边缘”的土壤肥力，同时还影响多个生活用水取水工程水泵的正常工作；②干旱年份，大量通过不成熟技术处理后的污水用于灌溉，造成灌溉水资源水质恶化；③大量使用农药、除草剂、动物肥料使得土质、水质恶化，降低了农产品质量，在冬季的约旦峡谷还引发了苍蝇问题；④过度取水，导致河流流量减小，死海干涸，死海附近盐碱化问题严重。

约旦城市用水是重要的用水部分，但其污水处理并不完善，约旦峡谷及其他主要灌区的城市村庄均缺少污水运输网络，居民区只能依靠化粪池、天然粪坑控制生活污水，缺少必要的法律法

规作为指导，这导致地下水遭到致病微生物的污染。

生活废水对泉水、井水等地下水的污染，加上农业废水的进一步污染，及在处理废水中的污染物累积使得约旦仅用消毒处理已经无法提供安全的饮用水，水污染问题严重。

（二）水污染治理与可持续发展

为了应对日益突出的水污染问题，约旦采取了一系列措施，包括设定废水处理标准，改进废水处理技术等。

其中最为重要的是“约旦水质管理项目”，该项目由“美国国际发展署”与约旦水利局和卫生部合作提供资金，旨在确保安全地供水和更加有效地使用该国的水资源。其主要内容包括：推动流域管理措施，最大化可用于水处理的水量，并加强对原水和处理后饮用水的质量监控方法；在几个敏感地区，如瓦地斯设置了地下水保护区，以最小化原水污染；通过清真寺、学校和媒体活动促进公众节水护水意识提升，以确保人们了解他们的行为对水资源的影响和保护这一珍贵资源的方法等。

此外，2002 年提出的《约旦水资源战略》特别强调了对水资源的可持续利用。

五、水资源管理

（一）管理模式

约旦人口及水资源分布极不均衡，加之人口稀少，水资源管理主要针对人口多、水资源丰富的西部和北部地区，没有实行流域管理或是区域管理模式。水资源管理的主要目的是优化灌溉用水，灌溉是约旦水资源管理的核心内容，政府部门主要负责水资源政策制定、人员培训等工作，同时兼顾水资源卫生、水资源开发工程的管理，民间私有企业则直接对农民提供资金技术设备等。

（二）管理体制机构及职能

水资源与灌溉部是约旦主要水资源管理机构。此外农业部、环境部、卫生部、国家农业研究与技术转化中心、约旦大学水资

源及环境研究中心也与水资源管理关系密切。各部门具体职能如下。

(1) 水资源与灌溉部成立于1988年，其下主要机构为约旦峡谷局和约旦水资源局，主要负责制定和实施灌溉政策及战略、规划开发水资源、管理水资源的分配与使用、编写年水资源平衡预算、建立水资源数据中心、涉水部门人力资源开发与训练等。

(2) 约旦峡谷局负责约旦峡谷的整体发展规划，主要职能包括建设运行维护约旦峡谷中的大坝及水利相关设施、灌溉水资源供给分配管理、推广先进灌溉技术、干旱年季执行针对水资源短缺的紧急计划、公众水资源宣传及灌溉用水保护工作。

(3) 约旦水资源局主要负责签发农户灌溉地下水使用许可证、检查管井钻孔、测定水井产水量、检查地下水源地的管井抽水量、依据政策减少对可再生水资源的过度开采。

(4) 卫生部负责确保饮用水安全。

除此之外，约旦还利用私人机构强化对水资源的利用，私人农业和灌溉公司向农民提供资金和技术支持，包括训练、设备投入、淡化水提供等。

(三) 取水许可证

开采地下水用于农业灌溉的农民需向约旦水资源局申请取水许可证。

六、水法与水政策

(一) 水法规

截至2002年，约旦水资源与灌溉部颁布了一系列涉水政策法规。主要政策有2002年的《约旦水资源战略》、1998年的《地下水管理政策》《水资源利用政策》《水资源灌溉政策》《废水管理政策》。

《约旦水资源战略》是约旦现阶段最重要的针对供水与用水的综合指导文件。特别强调了水资源管理和水资源的可持续利用，重点关注供水水污染、水资源衰退等问题，提出对未来的工农业项目需进行用水评估，并提出改进水资源及废水系统等。

约旦与水有关的主要法律旨在确保水资源供用有关各方履行自己与水资源、灌溉、灌溉农业相关的责任，相关法律包括：水资源与环境部法规，约旦峡谷局、约旦水资源局、农业部的相关法律及环境法和公共卫生法等。比如，2003 年 85 号法规由水资源与环境部制定，主要目的是控制地下水开采。

（二）水政策

由于水资源短缺，约旦大力开展节约用水工作。其包括：改进灌溉技术；推动再生水的使用，约旦污水再生率达 87.78%，多数灌溉用水都混合了再生水；在灌溉农业发达的约旦峡谷地区将土地划分为 $3\sim5hm^2$ 的单元，对其农业用水采取定量配给制度；改善水资源储存条件，修建大坝水库，减小渗漏；同时通过清真寺、媒体等途径向公民宣传节水知识。

七、国际合作情况

约旦的大多数水资源为多国共有，水资源引发的争端时有发生。自 1951 年以来，水资源分配上的分歧已经导致了多次冲突，直到近年才逐渐趋向于合作，约旦与以色列、叙利亚等签订了若干水资源利用协议、淡化海水利用协议，并计划共建艾·韦达（AI Wehda）大坝等水利工程，然而由于水资源总量的匮乏，尽管有了这些协议，约旦的水资源不足问题仍然很突出。目前约旦的主要涉水国际协议如下：

（1）1994 年与以色列签订的《以色列与约旦王国和平协议》。

（2）1995 年与以色列签订的《Johnston 协议》。

（3）1971 年与中国、德国、澳大利亚等多国签订的《1971 年国际湿地及水禽栖息地大会（国际湿地秘书处）及 1972 协议》。

（4）1953 年与叙利亚签订的《叙利亚共和国与约旦王国关于耶尔穆克河水资源利用协议》。

（范卓玮，李佼）

越　南

一、自然经济概况

（一）自然地理

越南全称越南社会主义共和国，位于中南半岛东部，北与中国广西、云南接壤，边界线长为1347km；西与老挝、柬埔寨交界；东面和南面临海。国土面积为32.9万km^2。

越南地形狭长，呈S形，地势西高东低，境内3/4面积为山地和高原。长山山脉斜贯越南全境，西北—东南走向，是越南、老挝、柬埔寨的天然边界，全长1000多km，分为南、北长山。越南东部沿海为平原，地势低平，河网密布，海拔3m左右。

越南地处北回归线以南，属热带季风气候，高温多雨，年平均气温为24℃左右。北方分春、夏、秋、冬四季。南方分雨、旱两季，5—10月为雨季，11月至次年4月为旱季。越南多年平均降水量为1821mm，折合水量6032亿m^3。中部地区和平原地区平均降水量为1600～2200mm，山区为2000～2500mm。降水量最少的地区是中南部地区的潘阳，降水量为650mm；降水量最多的地区是东北地区的北广。越南年平均蒸发量为953mm。

2017年，越南人口约为9460万人，人口密度是305人/km^2。农村人口和城市人口分别为6129万人和3331万人，分别约占65%和35%。

越南全国划分为58个省和5个直辖市，首都是河内（Hanoi）。

2017年，越南可耕地面积为698.8万hm^2，永久农作物面积为453.9万hm^2，永久草地和牧场面积为64.2万hm^2，森林面积为1490.2万hm^2。

（二）经济

越南是一个发展中国家。1986 年开始实行革新开放以来，越南经济保持较快增长，经济总量不断扩大，三产结构趋向协调，对外开放水平不断提高，基本形成了以国有经济为主导、多种经济成分共同发展的格局。越南是传统农业国，主要粮食作物包括水稻、玉米、马铃薯、番薯和木薯等，主要经济作物有咖啡、橡胶、胡椒、茶叶、花生、甘蔗等。主要工业产品有煤炭、原油、天然气、液化气、水产品等。近年来，越南服务业，尤其是旅游业，增长迅速，经济效益显著。越南旅游资源丰富，下龙湾等多处风景名胜被联合国教科文组织列为世界自然和文化遗产。

2017 年，越南 GDP 为 2203.8 亿美元，人均 GDP 为 2329 美元。GDP 构成中，农业占 17%，采矿、制造和公用事业占 31%，建筑业占 6%，交通运输业占 4%，批发、零售和旅馆业占 16%，其他占 26%。

2017 年，越南谷物总产量为 4788 万 t，人均为 506kg。

二、水资源状况

（一）水资源

1. 水资源量

越南实际水资源总量为 8841.2 亿 m^3。境内水资源总量达到约为 3594.2 亿 m^3，其中，境内地表水资源量约为 3230 亿 m^3，境内地下水资源量为 714.2 亿 m^3，重复计算的水资源量达到 350 亿 m^3。另外，境外流入的实际水资源量为 5247 亿 m^3。2017 年，人均境内实际水资源量和人均实际水资源量分别达到 $3762m^3$/人和 $9254m^3$/人。越南水资源量统计见表 1。

2. 河流

越南河网纵横交错，长度在 10km 以上的河流有 2360 条。其中，有 16 条河流的流域面积超 $2000km^2$。湄公河流域、红河-太平江流域、同奈河流域、马江流域、蓝江、巴江、奇功河、秋盆河是越南的 8 大主要流域，占全国面积的 77%。面积最大的 2 个流域是湄公河和红河-太平江流域，约占全国面积的 45%（表

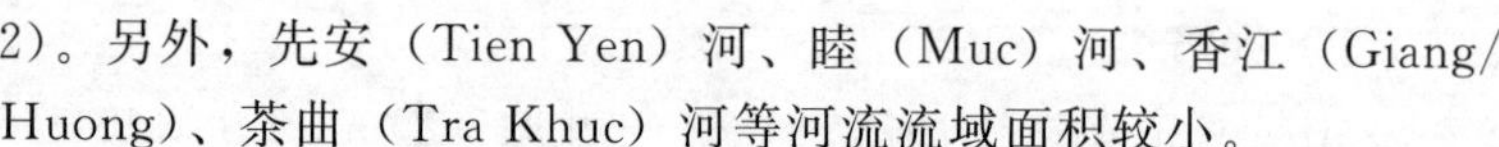

2)。另外，先安（Tien Yen）河、睦（Muc）河、香江（Giang/Huong)、茶曲（Tra Khuc）河等河流流域面积较小。

表1　越南水资源量统计简表

序号	项　目	单位	数量	备　注
①	境内地表水资源量	亿 m^3	3230	
②	境内地下水资源量	亿 m^3	714.2	
③	重复计算的水资源量	亿 m^3	350	
④	境内水资源总量	亿 m^3	3594.2	④=①+②-③
⑤	境外流入的实际水资源量	亿 m^3	5247	
⑥	实际水资源总量	亿 m^3	8841.2	⑥=④+⑤
⑦	人均境内实际水资源量	m^3/人	3762	
⑧	人均实际水资源量	m^3/人	9254	

资料来源：FAO统计数据库。

表2　越南的8大主要流域统计简表

流域名称	总流域面积/km^2	流经越南流域面积/km^2	流经越南流域面积占总流域面积的百分比/%	占越南流域面积百分比/%
湄公（Mekong）河	795000	63600	8	19
红河-太平江（Red river/Thai Binh)	155000	85250	55	26
同奈（Dong Nai）河	44100	37485	85	12
马江（Ma-chu)	28400	17608	62	5
蓝（Ca）江	27200	17680	65	5
巴（Ba）江	13900	13900	100	4
奇功河（Ky Cung-Bang Giang)	11220	10547	94	3
秋盆（Thu Bon）河	10350	10350	100	3
总计	1086170	256420	—	77

资料来源：联合国粮农组织《2011年世界各国水资源评论》。

3. 湖泊

越南有两座天然湖泊。一座是河内西湖（Lake Ho - Tay），面积为4.13km²，容量为8000万m^3；另一座是巴贝湖（Lake Ba Be），面积为4.5km²，容量为9000万m^3。

（二）水能资源

越南有丰富的水能资源，特别是在中部和北部地区。根据统计数据，越南理论水能资源蕴藏量为3000亿kWh/年，技术可开发水能资源量约为1230亿kWh/年，经济可开发水能资源量约为1000亿kWh/年。

三、水资源开发利用

（一）开发利用与水资源配置

1. 坝和水库

根据联合国粮农组织统计资料，2009年，越南有800座中型和大型水库，总容量约为280亿m^3。有7座大坝的总库容超过10亿m^3：和平（Hoa Binh）水坝为90.5亿m^3，婆瀑（Thac Ba）水坝为29亿m^3，梯安（Tri An）水坝为28亿m^3，宣光（Tuyen Quang）水坝为22亿m^3，油汀（Dau Tieng）水坝为16亿m^3，忒沫（Thac Mo）水坝为14亿m^3，雅莱（Yaly）水坝为10亿m^3。越南大多数水库都是多用途水库，功能包括水力发电、防洪、航运、灌溉和渔业。

2. 供用水情况

2005年，越南用水总量为819亿m^3，其中农业用水量占95%，工业用水量占4%，城市用水量占1%。人均年用水量为955m^3。

（二）洪水管理

1. 洪灾情况与损失

越南是一个洪水灾害频繁发生的国家。据统计，越南约70%的人口暴露于洪水等自然灾害风险之下。经测算，1989—2008年，灾害造成的年均经济损失约占当年国内生产总值的1%～1.5%。

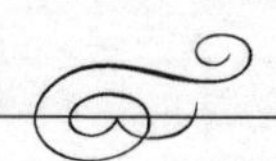

2006 年，超强台风“象神”导致越南中部 15 个省份遭受了 12 亿美元的损失。

2. 防洪措施

为减小洪水灾害造成的损失，越南推动了多项基础设施工程来缓解大型洪灾和风暴的冲击，建设了避风港、河堤、应急疏散道路及排水泵站等工程。从政策上，越南建立较完善的防洪机构体系。越南有洪水和风暴防治中央委员会及其在各行各业和 63 个省份所设的分支机构作为洪水灾害防控的主管部门。近年来，越南正在制定新的防灾道路和灌溉设施建设方面的国家指南和行动计划。

（三）水力发电

1. 水电开发程度

越南约 50%的水电技术可开发潜力得以开发。越南计划到 2020 年年底前完成所有主要水电站的建设，约 96%的水电技术可开发量将得以开发。

2. 水电装机及发电量情况

2008 年年底，越南水电装机总容量为 55 亿 kW，每年水力发电量约为 240 亿 kWh，约占全国发电量的 1/3。

3. 各类水电站建设概况

越南有 10 座水电站的装机容量超过 1000 万 kW。目前装机容量较大的水电站是：和平（Hoa Binh）水电站装机容量为 19.2 亿 kW，芽庄（Yali）水电站装机容量为 7.2 亿 kW，梯安（Tri An）水电站装机容量为 4.2 亿 kW，咸顺（Ham Thuan）水电站装机容量为 3 亿 kW。

2006 年，越南投入运行的小水电站有 280 座，总装机容量 5000 万 kW（年发电量 1.5 亿 kWh），将有 20 座小水电站即将开工（总计 1.5 亿 kW，年发电量 6 亿 kWh），规划中的小水电站有 120 余座（总计 20 万 kW，年发电量 6 亿 kWh）。

（四）灌溉与排水

1. 灌溉面积

越南灌溉设施日益完善，有效灌溉面积逐渐增加。1975—

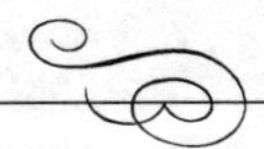

1985 年推行了一些小型和中型的灌溉项目，1985—1990 年主要推行一些大型灌溉项目和多用途项目。1980—1987 年，越南总灌溉面积以每年 2.9%的比例增长，1988—1994 年，年均增长率达到了 4.58%。1994 年，越南灌溉面积约为 300 万 hm^2，到 2017 年灌溉面积为 460 万 hm^2。

2. **灌溉管理措施**

面对水利工程落后和损坏、用水效率降低、水量损失增加的问题，越南不断完善灌溉管理模式。首先，在宏观层面，不断完善国家管理模式，实施分级管理，明确国家管理和地方管理之间的权责。其次，加强用水组织管理。按照地形特点、水源状况、地方的耕作制度及本地人的耕作习惯，进行有针对性的管理，提高管理与工程利用效果。管理工程的责任由用水户来直接负担。

四、水资源管理

越南水资源管理的具体职能分配给如下机构和部门：

（1）自然资源和环境部，负责水资源管理。

（2）农业和农村发展部，负责洪水管理、台风保护体系、水利建筑、湿地管理、农村供水和农村卫生工作。

（3）工业部，负责水电设施的建设、运营管理。

（4）建设部，负责城市供水的空间规划和建设、卫生和排水设施。

（5）交通部，负责水路运输系统的规划、建设和管理。

（6）渔业部，负责水产资源的保护和开发。

（7）卫生部，负责饮用水质量管理。

（8）计划部，负责水资源投资领域的规划。

（9）财政部，负责水资源税费政策的发展。

五、水法规与水政策

（一）水法规

越南有一个相对全面的管理水资源、灌溉和排水的制度和政策框架。1998 年，越南通过了《水资源法》，于 1999 年 1 月生

效，旨在对水资源管理、保护、开发、利用和防治水害作出法律规定。此外，该法律还提出了对地表水和地下水的水量和水质进行管理的综合、集成途径，提出了流域水资源管理，涉及国家层面所有相关者，其目的是加强地区层面流域内各省的协调。

除《水资源法》外，《环境保护法》（2001 年修订）、《土地法》（2001 年修订）、《越南矿产法》（1996 年）均涉及水资源管理内容。

2006 年，越南采取了国家水资源战略。这套战略规划超越了 1998 年的《水资源法》，并提到了水服务与水经济的问题。

（二）水政策

越南颁布了大量水资源管理政策，包括：水权和水执照、水数据与信息交换、在水库调度中维护环境流量的规定、河流流域规划与战略性环境评价的综合性方法、水资源开发计划的环境影响评价等。但是由于执行机制存在缺陷，致使一些政策难以实际执行。

六、国际合作情况

为可持续地开发和利用湄公河水资源，越南、老挝、泰国和柬埔寨四国依据 1995 年《湄公河流域可持续发展合作协定》成立了湄公河委员会。

近几年，越南参加了国际水资源管理培训和会议。在 2010 年 6 月，来自湄公河委员会秘书处、越南、缅甸、老挝、泰国和柬埔寨湄公河流域五国的学员参加了由中国水利部在北京主办的“湄公河流域各国防洪减灾管理技术培训班”。在 2011 年 10 月，越南参加了中国组织的山洪地质灾害防控技术培训，了解中国防灾减灾领域的先进技术和理念。

（严婷婷，魏赵越）

中　国

一、自然经济概况

（一）自然地理

中国，全称中华人民共和国，陆地面积约960万km^2，位于亚洲东部，太平洋西岸，同朝鲜、蒙古、俄罗斯、哈萨克斯坦、吉尔吉斯斯坦、塔吉克斯坦等14国接壤，与日本、韩国、马来西亚、印度尼西亚、文莱、菲律宾等8国海上相邻。中国地势西高东低，大致呈阶梯状分布，一共分为三级阶梯。地势的第一级阶梯是青藏高原，平均海拔在4000m以上，其北部与东部边缘分布有昆仑山脉、祁连山脉、横断山脉，是地势第一、第二级阶梯的分界线；地势的第二级阶梯上分布着大型的盆地和高原，平均海拔为1000～2000m，其东面的大兴安岭、太行山脉、巫山、雪峰山是地势第二、第三级阶梯的分界线；地势的第三级阶梯上分布着广阔的平原，间有丘陵和低山，海拔多在500m以下。从气候类型上看，东部属季风气候（又可分为亚热带季风气候、温带季风气候和热带季风气候），西北部属温带大陆性气候，青藏高原属高寒气候。

全国省级行政区划为4个直辖市、23个省、5个自治区、2个特别行政区。2019年年末，中国总人口14亿人（不包括香港、澳门特别行政区和台湾省以及海外华侨人数），城镇化率为60.60％。中国是一个多民族国家，共有已确认的民族56个，其中汉族人口占91.51％。根据2017年联合国粮农组织统计数字，中国可耕地面积为1.195亿hm^2，永久作物面积为0.162亿hm^2，耕作面积共1.357亿hm^2，占全国总面积的14.14％。

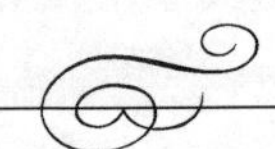

（二）经济

2019 年，国内生产总值为 99.087 万亿元，比上年增长 6.1%。第一产业增加值为 7.047 万亿元，比上年增长 3.1%；第二产业增加值为 38.617 万亿元，增长 5.7%；第三产业增加值为 53.423 万亿元，增长 6.9%。人均国内生产总值为 7.089 万元，比上年增长 5.7%。

二、水资源状况

（一）水资源

1. **降水量**

中国年均降水量为 645mm，折合水量为 61920 亿 m^3。全国年降水量空间分布呈从东南沿海向西北内陆递减的规律，同时各地区差别很大，大致是沿海多于内陆，南方多于北方，山区多于平原。南方雨季开始早、结束晚、雨季长，集中在 5—10 月；北方雨季开始晚、结束早、雨季短，集中在 7、8 月两月。全国大部分地区夏秋多雨，冬春少雨。大多数地区降水量年际变化较大，一般是多雨区年际变化较小，少雨区年际变化较大；沿海地区年际变化较小，内陆地区年际变化较大，而以内陆盆地年际变化最大。

2. **蒸发量**

中国多年平均年水面蒸发量西部地区普遍高于东部地区，平原区一般高于山丘区。全国多年平均年水面蒸发量最低值出现在黑龙江东北部，只有 500mm 左右；最高值出现在内蒙古西北部，高达 2600mm。多年平均年水面蒸发量小于 800mm 的低值区主要分布在额尔古纳河、松花江流域、鸭绿江及长江中下游地区，约占全国总面积的 22%；高于 1200mm 的高值区主要分布在西北的高原和盆地、青藏高原及云南中西部的干热河谷，约占全国总面积的 33%；东北平原大部、海河、淮河、黄河中下游、长江上游局部及下游部分地区、珠江中下游、西南诸河区大部分及青藏高原东部地区，多年平均年水面蒸发量一般为 800～1200mm，其面积约占全国总面积的 45%。我国水面蒸发的季节变化明显。年水面蒸发量的年际变化及地区差异较降水量变化

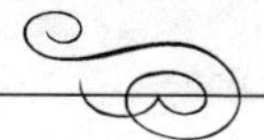

小，总体上北方地区变幅和地区差异大于南方地区。

3. 河川径流

中国共有流域面积 50km² 及以上河流 46796 条，河流长度共计 151.459 万 km。2018 年，全国河川径流量（即地表水资源量）2.632 万亿 m^3，折合年径流深 278.0mm，比多年平均值偏少 1.4%。2018 年，从境外流入我国境内的水量 205.7 亿 m^3，从我国流出国境的水量 6109.1 亿 m^3，流入界河的水量 1255.5 亿 m^3；全国入海水量 15598.7 亿 m^3。

4. 地下水

2018 年，中国地下水资源量（矿化度不大于 2g/L）为 8246.5 亿 m^3，比多年平均值偏多 2.2%。其中，平原区地下水资源量为 1848.7 亿 m^3，山丘区地下水资源量为 6700.1 亿 m^3，平原区与山丘区之间的重复计算量 302.3 亿 m^3。全国平原浅层地下水总补给量为 1920.6 亿 m^3。南方 4 区平原浅层地下水计算面积占全国平原区面积的 9%，地下水总补给量为 342.5 亿 m^3；北方 6 区计算面积占 91%，地下水总补给量为 1578.1 亿 m^3。

5. 天然湖泊

中国共有面积大于或等于 100hm² 的湖泊 2865 个，湖泊面积共计 780.071 万 hm²，2018 年，根据常年监测的 56 个湖泊数据，湖泊年末蓄水总量 1416.3 亿 m^3，比年初蓄水总量增加 42.4 亿 m^3。

（二）水资源分布

1. 分区分布

中国境内河流一共分为七大水系：长江水系、黄河水系、珠江水系、松花江水系、淮河水系、海河水系和辽河水系。

中国水资源总量位居世界第 4 位，但人均水资源仅为世界平均水平的 1/4，排名在 110 位之后。全国约 670 个城市中，近 2/3 存在着不同程度的缺水现象，其中严重缺水的有 110 多个。2010—2012 年进行的第一次全国水利普查显示，共有地表水水源地 11662 处，其中河流型水源地 7107 处，占 60.9%；湖泊型水源地 169 处，占 1.5%；水库型水源地 4386 处，占 37.6%。

受季风气候影响，中国水资源的季节分配和地区分布很不均

匀。夏季降水集中，汛期河水暴涨；冬、春季则降水少，河流进入枯水期，北方一些河流甚至干涸。南方水资源占全国的80%以上，北方仅占不到20%。中国政府为解决水资源时空分布不均衡的问题，兴建水库并实施了多项跨流域调水工程。2018年年底，全国已建成水库98822座，总库容8953亿m^3。

2. **国际河流**

中国国际河流主要分布于东北、西北和西南三大片区。东北水域国境线长达5000km以上，主要国际河流是黑龙江、鸭绿江、图们江、绥芬河；西北主要国际河流有额尔齐斯河-鄂毕河、伊犁河、塔里木河；西南主要国际河流是伊洛瓦底江、怒江-萨尔温江、澜沧江-湄公河、珠江、雅鲁藏布江-布拉马普特拉河、巴吉拉提河（恒河）、森格藏布河（印度河）、元江-红河。这15条重要的国际河流中，有12条发源于中国，且多为世界级大河。

3. **水资源量**

中国水资源量统计见表1。

表1　　中国水资源量统计简表

序号	项　目	单位	数量	备注
①	境内地表水资源量	亿m^3	27120	
②	境内地下水资源量	亿m^3	8288	
③	重复计算的水资源量	亿m^3	7297	
④	境内水资源总量	亿m^3	28111	④=①+②-③
⑤	境外流入的实际水资源量	亿m^3	171.7	
⑥	实际水资源总量	亿m^3	28301.7	⑥=④+⑤
⑦	2017年人口	万人	144113	
⑧	人均实际水资源量	m^3/人	1963.85	⑧=⑥÷⑦

三、水资源开发利用

（一）水利发展历程

水利在中国有着重要地位和悠久历史，历代有为的统治者，都把兴修水利作为治国安邦的大计。1949年以后，水利进入飞跃发展时期。20世纪末，全国水库从中华人民共和国成立初的20多座增加到超过8.5万座，累计加固新修堤防超过26万km，初步形成了七大江河的防洪工程体系；全国供水能力从1000多亿m^3增加到5800多亿m^3，其中城市供水量达到470亿m^3，供水普及率为96.8%，农田灌溉面积从2.4亿亩发展到8.2亿亩，基本形成城市供水体系和全国农田灌溉总体格局；累计解决了农村2.1亿人、1.3亿头牲畜的饮水困难；初步治理水土流失面积8300万hm^2，城市污水日处理能力达4200万m^3；水电总装机容量从36万kW增加到7200万kW，其中水利系统装机容量达2880万kW，完成了447个农村初级电气化县建设。

进入21世纪后，中国持续发展水利。“十五”期间，水利建设主要任务是继续加强大江大河治理、兴建南水北调等水资源开发利用工程、节水、水土保持生态建设与水资源保护、病险水库除险加固、农村水利建设、城市供水和排水。《水利发展“十一五”规划》明确水利发展的主要任务是：水资源开发利用、推进节水型社会建设、防洪减灾、生态建设和环境保护、农村水利基础设施建设。《水利发展规划（2011—2015年）》中，确定“十二五”期间水利建设主要任务是突出加强农田水利建设、着力加强防洪薄弱环节建设、大力提高城乡供水保障能力，水利改革管理主要任务为创新水利科学发展的体制机制、加强依法治水管水、推进水利科技创新。《水利改革发展“十三五”规划》，明确了“十三五”水利改革发展重点任务：①全面推进节水型社会建设；②改革创新水利发展体制机制；③加快完善水利基础设施网络；④提高城市防洪排涝和供水能力；⑤进一步夯实农村水利基础；⑥加强水生态治理与保护；⑦优化流域区域水利发展布局；⑧全面强化依法治水、科技兴水。

截至2018年年底，全国共有各类水库近10万座，总库容近9000亿m^3，建成5级及以上堤防31.2万km。黄河建成世纪工程　小浪底水利枢纽等，让下游防洪标准从60年一遇提高到千年一遇；长江有了迄今为止世界上规模最大的三峡工程，使中

下游防洪标准由10年一遇提高到了百年一遇。建成规模以上水闸10万多座、泵站9.5万处，以及一大批供水工程及重点水源工程，已经形成集水库、堤防、水闸、蓄滞洪区、分洪河道等于一体的较为完善的防洪抗旱减灾工程体系。2018年年底，农田灌溉面积为10.2亿亩，位居世界第一。南水北调、密云水库、大伙房水库、引滦入津、引黄济青等一大批重点水源和引调水工程建成并发挥显著效益，建成了比较完备的供水保障体系，“南北调配、东西互济”的水资源配置格局逐步形成，水利工程供水能力达到8600多亿m^3。2005—2015年已解决5.2亿农村居民和4700多万农村学校师生的饮水安全问题，进入“十三五”以来，农村饮水安全保障工作转入巩固提升阶段。农村供水工程达1100多万处，农村集中供水率达86%，自来水普及率达81%，超过75%的发展中国家。2018年年底，全国水电装机容量达到了35226万kW，年发电量为12329亿kWh，分别占全国电力装机容量和年发电量的18.5%和17.6%，稳居世界第一。

（二）开发利用与水资源配置

1. 开发利用概况

截至2018年年底，全国水利工程供水能力约为8677.8亿m^3，其中：跨县级区域供水工程为567.1亿m^3，水库工程为2323.7亿m^3，河湖引水工程为2105.1亿m^3，河湖泵站工程为1754.7亿m^3，机电井工程为1400.9亿m^3，塘坝窖池工程为357.9亿m^3，非常规水资源利用工程为168.4亿m^3。

2. 坝和水库

从20世纪50年代开始，中国兴建了超过2.2万个高度超过15m的坝，占到世界总数的约一半。2018年年底，全国已建成水库98822座，总库容为8953亿m^3，其中大型水库736座、总库容为7117亿m^3，中型水库3954座、总库容为1126亿m^3，小型水库94132座、总库容为710亿m^3。中国库容超过100亿m^3大型水库见表2。

表 2　　中国库容超过 100 亿 m^3 大型水库列表　　单位：亿 m^3

编号	水　库	库　容
1	丹江口水库	175（加高后 290）
2	三峡水库	393
3	龙羊峡水库	274.19
4	龙滩水库	273
5	糯扎渡水电站	237.03
6	新安江水库	216.26
7	小湾水库（云南）	151.32
8	水丰水库	146.66
9	新丰江水库	138.96
10	洪泽湖	135
11	小浪底水库	126.5
12	丰满水库	107.93
13	天生桥一级水库	102.6
14	天生桥水库	102.6

3. 供用水情况

2018 年，供水总量为 6015.5 亿 m^3，其中：地表水源占 82.3%，地下水源占 16.2%，其他水源占 1.5%。全国总用水量为 6015.5 亿 m^3，其中：生活用水 859.9 亿 m^3，占总用水量的 14.3%；工业用水 1261.6 亿 m^3，占总用水量的 21.0%；农业用水 3693.1 亿 m^3，占总用水量的 61.4%；人工生态环境补水 200.9 亿 m^3，占总用水量的 3.3%。全国人均综合用水量为 432m^3，农田灌溉水有效利用系数为 0.554，万元国内生产总值（当年价）用水量为 66.8m^3，万元工业增加值（当年价）用水量为 41.3m^3。

4. 跨流域调水

中国的跨流域调水工程主要有南水北调、引滦入津、引滦入唐、引黄济青、引黄入晋、引江济太、东深引水工程、引大入秦工程等。

（三）洪水管理

1. 洪灾情况与损失

统计数据显示，1990—2014年中国发生的全部自然灾害中，洪灾的发生频率占31.8%，引起的死亡率占20.3%，造成的经济问题占47.2%，造成的危害占58.8%，洪灾平均年损失为1876575万美元。

2018年，洪涝灾害直接经济损失占当年GDP的0.18%。全国农作物受灾面积为642.698万hm^2，成灾面积为313.116万hm^2，受灾人口为0.56亿人，因灾死亡人口为187人，直接经济损失为1615.47亿元。四川、山东、甘肃、内蒙古、云南等省（自治区）受灾较重。全国因山洪灾害造成人员死亡和失踪占全部死亡和失踪人数的73.52%。

2. 防洪工程体系

中国的防洪工程设施主要包括：水库、堤防、防洪墙、滞蓄洪区、泵站、水闸、河道整治工程等。《第一次全国水利普查公报》显示，全国共有水库9.8万座，水电站4.676万座，过闸流量$1m^3/s$及以上水闸26.848万座、橡胶坝0.269万座，堤防总长度为41.368万km，5级及以上堤防长度为27.550万km，泵站42.445万座，河湖取水口63.891万个，有防洪任务的河段总长度为37.391万km。

3. 防洪非工程措施

防洪的非工程措施主要包括：蓄滞洪区土地的合理利用、建立洪水预报和报警系统、合理的洪水调度系统、成立洪水保险金和防洪基金、抗洪抢险、水土保持、信息技术的应用等。

4. 洪水管理新理念与实践

2003年，水利部提出防洪从控制洪水向管理洪水转变；2004年，中国水利学会第八次全国会员代表大会提出，人与自然和谐相处是破解中国水问题的核心理念；2011年中央一号文件提出要注重科学治水、依法治水；2014，习近平总书记在中央财经领导小组第五次会议上，明确提出“节水优先、空间均衡、系统治理、两手发力”的新时期水利工作思路；《水利改革发展

“十三五”规划》提出，要完善江河综合防洪减灾体系，全面强化依法治水、科技兴水。

(四) 水力发电

1. 水电开发程度

截至 2017 年年底，中国水电总装机容量达 3.4 亿 kW，约占全球水电装机容量的 30%，年发电量约 1.2 万亿 kWh，占中国清洁能源发电量的 70%。2017 年，水电占全国发电量的 19%左右。中国水电技术可开发量为 6.6 亿 kW，目前水电的开发程度仅 39%，与发达国家差距较大。

2. 水电装机及发电量情况

《2018 年全国水利发展统计公报》显示，截至 2018 年年底，中国水电总装机容量已达 3.523 亿 kW，年发电量为 12329 亿 kWh。

3. 各类水电站建设概况

《第一次全国水利普查公报》显示，中国共有水电站 4.676 万座，装机量 3.33 亿 kW，大（1）型水电站 56 座、装机容量 15485.5 万 kW，大（2）型水电站 86 座、装机容量 5178.46 万 kW，中型水电站 477 座、装机容量 5241 万 kW，小（1）型水电站 1684 座、装机容量 3461.38 万 kW，小（2）型水电站 19887 座、装机容量 3362.45 万 kW。

4. 小水电

《第一次全国水利普查公报》显示，规模以下（装机容量小于 500kW）水电站 24568 座，装机容量 559.14 万 kW。《2018 年全国水利发展统计公报》显示，中国已建成农村水电站 4.652 万座，装机容量 8043.5 万 kW，占全国水电装机容量的 22.8%，年发电量 2345.6 亿 kWh，占全国水电发电量的 19.0%。

(五) 灌溉排水与水土保持

1. 灌溉与排水发展情况

截至 2018 年年底，全国已建成设计灌溉面积人于 20lm^2 的灌区共 2.287 万处，耕地灌溉面积 3775.2 万 hm^2。其中，0.5 万

hm^2 以上灌区 175 处，耕地灌溉面积 1239.9 万 hm^2；30 万～50 万亩大型灌区 286 处，耕地灌溉面积 540 万 hm^2。全国灌溉面积 7454.2 万 hm^2，其中耕地灌溉面积 6827.2 万 hm^2，占全国耕地面积的 50.7%。全国节水灌溉面积为 3613.5 万 hm^2，其中，喷灌、微灌面积 1133.8 万 hm^2，低压管灌面积 1056.6 万 hm^2。

2. 盐碱化治理

中国高度重视盐碱地治理利用、政策研究及技术创新等工作。原国土资源部按照国务院决策部署，依据土地利用总体规划和《全国土地整治规划（2011—2015 年）》等相关规划，对东北、西北干旱、半干旱等盐碱地资源主要分布地区，运用开挖明沟排盐碱等传统技术整治盐碱地，工程建设区内盐碱地及盐渍化耕地得到了治理，建设区粮食综合生产能力明显增强。同时，高度重视盐碱地开发利用和综合整治的科技创新，于 2013 年成功研制出了中国第一套暗管排盐装备，打破了国外技术垄断。2013 年，颁布实施了《暗管改良盐碱地技术规程　第 1 部分：土壤调查》（TD/T 1043.1—2013）和《暗管改良盐碱地技术规程　第 2 部分：规划设计与施工》（TD/T 1043.2—2013）两项行业技术标准，相继研发了 5 套盐碱地治理的关键与配套技术。2014 年，印发《关于开展全国耕地后备资源调查评价工作的通知》（国土资厅发〔2014〕13 号），在全国部署开展新一轮的耕地后备资源调查评价工作，盐碱地已作为调查评价的对象纳入工作范围，经综合评价后，宜耕的盐碱地将纳入全国耕地后备资源范围，为今后盐碱地治理利用提供基础数据。《全国土地整理规划（2016—2020 年）》明确提出，在盐碱化地区，将土地整治与盐碱化改良相结合，加强水资源利用管理，多途径改良盐碱地。

3. 水土保持

2018 年，全国（未含香港、澳门特别行政区和台湾省）实现水土流失动态监测全覆盖。据监测，全国共有水土流失面积 2.737 亿 hm^2。其中，水力侵蚀面积 1.151 亿 hm^2，占水土流失总面积的 42.05%；风力侵蚀面积 1.586 亿 hm^2，占水土流失总面积的 57.95%。2018 年，全国新增水土流失综合治理面积 640 万 hm^2。

四、水资源保护与可持续发展状况

（一）水资源及水生态环境保护

中国是一个干旱、缺水严重的国家，2017 年水资源人均占有量 1964m^3，在世界上名列第 121 位，是全球 13 个人均水资源最贫乏的国家之一。水资源供需矛盾十分突出，全国正常年份缺水量达 500 亿 m^3，全国 669 个城市中有 400 余座城市供水不足，全国有 16 个省（自治区、直辖市）人均水资源占有量低于国际公认的用水紧张线，北京、天津、山东等 10 个省、直辖市低于严重缺水线。近年来，江河湖泊整体污染严重，局部海域污染严重，地下水资源水质不断恶化，保护水资源刻不容缓。

（二）水体污染情况

《2015 年中国环境统计年报》显示，全国废水排放总量为 735.3 亿 t。其中，工业废水排放量为 199.5 亿 t、城镇生活污水排放量为 535.2 亿 t。废水中化学需氧量排放量为 2223.5 万 t，其中，工业源化学需氧量排放量为 293.5 万 t、农业源化学需氧量排放量为 1068.6 万 t、城镇生活化学需氧量排放量为 846.9 万 t。废水中氨氮排放量为 229.9 万 t。其中，工业源氨氮排放量为 21.7 万 t、农业源氨氮排放量为 72.6 万 t、城镇生活氨氮排放量为 134.1 万 t。

《2018 中国生态环境状况公报》显示，2018 年西北诸河和西南诸河水质为优，长江、珠江流域和浙闽片河流水质良好，黄河、松花江和淮河流域为轻度污染，海河和辽河流域为中度污染。监测 107 个湖泊（水库）的营养状态，贫营养状态的 10 个，占 9.3%；中营养状态的 66 个，占 61.7%；轻度富营养状态的 25 个，占 23.4%；中度富营养状态的 6 个，占 5.6%。2018 年夏季，一类水质海域面积占管辖海域面积的 96.3%，劣四类水质海域面积占管辖海域面积的 1.1%。全国近岸海域水质总体稳中向好，水质级别一般，渤海近岸海域水质一般，主要污染指标为无机氮；黄海近岸海域水质良好，主要污染指标为无机氮；东海近岸海域水质差，主要污染指标为无机氮和活性磷酸盐；南海近岸海域水质良好，主要污染指标为无机氮和活性磷酸。

（三）水质评价与监测

根据中国生态环境部相关报告，2019 年，1940 个国家地表水考核断面中，水质优良（Ⅰ～Ⅲ类）断面比例为 74.9%，劣Ⅴ类断面比例为 3.4%。主要污染指标为化学需氧量、总磷和高锰酸盐指数。

长江、黄河、珠江、松花江、淮河、海河、辽河等七大流域及西北诸河、西南诸河和浙闽片河流Ⅰ～Ⅲ类水质断面比例为 79.1%，劣Ⅴ类为 3.0%。主要污染指标为化学需氧量、高锰酸盐指数和氨氮。其中，西北诸河、浙闽片河流、西南诸河和长江流域水质为优，珠江流域水质良好，黄河、松花江、淮河、辽河和海河流域为轻度污染。

监测的 110 个重点湖（库）中，Ⅰ～Ⅲ类水质湖库个数占比为 69.1%，劣Ⅴ类水质湖库个数占比为 7.3%。主要污染指标为总磷、化学需氧量和高锰酸盐指数。监测富营养化状况的 107 个重点湖（库）中，6 个湖（库）呈中度富营养状态，占 5.6%；25 个湖（库）呈轻度富营养状态，占 23.4%；其余湖（库）未呈现富营养化。其中，太湖、巢湖为轻度污染、轻度富营养，主要污染指标为总磷；滇池为轻度污染、轻度富营养，主要污染指标为化学需氧量和总磷；洱海水质良好、中营养；丹江口水库水质为优、中营养；白洋淀为轻度污染、轻度富营养，主要污染指标为总磷、化学需氧量和高锰酸盐指数。

《2018 年全国水利发展统计公报》显示，2018 年年底，中国已建成各类水文测站 121097 处，其中：国家基本水文站 3154 处，专用水文站 4099 处，水位站 13625 处，雨量站 55413 处，蒸发站 19 处，地下水站 26550 处，水质站 14826 处，墒情站 3908 处，实验站 43 处。向县级以上防汛指挥部门报送水文信息的各类水文测站 66439 处，可发布预报站 1887 处。配备在线测流系统的水文测站 1616 处。已基本建成由中央、流域、省级和地方级共 322 个监测机构组成的覆盖全国主要江河湖库和重点地区地下水的水质监测体系。

（四）水污染治理

根据中国生态环境部相关报告，截至 2018 年年底，中国

97.4%的省级及以上工业集聚区建成污水集中处理设施并安装自动在线监控装置。加油站地下油罐防渗改造已完成78%。拆除老旧运输海船1000万t以上，拆解改造内河船舶4.25万艘。全国城镇建成运行污水处理厂4332座，污水处理能力1.95亿m^3/d。累计关闭或搬迁禁养区内畜禽养殖场（小区）26.2万个，创建水产健康养殖示范场5628个。开展农村环境综合整治的村庄累计达到16.3万个，浙江“千村示范、万村整治”荣获2018年联合国地球卫士奖。

推进全国集中式饮用水水源地环境整治，1586个水源地6251个问题整改完成率达99.9%，搬迁治理3740家工业企业，关闭取缔1883个排污口，5.5亿居民的饮用水安全保障水平得到提升。36个重点城市（直辖市、省会城市、计划单列市）1062个黑臭水体中，1009个消除或基本消除黑臭，消除比例达95%，周边群众获得感明显增强。强化太湖、滇池等重点湖库蓝藻水华防控工作。11个沿海省份编制实施省级近岸海域污染防治方案，推进海洋垃圾（微塑料）污染防治。

全面建立河（湖）长制，全国共明确省、市、县、乡四级河长30多万名、湖长2.4万名。组建长江生态环境保护修复联合研究中心，长江经济带11省（直辖市）及青海省编制完成“三线一单”（生态保护红线、环境质量底线、资源利用上线和生态环境准入清单）。赤水河等流域开展按流域设置环境监管和行政执法机构试点。新安江、九洲江、汀江-韩江、东江、滦河、潮白河等流域上下游省份建立横向生态补偿试点。

（五）水资源及水生态可持续状况

2011年，中央1号文件《中共中央国务院关于加快水利改革发展的决定》指出，“水资源供需矛盾突出仍然是可持续发展的主要瓶颈”，提出要建立防洪抗旱减灾体系、水资源合理配置和高效利用体系、水资源保护和河湖健康保障体系、有利于水利科学发展的制度体系。2012年，《国务院关于实行最严格水资源管理制度的意见》确立了水资源开发利用控制红线、用水效率控制红线、水功能区限制纳污红线。《水利改革发展“十三五”规

划》，明确了“十三五”水利改革发展要全面推进节水型社会建设、加强水生态治理与保护。

五、水资源管理

（一）管理模式

《中华人民共和国水法》第十二条规定，国家对水资源实行流域管理与行政区域管理相结合的管理体制。国务院水行政主管部门负责全国水资源的统一管理和监督工作。国务院水行政主管部门在国家确定的重要江河、湖泊设立的流域管理机构（以下简称流域管理机构），在所管辖的范围内行使法律、行政法规规定的和国务院水行政主管部门授予的水资源管理和监督职责。县级以上地方人民政府水行政主管部门按照规定的权限，负责本行政区域内水资源的统一管理和监督工作。

（二）取水许可制度

《取水许可和水资源费征收管理条例》对取水的申请和受理、取水许可的审查和决定、水资源费的征收和使用管理、监督管理、法律责任作出了详细的规定。《取水许可管理办法》在《中华人民共和国水法》和《取水许可和水资源费征收管理条例》基础上，进一步对取水许可制度进行详细的规定。

（三）涉水国际组织

中国参与的涉水国际组织主要有联合国粮农组织、国际灌排委员会、联合国教科文组织、联合国环境规划署、世界水理事会、环印度洋联盟、亚洲合作对话、澜沧江-湄公河合作等。

六、水法规与水政策

（一）水法规

1. 水法发展简史

为了合理开发、利用、节约和保护水资源，防治水害，实现水资源的可持续利用，适应国民经济和社会发展的需要，制定《中华人民共和国水法》（以下简称《水法》）。《水法》于1988

年 1 月 21 日第六届全国人民代表大会常务委员会第二十四次会议通过，2002 年 8 月 29 日第九届全国人民代表大会常务委员会第二十九次会议修订，根据 2009 年 8 月 27 日第十一届全国人民代表大会常务委员会第十次会议《关于修改部分法律的决定》第一次修正，根据 2016 年 7 月 2 日第十二届全国人民代表大会常务委员会第二十一次会议《关于修改〈中华人民共和国节约能源法〉等六部法律的决定》第二次修正。

2. 水法概要

《水法》适用在中华人民共和国领域内开发、利用、节约、保护、管理水资源，防治水害。《水法》对水资源规划、水资源规划利用、水资源和水域及水工程的保护、水资源配置和节约使用、水事纠纷处理与执法监督检查、相关法律责任方面做出了明确的规定。

3. 水法实施情况

《水法》颁布实施后，水利部依据《水法》相继发布了《中华人民共和国抗旱条例》《中华人民共和国水文条例》《黄河水量调度条例》《大中型水利水电工程建设征地补偿和移民安置条例》等行政法规和法规性文件，《水文站网管理办法》《水文监测环境和设施保护办法》《黑河干流水量调度管理办法》《海河独流减河永定新河河口管理办法》等规章，地方性法规多以《水法》为依据，并根据各省（自治区、直辖市）、地级市和县经济发展水平和管理情况进一步细化，形成便于本地区管理的具有地方特色的涉水法律法规。《水法》颁布实施后，增加了全民的水法制意识，加强了水执法体系的建设，强化了水资源管理，推动了水利建设，提高了水资源的使用效益。

（二）水政策

1. 水价制度

为健全水利工程供水价格形成机制、规范水利工程供水价格管理、保护和合理利用水资源、促进节约用水、保障水利事业的健康发展，根据《中华人民共和国价格法》《中华人民共和国水法》制定了《水利工程供水价格管理办法》。《水利工程供水价格

管理办法》规定水利工程供水价格有供水生产成本、费用、利润和税金构成，水利工程供水价格采取统一政策、分级管理方式，区分不同情况实行政府指导价或政府定价。政府鼓励发展的民办民营水利工程供水价格，实行政府指导价；其他水利工程供水价格实行政府定价。

农业是中国的用水大户，也是节水潜力所在。长期以来，农业水价形成机制不健全，价格水平总体偏低，不能有效反映水资源稀缺程度和生态环境成本，不仅造成农业用水方式粗放，而且难以保障农田水利工程良性运行。2016 年，国务院办公厅发布《关于推进农业水价综合改革的意见》（国办发〔2016〕2 号），计划用 10 年左右时间，建立健全合理反映供水成本、有利于节水和农田水利体制机制创新、与投融资体制相适应的农业水价形成机制，农业用水价格总体达到运行维护成本水平，促进农业节水和农业可持续发展。

2018 年，国家发展改革委发布《关于创新和完善促进绿色发展价格机制的意见》（发改价格规〔2018〕943 号），提出“建立健全补偿成本、合理盈利、激励提升供水质量、促进节约用水的价格形成和动态调整机制，保障供水工程和设施良性运行，促进节水减排和水资源可持续利用”，并提出深入推进农业水价综合改革、完善城镇供水价格形成机制、全面推行城镇非居民用水超定额累进加价制度、建立有利于再生水利用的价格政策等内容。

2. 水权与水市场

为贯彻落实党中央、国务院关于建立完善水权制度、推行水权交易、培育水权交易市场的决策部署，鼓励开展多种形式的水权交易，促进水资源的节约、保护和优化配置，根据有关法律法规和政策文件，水利部发布《水权交易管理暂行办法》（水政法〔2016〕156 号），对取水权交易、灌溉用水户水权交易、监督检查做出了明确的规定和详细说明。

3. 排污收费及许可

为加强入河排污口监督管理、保护水资源、保障防洪和工程

设施安全、促进水资源的可持续利用，根据《中华人民共和国水法》《中华人民共和国防洪法》和《中华人民共和国河道管理条例》等法律法规，2004 年 11 月 30 日发布《入河排污口监督管理办法》（水利部令第 22 号），并在 2015 年 12 月 16 日根据《水利部关于废止和修改部分规章的决定》进行了修正。

4. 节约用水

2012 年，国务院发布《关于实行最严格水资源管理制度的意见》（国发〔2012〕3 号），明确水资源管理“三条红线”，强化经济社会用水取水全过程管控。2015 年，国务院发布《水污染防治行动计划》（国发〔2015〕17 号），提出通过强化源头控制、水陆统筹、河海兼顾，对江河湖海实施分流域、分区域、分阶段科学治理，系统推进水污染防治、水生态保护和水资源管理。《水利部关于严格用水定额管理的通知》（水资源〔2013〕268 号）、《计划用水管理办法》（水资源〔2014〕360 号）、《节水型社会建设“十三五”规划》（发改环资〔2017〕128 号）等文件，进一步强化用水管理，为全面推进节水工作提供支撑。

为大力推动全社会节水、全面提升水资源利用效率、形成节水型生产生活方式、保障国家水安全、促进高质量发展，2019 年国家发展改革委、水利部印发《国家节水行动方案》（发改环资规〔2019〕695 号），明确到 2035 年，形成健全的节水政策法规体系和标准体系、完善的市场调节机制、先进的技术支撑体系，节水护水惜水成为全社会自觉行动，全国用水总量控制在 7000 亿 m^3 以内，水资源节约和循环利用达到世界先进水平，形成水资源利用与发展规模、产业结构和空间布局等协调发展的现代化新格局。《国家节水行动方案》提出总量强度双控、农业节水增效、工业节水减排、城镇节水降损、重点地区节水开源、科技创新引领等重点行动。

七、国际合作情况

（一）参与国际水事活动的情况

近年来，中国水利部门积极落实“一带一路”倡议，已与周

边 12 个国家建立各种形式的跨界河流合作机制，每年开展各层级会议、专家会晤及联合考察 40 余轮次。以跨界河流为纽带，扎实做好对周边有关国家的水文报汛工作，务实推进防洪减灾技术培训，携手应对洪水、干旱、冰湖溃决等自然灾害，全力提供水利救灾应急援助。积极推动澜沧江-湄公河合作机制水资源领域合作，成立澜湄水资源合作联合工作组，推动制定《澜沧江-湄公河水合作五年行动计划（2018—2022）》；成立澜湄水资源合作中心，作为开展合作的技术支撑；举办首届澜湄水资源合作论坛，搭建沟通交流平台。

（二）水国际协议

截至 2018 年，水利部已与 60 多个国家水资源主管部门签署合作协议或备忘录，与国外政府部门建立 30 多个固定合作交流机制，形成了多层次、宽领域、全方位的水利国际合作格局；并在防洪减灾、水电开发、灌溉排水、水文监测、水资源保护与管理、河道整治、能力建设等领域，通过政策对话、技术交流、项目合作、人才培养等方式开展交流合作。《2018 年全国水利发展统计公报》显示，2018 年，中国共签署水利国际合作协议 5 份，举办多边、双边高层圆桌会议或技术交流研讨会 14 次，亚洲开发银行、全球环境基金开展的 4 个项目进展顺利，中瑞、中丹、中法、中芬合作项目和国际科技合作项目稳步开展。

2018 年，中国加入了《国际船舶压载水和沉积物控制和管理公约》，签署了《预防中北冰洋不管制公海渔业协定》。2019 年，澜湄水资源合作部长级会议发布了《澜湄水资源合作部长级会议联合声明》和《澜湄水资源合作项目建议清单》，见证签署了《澜湄水资源合作中心与湄公河委员会秘书处合作谅解备忘录》。

2012 年以来，水利部流域机构和科研单位与境外合作伙伴开展了 12 个国际科技合作项目。水利部与瑞士、芬兰、荷兰、丹麦、瑞典等国家和全球环境基金、世界银行、亚洲银行等国际金融组织实施了一批国际合作项目。

（郭姝姝，魏赵越）

主要参考资料

各国共用资料

[1] 联合国粮农组织（Food and Agriculture Organization of the United Nations）[EB/OL]. [2019-01-11]. http://www.fao.org/nr/water/aquastat/data/query/results.html.

[2] 联合国粮农组织（Food and Agriculture Organization of the United Nations）. 世界各国水资源评论 [R]. 2011.

[3] 世界银行统计资料 [EB/OL]. [2019-05-07]. https://data.worldbank.org.cn.

[4] 世界银行. 世界发展指标数据库 [EB/OL]. [2019-01-12]. http://databank.shihang.org/data/databases.aspx.

[5] World Bank. Regulatory Frameworks for Water Resources Management: A Comparative Study [R]. 2011: 69-72.

[6] 中华人民共和国外交部网站资料 [EB/OL]. [2018-12-15]. https://www.fmprc.gov.cn.

[7] 世界能源理事会（World Energy Council）. 世界能源调查 [R/OL].（2013-01-01）[2019-01-14]. https://www.worldenergy.org/assets/images/imported/2013/09/Complete_WER_2013_Survey.pdf.

[8] 刘志广. 各国水概况 [M]. 北京：中国水利水电出版社，2009.

[9] 联合国工业发展组织（United Nations Industrial Development Organization）. 2013年世界小水电发展报告 [R/OL]，http://www.smallhydroworld.org.

[10] Maps of World. World Maps [EB/OL].（2019-01-01）[2018-05-25]. http://www.mapsofworld.com.

[11] 全球能源观测台（Global Energy Observatory）[EB/OL]. [2019-01-12]. http://globalenergyobservatory.org/select.php?tgl=Edit.

[12] 国际灌排委员会数据库（International Commission on Irrigation and

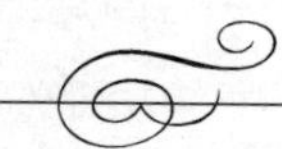

Drainage）[EB/OL].（2018－04－01）[2019－01－14]. http：//www. icid. org/icid_data. html.

[13] 徐心辉. 列国志 [M]. 北京：社会科学文献出版社，2007.

[14] 耶鲁大学. 2016 全球环境绩效指数报告 [R/OL].（2016－01－01）[2019－01－18]. https：//doc. mbalib. com/view/a05dd19ab6f0bb71232a83779c1190dc. html.

[15] 国际水电协会（International Hydropower Association）[EB/OL]. [2018－10－19]. https：//www. hydropower. org.

[16] 全球水伙伴（Global Water Partnership）[EB/OL]. [2018－10－25]. https：//www. gwp. org.

分国家资料

阿富汗

[1] Wegerich K. The Afghan water law：“a legal solution foreign to reality” [J]. Water International，2010，35（3）：298－312.

[2] 毛尔齐什·加拉斯卡，吴拉姆·穆哈德·马利基亚尔，李森达. 阿富汗伊斯兰共和国小水电发展报告——《世界小水电发展报告2016》国别报告（之十一）[M]. 小水电，2018（2）：1－2.

[3] 简迎辉，田纪文，胡文俊. 阿富汗水利发展现状及中阿水利合作策略研究 [J]. 水利发展研究，2018，18（12）：74－77.

阿曼

[1] 仝菲，韩志斌.《列国志·阿曼》[M]. 北京：社会科学文献出版社，2010，4：6－10.

[2] Al－Marshudi A S. Institutional Arrangement and Water Rights in Aflajsystem in the sultanate of Oman [J]. International History Seminar on Irrigation and Drainage，2007，5：32－42.

阿塞拜疆

[1] 谢和平.“一带一路”沿线国家纵览 [M]. 成都：四川大学出版社，2016：30.

巴基斯坦

[1] Z. 艾哈迈德，等. 巴基斯坦发展水电和减轻贫困的规划. 水利水电快报 [J]. 2004，25（11）：9－19.

[2] 刘思伟. 水资源安全与印巴关系 [J]. 南亚研究季刊，2012（4）：22－26.

[3] Bandaragoda D J. Water laws in Pakistan：A synthesis of traditions

and enactments [J]. FMIS Newsletter，1995，13：32 - 34.

[4] J. L. 韦斯柯特，等. 巴基斯坦印度河流域水资源管理半个世纪的回顾 [J]. 水利水电快报，2001，22 (2)：22 - 24.

[5] Hashmi H N，Siddiqui Q T，Ghumman A，et al. A critical analysis of 2010 floods in Pakistan. African Journal of Agricultural Research，2012，7：1054 - 1067.

不丹

[1] 唐湘茜. 亚洲篇（二）[J]. 水利水电快报，2014，35 (2)：38 - 40.

[2] C. 仁增，周蕊. 不丹水电开发现状与未来 [J]. 水利水电快报，2011，32 (3)：25 - 27.

[3] 赵其国. 不丹的生态环境与土地利用概况 [J]. 土壤，2002，34 (2)：57 - 60.

[4] 杨思灵. 浅析不丹与印度的水电合作 [J]. 东南亚南亚研究，2009 (2)：37 - 41.

朝鲜

[1] 人民网. 朝鲜熙川水电站竣工 [EB/OL]. (2012 - 04 - 06) [2020 - 02 - 18]. http：//world. people. com. cn/GB/57505/17593264. html.

[2] 石季英水丰水电站 [EB/OL]. [2020 - 04 - 10]. https：//baike. baidu. com/item/%E6%B0%B4%E4%B8%B0%E6%B0%B4%E7%94%B5%E7%AB%99/12599389? fr=aladdin.

[3] 李晶，宋守度，姜斌. 水权与水价——国外经验研究与中国改革方向探讨 [M]. 北京：中国发展出版社，2003：354.

菲律宾

[1] Yao R T，Garcia J N M. 菲律宾丘陵地土壤保持 [J]. 中国水土保持，2002 (7)：18.

[2] 菲律宾未来 10 年水力发电计划需 14 亿美元投资 [J]. 电器工业，2002 (3)：11.

格鲁吉亚

[1] 大英百科全书格鲁吉亚概况 [EB/OL]. [2020 - 07 - 21]. http：//www. britannica. com/EBchecked/topic/230186/ Georgia.

[2] Statistical Yearbook of Georgia [EB/OL]. [2020 - 07 - 21]. http：//www. geostat ge/? action=wnews_archive1&qy=1&qy1=16&lang=eng.

哈萨克斯坦

[1] 大英百科全书哈萨克斯坦概况 [EB/OL]. [2020－07－21]. http://www.britannica.com/EBchecked/topic/313790/Kazakhstan.

[2] 哈萨克斯坦空间研究中心报告. [EB/OL]. (2004－06－18) [2020－07－21]. http://www.sciencedirect.com/science/article/pii/S0378475404001892.

[3] 联合国开发计划署（UNDP，2004）关于哈萨克斯坦的报告 [EB/OL]. [2020－07－21]. http://waterwiki.net/images/a/ad/KazakhstanWater.pdf.

[4] 联合国国际减灾战略（UNISDR）网站 [EB/OL]. [2020－07－21]. http://www.preventionweb.net/english/countries/statistics/?cid=89.

韩国

[1] 魏炳乾. 韩国的水库建设与水资源开发 [J]. 黑龙江水专学报，2006 (1)：48－50.

[2] Choi G W，Ahn S J. 韩国水资源与水环境管理总体计划 [J]. 水利水电技术，2003 (1)：26－29，85.

[3] 童国庆，李红梅. 韩国水资源管理经验 [J]. 水利水电快报，2008 (3)：19－20，41.

[4] H. 李，洪卫. 韩国多用途大坝的防洪系统 [J]. 水利水电快报，2005 (18)：5－6.

[5] 李贵宝，谈国良，窦晓桂. 韩国地下水资源利用与管理现状 [J]. 南水北调与水利科技，2006 (3)：69－72.

吉尔吉斯斯坦

[1] Water in Kyrgyzstan（俄文） [EB/OL]. [2020－07－03]. http://www.welcome.kg/ru/k－yrgyzstan/nature/ wot/.

[2] 吉尔吉斯斯坦信息网 [EB/OL]. [2020－07－03]. http://www.kyrgyzjer.com/en/kg/sec－tion29/section268/.

[3] UNITED NATIONS. Environmental Performance Review of Kyrgyzstan [EB/OL]. [2020－07－03] http://www.unece.org/fileadmin/DAM/env/epr/epr_studies/Kyrgyzsta－n%20II%20En.pdf.

[4] UNISDR. Basic Country Statistics and Indicators (2014) for Kyrgyzstan [EB/OL]. [2020－07－03]. http://www.preventionweb.net/english/countries/statistics/?cid=93.

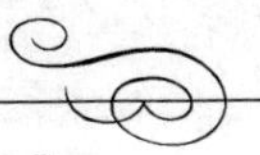

[5] Water quality standards and norms in Kyrgyz Republic [EB/OL]. [2020-07-03]. http://www.carecnet.org/assets/images/Kyrgyzstan_angl.pdf.

柬埔寨

[1] 中华人民共和国驻柬埔寨王国大使馆经济商务参赞处. 柬埔寨水资源开发现状、存在的问题及我对策建议 [EB/OL]. (2005-12-15) [2020-07-03]. http://cb.mof-com.gov.cn/aarticle/zwrenkou/200512/20051200984714.html.

[2] 张裕. 基里隆Ⅲ水电站首台机发电 [EB/OL]. (2012-04-13) [2020-07-03]. http://w-ww.yunnanpower.cn/showinfo.asp? id=19126.

[3] 张翃. 不要水坝的柬埔寨人：发展是不是硬道理？ [EB/OL]. [2020-07-03]. http://www.chinadialogue.net/article/show/single/ch/4527.

[4] 水利部国际经济技术合作交流中心. 国际涉水条法选编 [M]. 北京：社会科学文献出版社，2011.

[5] Sokha C. Water Environmental Management System in Cambodia [EB/OL]. [2020-07-03]. http://www.wepa-db.net/pdf/0809cambodia/10.pdf.

[6] Sokha C. Water Environmental Management in Cambodia [EB/OL]. [2020-07-03]. http://www.wepa-db.net/pdf/0712forum/presentation11.pdf.

老挝

[1] 志荣. 大湄公河流域合作开发与老挝的对策 [D]. 长春：吉林大学，2004.

[2] 张继豪. 大湄公河次区域电力合作研究 [J]. 东南亚南亚研究，2006 (1)：35-39.

[3] 江莉，马元珽. 老挝的水电开发战略 [J]. 水利水电快报，2006，27 (4)：24-26.

[4] 唐湘茜. 亚洲篇（三）[J]. 水利水电快报，2014，35 (11)：27-33.

黎巴嫩

[1] 中华人民共和国驻黎巴嫩经商参处 [EB/OL]. [2015-07-03]. http://lb.mofcom.g-ov.cn/.

[2] 陈卓，孙娟. 地中海沿岸国家签订禁止开发海岸协定 [J]. 国际城市规划，2008 (4)：120-120.

[3] The World Bank, Water, Environment, Social, and Rural Development Group, Middle East and North Africa Region and Agriculture and Rural Development Department. Repubilc of Lebanon : Policy Note on Irrigation Sector Sustainability [R]. Washington DC: The World Bank, 2003.

马来西亚

[1] 王虎，王良生．新加坡与马来西亚关系中的水因素［J］．东南亚纵横，2010（6）：64－68.

[2] J．D．马密特，孙刘诚．马来西亚巴昆水电站建设的社会影响［J］．水利水电快报，2011，32（7）：29－30.

[3] 唐湘茜．亚洲篇（六）［J］．水利水电快报，2014，27（12）：26－33.

[4] 陈艺荣，邱训平．马来西亚城市河流水质管理的措施与难点［J］．水利水电快报，2013，34（6）：1－4.

[5] 李国清，胡兴丹．马来西亚沐若水电工程中水泥灌浆水灰比选用［J］．水利水电技术，2013，44（4）：1－4.

[6] 张平，陈志龙，赵旭东．基于防灾视角下地下道路开发利用——以马来西亚吉隆坡地下道路为例［J］．地下空间与工程学报，2012，8（6）：1322－1326.

蒙古

[1] 张小云，任虹，贺西安．蒙古国科技发展现状［J］．全球科技经济瞭望，2009，24（1）：68－72.

[2] 中国蒙古学信息网．UNESCO国际水文计划蒙古国家案例研究报告［EB/OL］．（2008－12－21）［2014－10－10］．http：//surag．imu．edu．cn/？p＝7848.

孟加拉国

[1] 吴炳方，夏福祥．孟加拉国洪水灾害与控制［J］．遥感信息，1991（1）：42－44.

[2] 中华人民共和国驻孟加拉人民共和国大使馆．（2011－04－01）［2014－10－08］．http：//bd．china－embassy．org/chn/gymjl/t811818．htm.

缅甸

[1] 中国-东盟国家统计年鉴．缅甸的自然资源与矿产资源概述［EB－OL］．［2017－11－06］http：//www．caexpo．org/index．php？a＝index&c＝yearbooks&m＝yearbook.

[2] 驻缅甸经商参处．缅甸水电发展概况［EB－OL］．［2014－06－23］，

http://news. bjx. com. cn/html/20140623/520872. shtml.

[3] 米良. 缅甸水资源开发方式及应注意的问题 [J]. 学术探索，2015 (7)：20-25.

尼泊尔

[1] 中华人民共和国驻尼泊尔联邦民主共和国经济商务处. 尼泊尔地理简况 [EB/OL]. [2019-06-11]. http://np. mofcom. gov. cn/article/ddgk/zwdili/201906/20190602871801. shtml.

[2] Suhardiman D, Clement F, Bharati L. Integrated water resources management in Nepal: key stakeholders' perceptions and lessons learned [J]. International Journal of Water Resources Development, 2015, 31 (2): 284-300.

[3] H.K. 戈希未雷. 尼泊尔水力资源与开发. 水利水电快报. 2002, 23 (16)：26-28.

[4] 潘大庆. 第三届世界水论坛国家报告——尼泊尔. 小水电. 2005 (5)：7-16.

日本

[1] 日本外务省日本领土信息 [EB/OL]. [2020-02-05]. https://www. cn. emb-japan. go. jp/territory/data. html.

[2] 日本国土交通省. 水资源管理与土地保护局白皮书《2014年日本水资源》[EB/OL]. [2020-02-15]. http://www. mlit. go. jp/mizukokudo/mizsei/mizukokudo_miz-sei_fr2_000012. html.

[3] 中国大坝工程学会. 日本水利水电情况介绍 [EB/OL]. [2020-02-08]. http://ww-w. chincold. org. cn/chincold/zt/dwj/hyzn/webinfo/2009/9/1280908328407292. htm.

[4] 中国水网. 日本政府的水资源管理体制 [EB/OL]. (2009-04-24) [2020-02-10]. http://www. h2o-china. com/news/79730. html.

[5] 张保祥. 日本水资源开发利用与管理概况 [J]. 人民黄河，2012, 34 (1)：56-59.

[6] 翟国方. 日本洪水风险管理研究新进展及对中国的启示 [J]. 地理科学进展，2010, 29 (1)：3-9.

[7] 薛冰川. 浅谈日本的水资源管理与水处理工艺 [J]. 世界环境，2015 (2)：30-31.

[8] 方洪斌. 日本水环境治理的发展历程研究 [C] //第八届全国河湖治理与水生态文明发展论坛论文集. 中国水利技术信息中心、东方

园林生态股份有限公司：中国水利技术信息中心，2016：339 - 344.

沙特阿拉伯

[1] Mo hammed Al - Saud. Saudi Arabia groundwater management report [EB/OL]. [2011 - 12 - 11] http：//www. groundwatergovernance. org/fileadmin/user _ upload/groundwatergovernance/docs/Country _ studies/Saudi _ Arabia _ Synthesis _ Report _ Final _ Morocco _ Synthesis _ Report _ Final _ Groundwater _ Management. pdf.

[2] Ahmad I. Al - Turki. Evaluation of well water quality in the Hale region of Central Saudi Arabia [J]. Thirteenth International Water Technology Conference，2011：1121 - 1132.

[3] Chakibi S. 沙特阿拉伯周围环境水质标准 [EB/OL] [2012 - 10 - 07]. http：//ehsjournal. org/http：/ehsjournal. org/sanaa - chakibi/saudi - arabia - ambient - water - quality - standards/2012/.

斯里兰卡

[1] Elakanda S，Chandrasekera M. 斯里兰卡水坝安全和水资源规划项目对堆石坝的特殊考虑 [C]. 现代堆石坝技术进展：第一届堆石坝国际研讨会论文集. 2009.

[2] K. 拉克斯里. 斯里兰卡水电现状及未来发展 [J]. 水利水电快报，2014，35 (9)：6 - 8.

[3] W. G. 格拉拉达萨. 斯里兰卡小水电开发潜力与挑战 [J]. 水利水电快报，2014，35 (11)：10 - 11.

[4] 《水利水电快报》编辑部. 国外水电纵览——亚洲篇（五）[J]. 水利水电快报，2006，27 (13)：28 - 33.

[5] N. 费尔南多. 斯里兰卡大坝安全监测计划 [J]. 水利水电快报，2009，30 (1)：37 - 38.

塔吉克斯坦

[1] 中华人民共和国驻塔吉克斯坦大使馆经济商务参赞处. 塔吉克斯坦水利电力现状. [EB/OL] [2002 - 08 - 03]. http：//tj. mofcom. gov. cn/aarticle/ztdy/200208/20020800035099. html.

[2] Kholmatov A P，Pulatov Y E. 全球水伙伴 [EB/OL]. https：//www. gwp. org/globalassets/global/gwp - cacena _ files/en/pdf/tajikistan. pdf.

泰国

[1] 唐湘茜. 亚洲篇（九）[J]. 水利水电快报，2014，35 (9)：38 - 41.

[2] 孙周亮，刘艳丽，刘冀，等. 澜沧江-湄公河流域水资源利用现状与

需求分析[J]. 水资源与水工程学报，2018，29（4）：70-76.

[3] 米良. 泰国水资源管理及其法律制度探析[J]. 广西社会科学，2014（6）：52-55.

土耳其

[1] 许燕，施国庆. 土耳其水资源及其开发与利用[J]. 节水灌溉，2009（12）：54-57.

[2] Karakaya N，Evrendilek F，Gonenc I E. Interbasin Water Transfer Practices in Turkey [J]. Journal of Ecosystem & Ecography，2014，4（2）：149-154.

[3] B. 肯德里，孔祥林. 土耳其的水质管理评价[J]. 水利水电快报，2006（20）：1-5.

土库曼斯坦

[1] 姚俊强. 土库曼斯坦水土资源特征及其开发利用研究[J]. 安徽农业科学，2013（24）：10081-10083，10197.

[2] 姚一平，瓦哈甫·哈力克，伏吉芮. 土库曼斯坦干旱气候条件下的水资源利用研究[J]. 中国农村水利水电，2014（12）：5-8.

[3] 廖成梅. 中亚水资源问题难解之原因探析[J]. 新疆大学学报，2011（1）：102-105.

乌兹别克斯坦

[1] 国家百科全书乌兹别克斯坦概况. [EB/OL]. [2016-03-02] http://www.nationsencyclopedia.com/geography/Slovenia-to-Zimbabwe-Cumulative-Index/Uzbekistan.html.

[2] 乌兹别克斯坦水资源管理. [R/OL]. http://pdf.usaid.gov/pdf_docs/PNACF072.pdf.

新加坡

[1] Sinapore's Nation Water Agency. Water Supply [EB/OL]. [2019-03-02]. https://www.pub.gov.sg/.

[2] Singapore Government Agency Website. Every Drop Counts [EB/OL]. (2020-01-28) [2020-03-20]. https://www.gov.sg/article/every-drop-counts.

[3] Singapore Government Agency Website. Can the prices in the 1962 Water Agreement be revised? [EB/OL]. (2019-12-19) [2020-03-25]. https://www.gov.sg/article/can-the-prices-in-the-1962-water-agreement-be-revised.

[4] Singapore Government Agency Website. Yearbook of Statistics Singapore

[A/OL]. (2019-08-30) [2020-06-26]. https://www.singstat.gov.sg/publications/reference/yearbook-of-statistics-singapore.

[5] Singapore Government Agency Website. DPM Teo Chee Hean at the World Water Day Celebrations2017 [EB/OL]. (2019-11-29) [2020-04-25]. https://www.pmo.gov.sg/newsroom/dpm-teo-chee-hean-world-water-day-celebrations-2017.

[6] Singapor internation water week. Water Expo [EB/OL]. [2020-04-30]. https://www.siww.com.sg/.

叙利亚

[1] 王越. 环球国家地理百科全书：亚洲篇 [M]. 北京联合出版公司，2016 (6)：106.

[2] 谢和平. "一带一路"沿线国家纵览 [M]. 四川大学出版社，2016：408.

[3] Haddad G, Szeles I, Zsarnoczai J S. Water management development and agriculture in Syria [J]. Bulletin of the Szent Istvan University, 2008：183-194.

[4] 胡文俊，杨建基，黄河清. 西亚两河流域水资源开发引起国际纠纷的经验教训及启示 [J]. 资源科学，2010，32 (1)：19-27.

[5] 布雷恩·里克特. 水危机从短缺到可持续之路 [M]. 陈晓宏，唐国平译. 上海：上海科学技术出版社，2017：51.

[6] 陈阳. 战后中东水资源合作研究 [D]. 上海：上海师范大学，2015.

亚美尼亚

[1] 亚美尼亚自然保护部. 亚美尼亚气候变化评估报告 [R/OL]. [2020-03-11]. http://aoa.pbe.eea.europa.eu/virtual-library-viewer/answer_2227196285.

[2] United Nations Economic Commission for Europe. 2002年亚美尼亚环境监测国家报告 [R]. (2002) [2020-01-20]. http://www.unece.org/fileadmin/DAM/env/europe/monitoring/Armenia/.

[3] Global Water Partnership. 亚美尼亚水资源管理国家报告 [R]. [2020-04-20]. www.gwp.org/Global/GWP-CACENA_Files/en/pdf/armenia.pdf.

[4] 维基百科. 亚美尼亚能源报告 [R/OL]. [2020-04-02]. https://en.wikipedia.org/wiki/Energy_in_Armenia.

也门

[1] Ministry of Water and Environment. Groundwater Management and

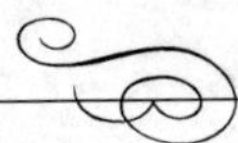

Agricultural Development in Yemen. (2007-10-25) [2019-05-18]. http://www.un.org/esa/dsd/dsd_aofw_wat/wat_pdfs/meetings/ws0109/2_Yemen_Salem.pdf.

[2] C. 布鲁奇，等. 中东和北非水资源管理的法律框架（上）[J]. 水利水电快报，2008，29（11）：12-16，38.

[3] C. 布鲁奇，等. 中东和北非水资源管理的法律框架（下）[J]. 水利水电快报，2008，29（12）：18-22.

[4] Richards T. Assessment of Yemen Water Law [R/OL]. (2007-10-25) [2019-05-18]. http://www.tc-wateryemen.org/documents/downloads/AssessmentofYemenWaterLawFinalReport.pdf.

[5] 中华人民共和国驻亚丁总领馆经商室. 欧盟出资400万美元在也门援建水利项目 [EB/OL]. (2009-07-22) [2019-08-30]. http://www.mofcom.gov.cn/aarticle/i/jyjl/k/200907/20090706414505.html.

伊拉克

[1] 胡文俊，杨建基，黄河清. 西亚两河流域水资源开发引起国际纠纷的经验教训及启示 [J]. 资源科学，2010，32（1）：19-27.

[2] Frenken K. Irrigation in the Middle East region in figures - AQUASTAT Survey 2008 [M]. Food and Agriculture Organization of the United Nations，2009.

伊朗

[1] 陈星，潘大庆. 第三届世界水论坛国家报告：伊朗 [J]. 小水电，2006（3），1-9.

[2] 张超. 伊朗水资源管理模式对我国的启示 [J]. 中国国情国力，2013（10）：56-58.

以色列

[1] 陈竹君，周建斌. 污水灌溉在以色列农业中的应用 [J]. 农业环境科学学报，2001，20（6）：462-464.

[2] 李晓俐. 以色列灌溉技术对中国节水农业的启示 [J]. 宁夏农林科技，2014，55（3）：56-57.

[3] 陈进. 以色列设施农业节水灌溉技术 [J]. 四川农机，2011（1）：40.

[4] 易小燕，吴勇，尹昌斌，等. 以色列水土资源高效利用农业绿色发展的启示 [J]. 中国农业资源与区划，2018，39（10）：42-47，82.

［5］ 高阳. 以色列水外交政策研究［J］. 郑州铁路职业技术学院学报，2018，30（4）：65－69.

［6］ 曹华. 以色列对水资源开发的水政策研究［J］. 求索，2016（12）：90－95.

［7］ 王参民. 以色列水资源问题研究［D］. 开封：河南大学，2016.

［8］ 张扬，国冬梅. 以色列水环境保护研究及经验借鉴［J］. 环境与可持续发展，2017（6）：43－47.

印度

［1］ Jeyaseelan R，Sharma M K，Agrawal S K，等. 洪水管理、风险评估和洪泛区区划［J］. 中国水利，2005（20）：52－54.

［2］ 李香云. 印度的国家水政策和内河联网计划［J］. 水利发展研究，2009，9（4）：64－67.

［3］ 高媛媛，姜文来，殷小琳. 典型国家农业水价分担及对我国的启示［J］. 水利经济，2012，30（1）：5－10.

［4］ 郃肇悦，毛丽萍. 印度大坝和水资源［J］. 水利水电快报，2015，36（7）：36.

［5］ 钟华平，王建生，杜朝阳. 印度水资源及其开发利用情况分析［J］. 南水北调与水利科技，2011，9（1）：151－155

［6］ 冯广志，谷丽雅. 印度和其他国家用水户参与灌溉管理的经验及其启示［J］. 中国农村水利水电，2000，4：23－26.

［7］ R.C. 特里维迪. 恒河水质综述［J］. 郭欣，付湘宁编译. 水利水电快报，2012，33（4）：12－23.

［8］ S.C. 莱伊. 印度德里的水资源管理现状［J］. 水利水电快报，2012，33（6）：19－27.

［9］ 杨翠柏，陈宇. 印度水资源法律制度探析［J］. 南亚研究季刊，2013，2（153）：87－92.

［10］ 胡文俊，杨建基，黄河清. 印度河流域水资源开发利用国际合作与纠纷处理的经验及启示.［J］. 2010，32（10）：1918－1925.

印度尼西亚

［1］ 唐湘茜. 亚洲篇（三）. 水利水电快报［J］. 2014，35（11）：27－33.

［2］ Muryadi A，项玉章. 印度尼西亚流域管理及其在水资源开发中的作用［J］. 水土保持应用技术，1987（2）：35－37.

［3］ 吴世勇，张德荣. 印度尼西亚水电开发考察启示［J］. 四川水力发电，2015，34（2）：129－134.

［4］ 黄欣. 印度尼西亚小水电投资市场初探［J］. 低碳世界，2014

(15)：104－105.

[5] 庞玉豹. 富水发展中国家生态环境用水法律与政策比较研究：以巴西和印度尼西亚为例［D］. 郑州：郑州大学，2009.

[6] M. 苏迪比约，柳祖志. 印度尼西亚的坝工建设［J］. 水利水电快报，2009，30（3）：17－19.

[7] 奈克·斯牛咖班，周庆华. 印度尼西亚水土保持计划的一项新策略［J］. 河北水利，2003（2）：44－45.

约旦

[1] 党福江. 干旱的约旦给我们的启示［J］. 水土保持应用，2019（1）：29－31.

越南

[1] 吴明，海张代，青杨娜. 越南水资源利用与水权制度建立［J］. 中国农村水利水电，2010，(10)：123－125，129.

[2] 杜红芬，席嘉璠. 越南的水资源综合管理［J］. 水利水电快报，2011，32（3）：14－16.

[3] 唐湘茜. 亚洲篇（九）［J］. 水利水电快报，2014，35（9）：38－41.

[4] 黄锦珠. 关于越南的灌溉管理模式［J］. 水利科技与经济，2008，14（11）：892－895.

中国

[1] 中华人民共和国国务院. 2010 年第六次全国人口普查主要数据公报［EB/OL］.（2012－04－20）［2020－03－20］. http：//www. gov. cn/guoqing/2012－04/20/content _ 2582698. htm.

[2] 中华人民共和国水利部. 2018 年全国水利发展统计公报［EB/OL］.（2019－12－10）［2020－03－20］. http：//www. mwr. gov. cn/sj/tjgb/slfztjgb/201912/t20191210 _ 1374268. html.

[3] 中华人民共和国水利部. 2018 年中国水资源公报［EB/OL］.（2019－07－12）［2020－03－22］. http：//www. mwr. gov. cn/sj/tjgb/szygb/201907/P020190829402801318777. pdf.

[4] 中华人民共和国水利部. 第一次全国水利普查公报［EB/OL］.（2013－03－21）［2020－03－28］. http：//www. mwr. gov. cn/2013pcgb/merge1. pdf.

[5] 中国能源报. 我国水电开发程度远低于发达国家. 中国水力发电工程协会［EB/OL］.（2018－05－28）［2020－03－25］. http：//www. hydropower. org. cn/showNewsDetail. asp? nsId＝23904.

[6] 中华人人民共和国生态环境部. 中国生态环境状态公报［EB/OL］.

(2020-06-02) [2020-06-22]. http://www.mee.gov.cn/hjzl/sthjzk/zghjzkgb/.

[7] 中华人民共和国外交部. 2018年中国对外缔结条约概况 [EB/OL]. (2019-04-29) [2020-06-20]. https://www.fmprc.gov.cn/web/ziliao_674904/tytj_674911/tyfg_674913/t1659362.shtml.